中等专业学校建筑机电与设备安装专业系列教材

建筑电气控制系统

孙景芝　主编

中国建筑工业出版社

图书在版编目（CIP）数据

建筑电气控制系统/孙景芝主编 . -北京：中国建筑工业出版社，1999

中等专业学校建筑机电与设备安装专业系列教材

ISBN 7-112-03650-X

Ⅰ. 建… Ⅱ. 孙… Ⅲ. 房屋建筑设备-电气控制-专业学校-教材 Ⅳ. TU8

中国版本图书馆 CIP 数据核字（98）第 29255 号

本书共分十章，围绕常用的继电—接触控制系统，结合建筑工程的实际情况，把基础知识在前两章中讲述。即从电器元件的构造原理入手，介绍了继电—接触控制的基本环节，从中使读者可以掌握设计线路的思路和分析线路的方法。后八章为实际技能部分：包括生活给水、排水系统；消防给水控制系统；消防设施控制系统；常用建筑机械的典型电路；空调设备的电气控制；电梯的电气控制；锅炉房设备的电气控制；继电—接触控制系统的设计知识，就其各自的电气控制特点、工作原理及调试方法图文并茂地进行了较详细的阐述。本书在内容处理上，注意到专业知识的覆盖面，并且突出了实践性、针对性与实用性。

本书可作为中专建筑机电、设备安装专业的教材，也可作为建筑工程技术人员的参考书。

中等专业学校建筑机电与设备安装专业系列教材

建筑电气控制系统

孙景芝　主编

*

中国建筑工业出版社出版（北京西郊百万庄）

新华书店总店科技发行所发行

北京富生印刷厂印刷

*

开本：787×1092 毫米　1/16　印张：14¼ 字数：342 千字

1999 年 6 月第一版　　2001 年 6 月第二次印刷

印数：7001—12000　　定价：**14.70** 元

ISBN 7-112-03650-X

G·304（8933）

前　言

根据建设部中专建筑机电与设备安装专业指导委员会 1998 年 1 月 11 日会议记要精神，本书在 1993 年版的基础上进行了重新编写。

本书作为教材，在编写过程中注意了两点：一是适合教师备课；二是适于学生阅读。作到了具有独特的思路，条理清楚，由浅入深，联系实际，简练准确。各章有小结及复习思考题，书中还编有七个实验的指导书，有助于对学生的综合素质培养。

本书共十章，其中绪论、第一、二、三、六、十章由黑龙江建筑工程学校孙景芝编写，第四、五章由黑龙江建筑工程学校韩永学编写，第七、八、九章由重庆建筑专科学校赵宏家编写。

本书由广东省工业设备安装公司张守信主审。

本书在编写过程中得到了黑龙江省建筑设计研究院等有关单位及个人的大力支持和热情帮助，在此致以诚挚的谢意。

由于编者水平有限，加之编写时间仓促，书中不妥和错误之处在所难免，恳请各位读者批评指正。

目　录

绪 论

一、课程的性质、任务

在建筑工程中，建筑电气设备控制是一门综合性、实践性很强的专业课。其任务是：通过本课程的学习，掌握建筑工程设备电气控制的分析方法、调试和简单系统的设计技能，为从事建筑工程施工和预算打下基础。

电气自动控制技术随现代化建设的发展不断向新的领域迈进，从原始的无轴传动到单机拖动的自动化，交磁放大机—发电机—电动机系统的出现，晶闸管系统的问世以及数控技术和微机控制的形成，经历了一系列的技术革命，从而使这门技术在各行各业得到了广泛的应用，其前景非常可观。

在建筑工程中，电气控制技术随高层建筑的崛起，应用越来越多。例如常用建筑机械、电梯、锅炉房设备、给排水控制、空调与制冷、消防系统等都离不开这门科学技术。这里主要介绍建筑工程中普遍采用的继电—接触控制系统。

电力拖动系统由电动机、传动机构和控制设备等三个基本环节构成，如图 0-1 所示。

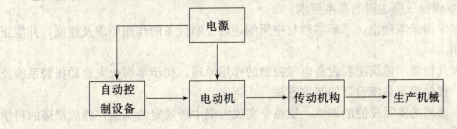

图 0-1　电力拖动系统的组成

电动机：用来完成电能与机械能的转换。把电能转换为机械能为电动状态，而把机械能转换成电能或热能为制动状态。

传动机构：其作用是传递动力，并实现速度与运转方向的变换。如减速器、皮带、联轴节等。

控制设备：是为实现电力拖动自动控制而设置的自动控制元件。如继电器、接触器等。它们根据生产工艺的要求，按着一定的线路方式组成控制系统，以完成对被控制对象电动机的起动、换向、调速、制动等，使工作循环自动化。

电力拖动的特点是：

（1）电能输送方便。尤其是远距离输送电能，既简单经济又便于分配，同时还具有检测方便、价格低廉等特点。

（2）效率高。由于电动机与生产机械的连接简单，因此损耗小，拖动性能好，控制方便，效率高。

（3）易于实现生产过程的自动化。由于电力拖动可以远距离测量和控制，所以便于集中管理和实现自动化,这对于提高生产效率和产品质量、改善劳动条件、增加工作可靠性能都有重大意义。

(4) 调节性能好。由于电动机的种类和型式繁多,各有不同的特性,因此能适应各种生产机械的需要。同时由于电动机的起动、制动、调速、反转的控制简便迅速,所以能达到理想的控制要求。

(5) 有发展前途。由于电子技术的发展,大功率半导体器件、集成电路、组合块等电子器件的出现,使电子拖动系统及其控制设备的体积大大缩小,因此电力拖动比起其它形式的拖动,越来越受到使用者的欢迎。

(6) 容易与电子计算机配合进行现代化控制。电子计算机的应用更进一步赋予电力拖动系统自寻最佳运行规律,自动适应运行条件和参数变化的能力,以达到对电力拖动最理想的控制。

本课程分为基础理论和工程应用实例两部分。

通过对常用低压电器及继电—接触控制的基本环节的学习,了解自动控制的基本理论,掌握自控元件的结构原理及应用,掌握电气线路的设计思路及分析方法。

建筑工程常用的控制实例,如常用建筑机械、空调与制冷、电梯、生活用水及排水、消防系统等。这部分要密切结合工程实际,学会分析复杂线路的方法,要运用"化整为零"看电路,"积零为整"看整体,掌握其特点,以便更好地从事工程实践。

二、课程要求

1. 学完本课程后应达到的基本要求

(1) 能够掌握基本理论,了解本教材中所阐述的控制设备的作用原理及性能,并能正确选择和使用。

(2) 了解几种常用建筑工程设备电气控制的作用原理,初步掌握火灾自动报警系统及一般的继电—接触控制系统设计的基本方法。

(3) 受到必要的实际技能的训练,能独立完成大纲中所规定的实验,养成严谨的科学作风和培养动手能力。

2. 对课程的巩固和提高

通过课堂学习、讨论、课外做思考题、小型设计等,提高对本课程的理解程度。

第一章 常用低压电器

什么叫电器？电器就是电能的控制器具。凡是根据外界指定的讯号或要求，自动或手动接通和断开电路，连续或继续地实现对电路或非电对象进行转换、控制、保护和调节的电工器械都属于电器的范畴。采用这些电器元件组成的系统称为电力拖动自动控制系统。由于电器元件的不同，构成了不同的自动控制系统。本书主要涉及的是继电一接触系统。

随着自动化水平的提高，控制电器也在不断发展，种类繁多。从不同的角度电器有不同的分类，如按其工作电压以交流 1000V、直流 1200V 为界，可划分为高压电器和低压电器两大类。这里仅介绍建筑电气常用自动控制领域中的低压电器。如按操作方式的不同可分为自动切换电器和非自动切换电器两类。前者是借助于电磁力或某个物理量的变化自动操作的，例如接触器和各种类型的继电器等。后者是用手或依靠机械力进行操作的，例如各种手动开关、控制按钮或行程开关等。

本章主要介绍几种常用低压电器，如继电器、接触器、熔断器及一些常用开关等。在后面章节中所述控制实例中还会提到出现机会不多的控制电器，如凸轮、主令控制器、各种液位信号控制器、层楼转换开关、平层感应器。

第一节 接 触 器

接触器的作用和刀开关类似，即可以用来接通和分断电动机或其它负载主电路。与刀开关所不同的是它是利用电磁吸力和弹簧反作用力配合使触头自动切换的电器，并具有失（欠）压保护功能，控制容量大，适于频繁操作和远距离控制，工作可靠且寿命长。因此，在电力拖动与自动控制系统中得到了广泛的应用。

接触器按其触头通过电流的种类可分为交流接触器和直流接触器。

一、交流接触器

（一）交流接触器的构造

交流接触器由电磁机构、触头系统和灭弧装置三部分组成。

1. 电磁机构

电磁机构是感应机构。它由激磁线圈、铁芯和衔铁构成。线圈一般用电压线圈，通以单相交流电。为减少涡流、磁滞损耗，以防铁芯发热过甚，铁芯用硅钢片叠铆而成，通常做成双"E"型，常见的铁芯有衔铁围绕轴转动的"E"型拍合式铁芯、衔铁绕棱角转动的拍合式及衔铁在线圈内部作直线运动的螺管式等三种结构型式，如图 1-1 所示。

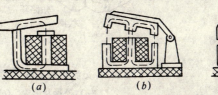

图 1-1 接触器电磁系统的结构图
(a) 衔铁绕棱角转合式；(b) 衔铁绕轴转动拍合式；
(c) 衔铁作直线运动螺管式

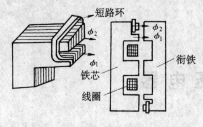

短路环

ϕ_2
ϕ_1
ϕ_2
ϕ_1

铁芯
线圈
衔铁

图 1-2 交流接触器铁芯的短路环

交流接触器的电磁机构一般用交流电激磁,因此铁芯中的磁通也要随着激磁电流而变化。当激磁电流过零时,电磁吸力也为零。由于激磁电流的不断变化,将导致衔铁的快速振动,发出剧烈的噪声。振动将使电气结构松散,寿命降低,更重要的是影响其触头系统的正常分合。为减小这种振动和噪音,在铁芯柱端面上嵌装一个金属环,称为短路环,如图 1-2 所示。

短路环相当于变压器的副绕组,当激磁线圈通入交流电后,在短路环中有感应电流存在,短路环把铁芯中的磁通分为两部分,即不穿过短路环的 ϕ_1 和穿过短路环的 ϕ_2。磁通 ϕ_1 由线圈电流 I_1 产生,而 ϕ_2 则由 I_1 及短路环中的感应电流 I_2 共同产生的。电流 I_1 和 I_2 相位不同,故 ϕ_1 和 ϕ_2 的相位也不同,即在 ϕ_1 过零时 ϕ_2 不为零,使得合成吸力无过零点,铁芯总可以吸住衔铁,使其振动减小。

2. 触头系统

它是接触器的执行元件,起分断和闭合电路的作用,要求触头导电性能良好。触头有主触头和辅助触头之分。还有使触头复位用的弹簧。主触头用以通断主回路(大电流电路),常为三对常开触头。而辅助触头则用以通断控制回路(小电流回路),起电气联锁作用,所以又称为联锁触头。所谓常开、常闭是指电磁机构未动作时的触头状态。图 1-3 所示为交流接触器的外形、结构及符号。

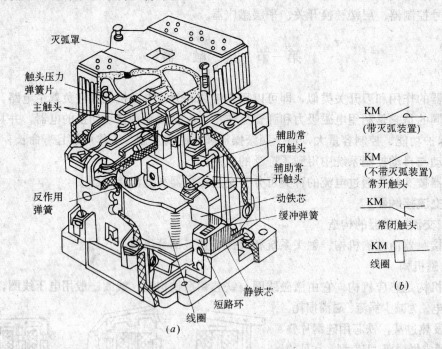

灭弧罩

触头压力
弹簧片

主触头

反作用
弹簧

辅助常
闭触头

辅助常
开触头

动铁芯

缓冲弹簧

静铁芯

短路环

线圈

(a)

KM
(带灭弧装置)

KM
(不带灭弧装置)
常开触头

KM

常闭触头

KM
线圈

(b)

图 1-3 交流接触器的外形、结构及符号
(a) 外形及结构; (b) 符号

触头的结构型式分为桥式触头和线接触指形触头,如图 1-4 所示。

桥式触头有点接触和面接触之分,如图 1-4 (a) 所示,它们都是两个触头串于一条电

4

路中,电路的开断与闭合是由两个触头共同完成的。点接触桥式触头适用于电流不大且触头压力小的地方,如接触器的辅助触头。面接触桥式触头,适用于大电流的地方,如接触器的主触头。

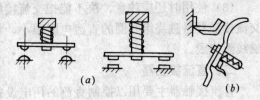

图 1-4　接触器的触头结构
(a) 点接触桥式触头;(b) 线接触指型触头

线接触指型触头如图 1-4 (b) 所示,它的接触区域为一直线,触头开闭时产生滚动接触。这种触头适用于接电次数多,电流大的地方,如接触器的主触头。

选用接触器时,要注意触头的通断容量和通断频率,如应用不当,会缩短其使用寿命或不能开断电路,严重时会使触头熔化;反之则触头得不到充分利用。

3. 灭弧装置

当分断带有电流负荷的电路时,在动、静两触头间形成电弧。交流接触器要经常接通和分断带有电流负荷的电路。电弧的形成,主要是由于空气发生游离,但电弧形成也存在去游离(减弱离子浓度)的作用。游离作用强,电弧就剧烈,去游离作用强,电弧就易熄灭。电器中设置灭弧装置,其目的是加强去游离作用,促使电弧尽快熄灭,以防造成相间短路。交流接触器的灭弧方法有(图 1-5):用电动力使电弧移动拉长,如:电动力灭弧、双断口灭弧;或将长弧分成若干短弧,如:栅片灭弧、纵缝灭弧等。

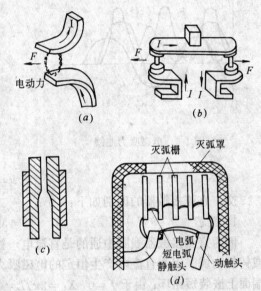

图 1-5　交流接触器各种灭弧方法示意
(a) 电动力灭弧;(b) 双断口灭弧;
(c) 纵缝灭弧装置;(d) 栅片灭弧原理

(二)交流接触器的工作原理

当线圈通以单相交流电时,铁芯被磁化为电磁铁,即由激磁电流 I_1 产生磁通 ϕ_1,而在短路环中产生感应电流 I_2,I_1 和 I_2 共同作用产生 ϕ_2,由 ϕ_1 和 ϕ_2 产生电磁力 F_1 和 F_2,使合成吸力 F 无过零点,当克服弹簧的反弹力时将衔铁吸合,带动触头动作。即常开触头闭合,常闭触头打开。ϕ_1 和 ϕ_2 的相位差理论上差 90°,但实际上约 60°。图 1-6 为电磁吸力随时间的变化曲线。当线圈失电后,电磁铁失磁,电磁吸力随之消失,在弹簧作用下触头复位。

(三)交流接触器在使用时的注意事项

(1)交流接触器在起动时,由于铁芯气隙大,电抗小,所以通过激磁线圈的起动电流往往比衔铁吸合后的线圈工作电流大十几倍,所以交流接触器不宜使用于频繁起动的场合。

(2)交流接触器激磁线圈的工作电压,应为其额定电压的 85%～105%,这样才能保证接触器可靠吸合。如电压过高,交流接触器磁路趋于饱和,线圈电流将显著增大,有烧毁线圈的危险。反之,衔铁将不动作,相当于起动状态,线圈也可能过热烧毁。

（3）使用时还应注意，决不能把交流接触器的交流线圈误接到直流电源上，否则由于交流接触器激磁绕组线圈的直流电阻很小，将流过较大的直流电流，致使交流接触器的激磁线圈烧毁。

二、直流接触器

直流接触器主要用以控制直流的用电设备。和交流接触器相似，同样由电磁机构、触头系统和灭弧装置等三部分构成，但是也存在着一定的差别。直流接触器结构原理图见图1-7所示。

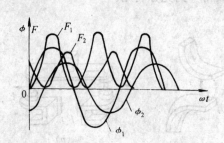

图1-6 电磁吸力曲线

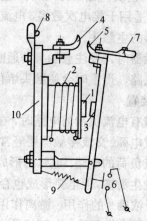

图1-7 直流接触器的结构原理图

1—铁芯；2—线圈；3—衔铁；4—静触头；5—动触头；
6—辅助触头；7、8—接线柱；9—反作用弹簧；10—底板

交、直流接触器的区别如下：

1. 铁芯

因为直流接触器线圈中通的是直流电，铁芯中不会产生涡流，故铁芯可用整块的铸铁或铸钢构成。因为直流电产生恒定的电磁吸力，所以不会产生振动和噪音，无需在铁芯的端面上嵌装短路环；由于 $f=0$，$X_L=2\pi fL=0$，故 $Z=R$。可见直流接触器限制励磁电流的主要是电阻，所以其线圈匝数较多，电阻较大，铜耗也大，线圈发热是需要考虑的主要因素。为了使线圈散热良好，通常将线圈做成长而薄的圆筒状。

2. 触头系统

同交流接触器类似，有主触头和辅助触头之分。主触头因为通断电流大，故采用指形触头，辅助触头通断电流小，常采用点接触的桥式触头，如图1-4中所示。

3. 灭弧装置

直流接触器的主触头在断开直流电路时，如电流较大会产生强烈的电弧，次数一多触头便要烧坏，不能继续工作。为了迅速切断电弧，不使触头烧坏，采用了磁吹式灭弧装置，其结构如图1-8所示。图中表示动、静触头已分开，并已形成电弧。磁吹式灭弧装置由磁吹线圈1、灭弧罩5和灭弧角6所组成。磁吹线圈由扁铜条弯成，中间装有铁芯2，它们之间隔有绝缘套筒3，铁芯的两端装有两片铁质的夹板4，夹板4夹持在灭弧罩的两边，而放在灭弧罩5内的触头就处在夹板之间。灭弧罩由石棉水泥板或陶土制成，它把触头罩住。磁吹线圈和触头串联，因此流过触头的电流也就是流过磁吹线圈的电流，电流的方向如图中

的箭头所示。当触头分开电弧燃烧时，电弧电流在电弧四周形成一个磁场，磁场的方向可用右手螺旋定则确定，在电弧上方磁通的方向是离开纸面的，而在电弧下面磁通的方向是进入纸面的。流过磁吹线圈的电流在铁芯 2 中产生磁通，磁通经过一边夹板穿过夹板间的空隙进入另一夹板而形成闭合磁路，磁通方向如图 1-8 所示。可见，在电弧上方，磁吹线圈与电弧电流所产生的磁通方向相反，于是磁通减少；而在电弧下方，则由于两个磁通方向相同，磁通增加，电弧将从磁场强的一边拉向弱的一边，这样电弧就向上运动，灭弧角 6 和静触头相连接，它的作用是引导电弧向上运动。由于电弧自下而上地迅速拉长，和空气发生了相对运动，使电弧温度降

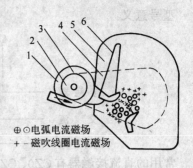

⊕⊙电弧电流磁场
＋－磁吹线圈电流磁场

图 1-8　磁吹式灭弧装置
1—磁吹线圈；2—铁芯；3—绝缘套筒；
4—夹板；5—灭弧罩；6—灭弧角

低，起到冷却去游离作用，促使电弧熄灭。另外，电弧被吹进灭弧罩上部的时候，进入了灭弧挟缝的区域，电弧和灭弧罩相接触，将热量传给了灭弧罩，这样也降低了电弧的温度，起到加强冷却去游离的作用。同时，电弧在向上运动的过程中，它的长度不断增加，当电源电压不足以维持电弧燃烧时，它就熄灭了。

综上叙述可知：磁吹灭弧装置的灭弧原理是靠磁吹力的作用，使电弧在空气中迅速拉长并同时进行冷却去游离，从而使电弧熄灭。因此，电流愈大，灭弧能力也愈强。当电流方向改变时，磁场的方向也同时改变，而电磁力的方向不变，电弧仍向上移动，灭弧作用相同。

直流接触器通的是直流电，没有冲击起动电流，不会产生铁芯猛烈撞击的现象，因此它的寿命长，适宜用于频繁起动的场合。

直流接触器的线圈及触头在电路原理图中的图形及符号与交流接触器相同。

三、接触器主要技术数据

（一）接触器的型号及代表的意义

常用的交流接触器有 CJ0、CJ20、CJ12、CJ12B 等系列，其主要技术数据见表 1-1 所示。

CJ0、CJ20 系列交流接触器的技术数据　　　　　　　　表 1-1

型　号	主　触　头			辅　助　触　头			线　圈		可控三相异步电动机的最大功率（kW）		额定操作频率（次/h）
	对　数	额定电流（A）	额定电压（V）	对　数	额定电流（A）	额定电压（V）	电压（V）	功率（VA）	220V	380V	
CJ0-10	3	10		均为两常开两常闭				14	2.5	4	
CJ0-20	3	20					可为	33	5.5	10	
CJ0-40	3	40						33	11	20	
CJ0-75	3	75	380		5	380	36 110 127 220 380	55	22	40	≤600
CJ20-10	3	10						11	2.2	4	
CJ20-20	3	20						22	5.5	10	
CJ20-40	3	40						32	11	20	
CJ20-60	3	60						70	17	30	

型号意义：

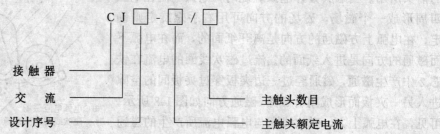

常用的直流接触器有 CZ0、CZ1、CZ2、CZ3、CZ5-11 等系列产品。CZ5-11 为联锁接触器，常用于控制电路中。CZ0 系列直流接触器的基本技术参数见表 1-2 所示。

CZ0 系列直流接触器基本技术参数 表 1-2

型　号	额定电压 (V)	额定电流 (次/h)	额定操作频率 (A)	主触头极数		最大分断电流 (A)	辅助触头型式及数目		吸引线圈电压 (V)	吸引线圈消耗功率 (W)
				常开	常闭		常开	常闭		
CZ0-40/20	40	1200	2	0	160	2	2		22
CZ0-40/02	40	600	0	2	100	2	2		24
CZ0-100/10	100	1200	1	0	400	2	2		24
CZ0-100/01	100	600	0	1	250	2	1		24
CZ0-100/20	100	1200	2	0	400	2	2		30
CZ0-150/10	150	1200	1	0	600	2	2		30
CZ0-150/01	440	150	600	0	1	375	2	1	24，48 110，220	25
CZ0-150/20	150	1200	2	0	600	2	2		40
CZ0-250/10	250	600	1	0	1000	5 其中一对为固定常开，另4对可任意组合成常开或常闭			31
CZ0-250/20	250	600	2	0	1000				40
CZ0-400/10	400	600	1	0	1600				28
CZ0-400/20	400	600	2	0	1600				43
CZ0-600/10	600	600	1	0	2400				50

型号意义：

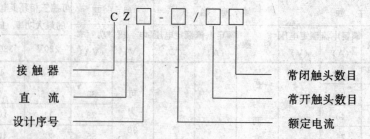

（二）接触器的工作任务类别

1. 交流接触器

根据国家标准，将交流接触器的任务分成四类：

（1）在 $\cos\phi = 0.9$ 以下，接通和分断额定电压和额定电流的属于 A_1 类；

（2）在 $\cos\phi = 0.7$ 和额定电压下，接通和切断 2.5 倍额定电流的属于 A_2 类；

（3）在 $\cos\phi = 0.4$ 和额定电压的情况下，接通 6 倍的额定电流；在 0.16 额定电压下断开额定电流的属于 A_3 类；

（4）在额定电压和 $\cos\phi = 0.4$ 的情况下，接通和切断 6 倍额定电流的属于 A_4 类。

2. 直流接触器

国家标准规定，直流接触器的任务可分为三类：

（1）在 $L/R = 0.005$ 和额定电压下，接通与分断额定电流称为 D_1 类；

（2）在 $L/R = 0.015$ 和额定电压下，接通 2.5 倍的额定电流；在 $L/R = 0.015$ 或 0.1 和额定电压下开断额定电流的称为 D_2 类；

（3）在 $L/R = 0.015$ 和额定电压下，接通与分断 2.5 倍额定电流的称为 D_3 类。

例如：CJ20、CJ0、CJ20 系列交流接触器相当于 A_3 类。CJ1、CJ12、CJ3 系列交流接触器相当于 A_4 类与 A_3 类间。CZ3 系列直流接触器相当于 D_1 类。CZ1、CZ0 系列直流接触器相当于 D_2 类或 D_3 类。

（三）接触器的额定参数

1. 接触器铬牌上的额定电压

是指主触头的额定电压，选用时必须使它与被控制的负载回路的额定电压相同。

2. 额定电流

接触器铭牌上的额定电流是指主触头的额定电流。主触头的额定电流就是当接触器装在敞开的控制屏上，在间断—长期工作制下，而且温升不超过额定温升时，流过触头的允许电流值。间断—长期工作制是指接触器连续通电时间不大于 8h 的工作制，工作 8h 后，必须连续操作开闭触头（空载）三次以上（这一工作制通常是在交接班时进行），以便清除氧化膜。

3. 吸引线圈的额定电压

交流吸引线圈的额定电压一般有 36V、127V、220V 和 380V 四种。直流吸引线圈的额定电压一般有 24V、48V、110V、220V 和 440V 五种，考虑到电网电压的波动，接触器的线圈允许在电压等于 105% 额定值下长期接通，而线圈的温升不超过绝缘材料的容许温升。

4. 额定操作频率

接触器的操作频率就是接触器每小时接通的次数。根据前面对电磁机构吸力特性的分析，我们知道交流吸引线圈在接电瞬间有很大的起动电流，如果接电次数过多，会引起线圈过热，所以这就限制了交流接触器每小时的接电次数。一般交流接触器额定操作频率最高为 600 次/h，直流吸引线圈电流为一常数，与磁路的气隙无关，所以额定操作频率较高，最高可达 1200 次/h。因此，对于频繁操作的场合如轧钢机的一些辅助机械，就采用了具有直流吸引线圈的接触器。CJ3 系列接触器就是具有直流吸引线圈、主触头交直两用的接触器，其额定操作频率可达到 1200 次/h。

四、接触器的选择

1. 系列的确定

根据所控制的电动机及负载电流的类型选择接触器的类型，即交流负载应选用交流接触器，直流负载应选用直流接触器；如果控制系统中主要是交流电机，而直流电动机或直流负载的容量比较小时，也可全用交流接触器进行控制，但是触头的额定电流应适当选择大一些，再根据接触器的工作任务，确定出合适的系列。

2. 额定电压、额定电流的确定

通常情况下，选择接触器主触头的额定电压大于或等于负载回路的额定电压。主触头的额定电流不低于规定负载电路的额定电流或根据经验公式计算：

$$I_{KM} = \frac{P_e \times 10^3}{KU_e}(A)$$ (1-1)

式中　K——为经验常数，一般取 1~1.4；

　　　P_e——被控电动机额定功率（kW）；

　　　U_e——电动机额定线电压（V）；

　　　I_{KM}——接触器主触头电流（A）。

(1-1) 式适用于 CJ0、CJ10、CJ20 系列。

也可参照表 1-1 所控制电动机最大功率选择。例如：额定电压为 380V、额定功率为 20kW 的电动机查表 1-1 应选用 CJ20-40 型接触器。

如果接触器使用在频繁起动、制动和频繁正反转的场合时，容量应增大一倍以上来选择接触器。

3. 吸引线圈额定电压的确定

吸引线圈的电压选择要考虑到安全和工作的可靠性，也就是使其额定电压与所接电源电压相符合。在控制线路比较简单、所用接触器的数量较少的情况下，可直接选用 380V 或 220V。在线路复杂、使用电器较多时，为了保证安全，可选用较低的电压值，如 110V、127V 或 220V，并由控制变压器供电。

4. 接触器的触头数量的确定

接触器触头数量、种类应满足控制线路的要求。如不能满足时，可用增加中间继电器等方法解决。

第二节　继　电　器

继电器是一种根据外界输入的电的或非电的信号（如电流、电压、转速、时间、温度等）的变化开闭控制电路（小电流电路），自动控制和保护电力拖动装置用的电器。继电器的种类很多，其分类方法也较多。

按其动作原理分为：电磁式、感应式、机械式、电动式、热力式和电子式继电器等。

按其反应的信号不同可分为：电流、电压、时间、速度、温度、压力继电器等。

以下将按其反应参数的不同，阐述在建筑设备控制系统中常用的几种继电器。

一、电磁式电流、电压和中间继电器

电流及电压继电器是用来反应电流和电压变化的电器。中间继电器则是转换控制信号的中间元件。

（一）交流电磁式继电器

1. 构造

交流电磁式继电器与交流接触器一样，由电磁机构和触头系统构成。继电器因无需开断大电流电路，故触头均采用无灭弧装置的桥式触头。磁路系统由硅钢片叠成，在铁芯上绕有线圈。JT4 系列继电器的构造如图 1-9 所示。

2. 动作原理

当交流继电器的线圈内通以交流电流时，在铁芯 1 中产生电磁吸力，当电磁吸力足以克服释放弹簧 7 的反弹力时，衔铁 3 绕支点转动与铁芯吸紧，带动其触头动作（即常开触头闭合，常闭触头断开）。

当线圈电流消失或减小到一定值时，铁芯中电磁吸力随之减小，当吸力小于释放弹簧 7 的反弹力时，在释放弹簧作用下，衔铁将恢复到释放位置，其触头复位。

3. 继电器的返回系数与调整

(1)返回系数：返回系数是表征继电器工作性能的一个重要指标，分为电流返回系数和电压返回系数。返回系数与相关量之间的关系可表示如下：

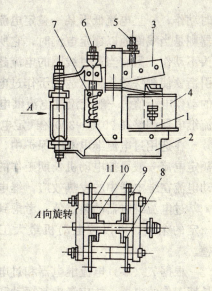

图 1-9　JT4 系列交流电磁继电器
1—铁芯；2—底座；3—衔铁；4—线圈；
5—调节螺钉；6—调节螺母；7—释放弹簧；
8、10—动触头；9、11—静触头

$$\beta_i(电流返回系数) = \frac{释放电流}{吸上电流}$$

$$\beta_u(电压返回系数) = \frac{释放电压}{吸上电压}$$

所谓吸上电流（电压）是：当继电器的衔铁开始吸合时吸引线圈的电流（电压）；而释放电流（电压）则是：当继电器开始释放时吸引线圈的电流（电压）。

因为吸上参数大于释放参数，所以 β_i 和 β_u 的数值都小于 1。返回系数的数值由继电器本身的结构确定。在选择与调整继电器时，需参考这一数据，以保证继电器可靠而准确地工作。

(2)继电器的调整方法：

a. 调整释放弹簧 7 的松紧程度来改变吸上电流的大小，释放弹簧越紧吸上电流越大；反之，吸上电流越小。

b. 调整调节螺钉 5，改变初始气隙的大小来改变吸上电流。气隙越大，吸上电流越大；反之吸上电流越小。在释放弹簧和触头弹簧不变的情况下，改变气隙，释放电流不变。

c. 改变非磁性垫片的厚度来调整释放电流，非磁性垫片越厚，释放电流越大，反之释放电流越小。在释放弹簧和触头弹簧不变的情况下，调整非磁性垫片的厚度，吸上电流不变。

交流电磁式继电器有电流、电压和中间继电器之分，以下分别加以说明。

(二)电压、电流和中间继电器的区别

1. 电流继电器

用以反应线路中电流变化状态的称为电流继电器。在使用时线圈应串在线路中。为不影响线路的正常工作，电流线圈应阻抗小，导线较粗，匝数少，能通过大电流，这是电流继电器的本质特征。随着使用场合和用途的不同，电流继电器分欠（零）电流继电器和过电流继电器。其区别在于它们对电流的数量反应不同。欠（零）电流继电器是在正常工作时动作，一旦电流低于某一整定电流时，欠电流继电器将释放，触头复位。而过电流继电器则是当线圈通以额定电流时，它所产生的电磁吸力不足以克服反作用弹簧的反弹力，触头不动作，只有当通过线圈的电流超过整定值后，电磁吸力大于反作用弹簧拉力，铁芯吸引衔铁使触头动作。这适用于作过电流保护。调节反作用弹簧力的大小，可以整定继电器的动作电流值。一般交流过电流继电器调整在 110%～350% 额定电流时动作，而直流过电流继电器调整在 70%～300% 额定电流时动作。

在选用过电流继电器的保护中，对于小容量直流电动机和绕线式异步电动机的线圈的额定电流一般可按电动机长期工作的额定电流来选择；对于频繁起动的电动机，考虑到起动电流在继电器中的发热效应，继电器的额定电流应选大一级。

过电流继电器的整定值，考虑到这类继电器的动作误差在 ±10% 的范围内，应再加上一定的余量，可以按电动机最大工作电流（一般为 1.7～2 倍额定电流）的 12% 来调整。

根据欠（零）电流继电器和过电流继电器的动作条件可知：欠（零）电流继电器属于长期工作的电器，故应考虑其振动和噪音，应在铁芯中装有短路环，而过电流继电器属于短时工作的电器不需装短路环。

有的过电流继电器带有手动复位机构。当过电流时，继电器动作，衔铁动作。衔铁动作后，即使线圈电流减小到零，衔铁也不会返回。只有当操作人员检查故障并处理后，采用手动复位，松掉锁扣机构，这时衔铁才会在复位弹簧作用下返回原位，从而避免重复过电流事故的发生。

2. 电压继电器

用以反应线路中电压变化的继电器称为电压继电器。在应用时，电压线圈并联在线路中。为使之减少分流，电压线圈导线细，匝数多，电阻大。随着应用场所不同，电压继电器有欠（失）压及过电压继电器之分。其区别在于：欠（失）压继电器在正常电压时动作，而当电压过低或消失时，触头复位；过电压继电器则是在正常电压下不动作，只有当其线圈两端电压超过其整定值后，其触头才动作，以实现过电压保护。同电流继电器道理相同，欠（失）压继电器装有短路环，而过电压继电器则不需短路环。

欠电压继电器是在电压为 40%～70% 额定电压时才动作，对电路实现欠压保护；零电压继电器是当电压降至 5%～25% 额定电压时动作，进行零压保护；过电压继电器是在电压为 110%～115% 额定电压以上时动作，具体动作电压的调整根据需要决定。

3. 中间继电器

中间继电器是将一个输入信号变成一个或多个输出信号的继电器。它的输入信号为线圈的通电或断电。它的输出是触头的动作，将信号同时传给几个控制元件或回路。

常用的中间继电器有 J27 和 J28 系列两种。J27 系列中间继电器的结构如图 1-10(a) 所示。它由电磁机构（线圈、衔铁、铁芯）和触头系统（触头和复位弹簧）构成。其线圈为电压线圈，当线圈通电后，铁芯被磁化为电磁铁，产生电磁吸力，当吸力大于反力弹簧的弹力时，将衔铁吸引，带动其触头动作，当线圈失电后，在弹簧作用下触头复位。可见也应考虑其振动和噪音，所以铁芯中装有短路环。中间继电器的图形及文字符号如图 1-10(b) 所示。

中间继电器的特点是：触头数目多（6 对以上），可完成对多回路的控制；触头电流较

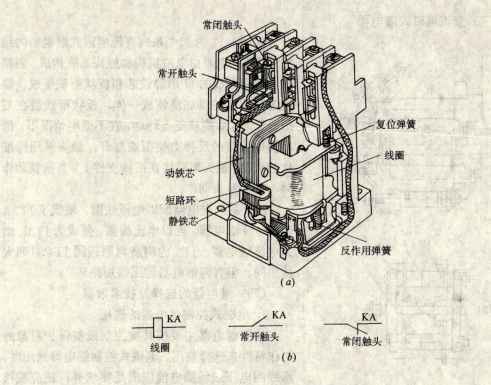

图 1-10 J27 型中间继电器

(a) 结构，(b) 符号

大（5A 以上），动作灵敏（动作时间不大于 0.05s）。与接触器不同的是触头无主、辅之分，所以当电动机的额定电流不超过 5A 时，也可用它代替接触器使用，可以认为中间继电器是小容量的接触器。

中间继电器的选择，主要是根据被控制电路的电压等级，同时还应考虑触点的数量种类及容量，以满足控制线路的要求。J27 系列中间继电器的技术数据如表 1-3 所示

JZ7 系列中间继电器技术数据   表 1-3

型 号	触头额定电压 (V)		触头额定电流 (A)	触头数量		额定操作频率 (次/h)	吸引线圈电压 (V)		吸引线圈消耗功率 (VA)	
	直流	交流		常开	常闭		50Hz	60Hz	起动	吸持
JZ7-44	440	500	5	4	4	1200	12，24，36，48 110，127，220 380，420，440 500	12，36，110 127，220， 380，440	75	12
JZ7-62	440	500	5	6	2	1200			75	12
JZ7-80	440	500	5	8	0	1200			75	12

中间继电器的型号意义：

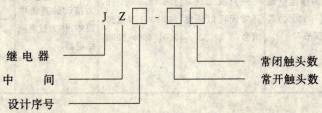

13

（三）直流电磁式继电器

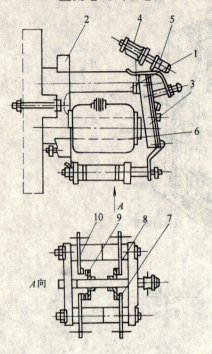

图 1-11　JT3 直流电磁式继电器
1—铁芯；2—底座；3—衔铁；4—弹簧；5—螺母；
6—线圈；7、9—动触头；8、10—静触头

如图 1-11 为 JT3 系列直流电磁式继电器的结构示意图，主要由电磁机构和触头系统构成。磁路是由软钢制成的 U 形静铁芯和板状衔铁组成。静铁芯和铝制的基底浇铸成一体，板状衔铁装在 U 形静铁芯上，能绕支点转动，在不通电情况下，借反作用弹簧的反弹力使衔铁打开，触头采用标准化触头架，触头架联接在衔铁支件上，当衔铁动作时，带动触头动作。

JT3 系列继电器配以电压线圈，便成了 JT3A 型欠电压继电器，配以电流线圈，便成为 JT3L 型欠电流继电器。JT3 的构造与原理同 JT4 系列大体相同，但直流继电器均无需短路环。

（四）继电器的选择及技术数据

1. 电磁式控制继电器的选用

控制继电器主要按其被控制或被保护对象的工作特性来选择使用。电磁式控制继电器选用时，除线圈电压或线圈电流应满足要求外，还应按被控制对象的电压、电流和负载性质及要求来选择，如果控制电流超过继电器额定电流，可将触头并联使用，以提高长期允许通过电流。在需要提高分断能力时（一定范围内）可用触头串联方法，但触头有效数量将减少。

电流继电器的特性有瞬时动作特性、反时限动作特性、反时限与瞬时动作特性等，可按不同要求选取。

2. 电磁式继电器的技术数据

这里仅举几种常用的继电器的技术数据，见表 1-4 及表 1-5。

JL3 电流继电器主要技术数据　　　　表 1-4

型　号	动作电流	触头数目	吸引线圈电流（A）	主要用途	动作误差	复位方式
JL3-□□ 型直流过电流继电器	线圈额定电流（70%～300%）范围内调节	一只或二只常开常闭可以任意组合	1.5, 2.5, 5, 10, 25, 50, 100, 150, 300, 600, 1200	在自动控制电力拖动的直流电路中，作为过电流继电器	±10%	自　动
JL3-□□S 型直流过电流继电器					±10%	手　动

14

型　号	动作电压或动作电流	延　时（s）		动作误差	触头数目	吸引线圈电压、电流（V、A）	消耗功率（W）	固有动作时间（s）	重量（kg）
		线圈继电	线圈短路						
JT3-□□型电压（或中间）继电器	吸引电压在额定电压的（30～50）%间或释放时电压的（7～20）%间				2 常分 2 常合或 1 常分 1 常合	直流 12，24，48，110，220，440V			2
JT3-□□L 型欠电流继电器	吸引电流（30～60）%I_e，释放电流（10～20）%I_e			±10%	2 只或 3 只触头常分常合可任意组合	直流 1.5，2.5，5，10，25，50，100，150，300，600A	约 16	约 0.2	2
JT3-□□/1 型时间继电器	大于额定电压的 75% 时保证延时	0.3～0.9	0.3～1.5		2 常分 2 常合或 1 常分 1 常合	直流 12，24，48，110，220，440V			
JT3-□□/3 型时间继电器	大于额定电压的 75% 时保证延时	0.8～3	1～3.5						2.2
JT3-□□/5 型时间继电器	大于额定电压的 75% 时保证延时	2.5～5	3～5.5						2.5

二、时间继电器

时间继电器在电路中起着控制动作时间的作用。当它的感测系统接受输入信号以后，需经过一定的时间，它的执行系统才会动作并输出信号，进而操纵控制电路。所以说时间继电器具有延时的功能。它被广泛用来控制生产过程中按时间原则制定的工艺程序，如鼠笼式异步电动机的几种降压起动均可由时间继电器发出自动转换信号，应用场合很多。

时间继电器种类繁多，主要有直流电磁式、空气阻尼式（又称气囊式）、电动式及晶体管式等几种。其中电动式时间继电器的延时精确度高，且延时时间可以调整得很长（由几分钟到几小时），但价格较高；晶体管式应用越来越广泛，精确度高，延时时间长且价格不高；电磁式时间继电器结构简单，价格便宜，但延时较短（约 0.3～1.6s），而且只适用于直流电路，体积和重量又较大。目前在交流电路中得到较广泛应用的是空气阻尼式时间继电器，它结构简单，延时范围较大（0.4～180s），更换一只线圈便可用于直流电路。以下仅介绍较常用的空气阻尼式时间继电器。

（一）JS7-A 系列时间继电器

本系列空气式时间继电器，是利用气囊中空气通过小孔节流的原理来获得延时动作的，根据触头延时的特点，它可以分为通电延时动作（如 JS7-2A 型）与断电延时复位（如 JS7-4A）两种。JS7-A 系列外形及结构如图 1-12 所示。它由电磁系统、工作触头、气室及传动机构等四部分组成。其中电磁系统由线圈、铁芯和衔铁组成。其它还有反力弹簧和弹簧片。工作触头由两对瞬时触头（一对瞬时闭合，另一对瞬时断开）及两对延时触头组成。气室内有一块橡皮薄膜，随空气的增减而移动。气室上面的调节螺钉可调节延时的长短。传动机构由推板、活塞杆、杠杆及宝塔形弹簧组成。

（二）JS7-A 系列时间继电器的动作原理

图 1-13 所示为本系列时间继电器动作原理示意图，其中（a）为通电延时型时间继电器

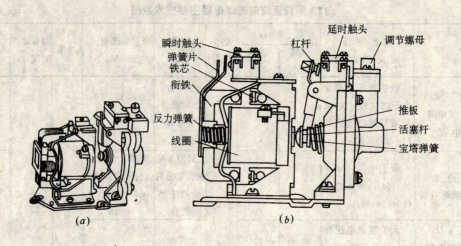

图 1-12 JS7-A 系列时间继电器外形及结构图

（a）外形；（b）结构

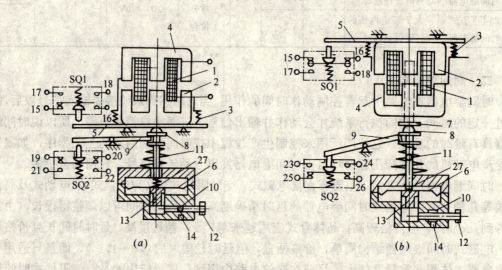

图 1-13 JS7-A 系列时间继电器动作原理图

（a）通电延时；（b）断电延时

1—线圈；2—衔铁；3—反力弹簧；4—铁芯；5—推板；6—橡皮膜；7—多衔铁推杆；8—活塞杆；9—杠杆；10—螺旋；
11—宝塔形弹簧；12—调节螺钉；13—活塞；14—进气口；15、16—瞬时断开常闭触头；17、18—瞬时闭合常开触头；
19、20—延时断开瞬时闭合常闭触头；21、22—延时闭合瞬时断开常开触头；23、24—瞬时闭合延时断开常开触头；
25、26—瞬时断开延时闭合常闭触头；27—弱弹簧

动作原理图，（b）则为断电延时型的动作原理图，其原理叙述如下：

1. 通电延时型的时间继电器工作原理

如图 1-13（a）示，当线圈 1 通电后，衔铁 2 克服反力弹簧 3 的阻力，与固定的铁芯 4 吸合，活塞杆 8 在宝塔形弹簧 11 的作用下向上移动。移动的速度要根据进气孔 14 的节流程度而定，可通过螺钉 12 和螺旋 10 加以调整，微动开关 SQ1 是在衔铁吸合后通过推板 5 立即动作，使瞬时触头 15、16 瞬时断开、17、18 瞬时闭合。经过一定的延时后，活塞 13 才移动到最上端，这时通过杠杆 9 将微动开关 SQ2 压动，使常闭触头 19、20 延时断开，常

16

开触头 21、22 延时闭合，起到通电延时作用。19、20 称为延时断开的常闭触头，21、22 称为延时闭合的常开触头。

当线圈断电时，衔铁 2 在弹簧 3 的作用下，通过活塞杆 8 将活塞推向最下端，这时橡皮膜 6 下方气室内的空气都通过橡皮膜 6、弱弹簧 27 和活塞 13 的局部所形成的单阀，很迅速地从橡皮膜上方的气室缝隙中排掉。使得微动开关 SQ2 的常闭触头 19、20 瞬时闭合，常开触头 21、22 瞬时断开，同时微动开关 SQ1 复位，使瞬时触头 15、16、17、18 立即复位。通过动作原理可知，19、20、21、22 是通电延时动作而断电瞬时复位的延时触头，也称单向延时触头。

2. 断电延时型的时间继电器工作原理

如图 1-13（b）所示。断电延时与通电延时两种时间继电器的组成元件是通用的。

当线圈 1 通电时，铁芯 4 将衔铁 2 吸合，带动推板 5 下移压合微动开关 SQ1，使瞬时触头 15、16 瞬时断开，17、18 瞬时闭合，与此同时衔铁 2 压动推杆 7，使活塞杆克服了弹簧 11 的阻力向下移动，通过杠杆 9 使微动开关 SQ2 也瞬时动作。延时触头 25、26 瞬时断开，23、24 瞬时闭合，无延时作用。

当线圈失电时，衔铁 2 在弹簧 3 的作用下瞬时释放，通过推杆 5 使 SQ1 瞬时复位，触头 15、16、17、18 瞬时复位，与此同时使活塞杆 8 在塔式弹簧 11 及气室各部分元件作用下延时复位，SQ2 也延时复位，触头 23、24、25、26 也延时复位，所以称为断电延时复位的单向延时触头。也有双向延时（即通断电均延时）的触头。

（三）时间继电器的型号及符号

1. 型号

型号意义：

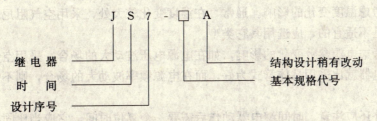

J S 7 - □ A

继电器 —— 时间 —— 设计序号 ——

结构设计稍有改动 —— 基本规格代号 ——

2. 符号

如图 1-14 所示为时间继电器各类型触头线圈的图形符号，文字符号为 KT。

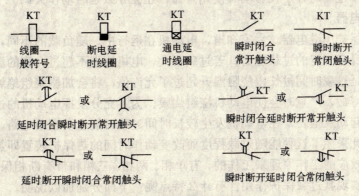

图 1-14 时间继电器符号

（四）时间继电器的选择及主要技术数据

1. 技术数据

了解时间继电器的技术数据，是设计选择顺利进行的必要条件。其主要技术数据有：线圈电压、触头额定电压和额定电流、延时触头数量、类型、瞬动触头数量、延时范围及操作频率等。这里仅介绍了 JS7-A 系列空气式时间继电器的技术数据，如表 1-6 所示。

JS7-A 系列空气式时间继电器的技术数据 表 1-6

型号	触头额定电压（V）		触头额定电流（A）	触头数量		额定操作频率（次/h）	吸引线圈电压（V）		吸引线圈消耗功率（VA）	
	直流	交流		常开	常闭		50Hz	60Hz	起动	吸持
J27-44	440	500	5	4	4	1200	12，24，36，48 110，127，220 380，420，440 500	12，36，110 127，220，380，440	75	12
J27-62	440	500	5	6	2	1200			75	12
J27-80	440	500	5	8	0	1200			75	12

2. 时间继电器的选择

通过对时间继电器的工作原理和典型线路的分析可知，每一种时间继电器都有其各自的特点，所以要合理选用以发挥它们的特长及适应不同的应用场合。选择时应注意以下几个方面的情况：

（1）应考虑触头的型式（即是通电延时还是断电延时）及触头的对数。

（2）应确保吸引线圈的额定电压与电源电压相符合。

（3）凡是对延时要求不太高的场合，一般宜采用价格较低的电磁式或空气阻尼式时间继电器；反之，如对延时要求较高，则宜采用电动式或晶体管式时间继电器。

（4）应考虑温度变化的影响。通常，在温度变化较大处，采用空气阻尼式和晶体管式时间继电器是不适宜的，应选用其它类型。

（5）要考虑电源参数变化的影响，如在电源电压波动大的场合，采用空气阻尼式或电动式时间继电器就比采用晶体管式为好，而在电源频率波动大的场合，则不宜采用电动式时间继电器。

（6）另外还应注意，时间继电器动作后需要一个复位时间，它应当比固有动作时间长一些，否则会有延时误差增大，甚至不能产生延时的危险。同时，对操作频率也要加以考虑，当操作频率过高时，不仅影响其使用寿命，还会导致延时动作失调。

三、热继电器

它是一种保护用继电器。大家知道，电动机在运行中，随负载的不同，常遇到过载情况，而电机本身有一定的过载能力，若过载不大，电机绕组不超过允许的温升，这种过载是允许的。但是过载时间过长，绕阻温升超过了允许值，将会加剧绕组绝缘的老化，降低电动机的使用寿命，严重时会使电动机绕组烧毁。为了充分发挥电动机的过载能力，保证电动机的正常起动及运转，在电动机发生较长时间过载时能自动切断电路，防止电动机过热而烧毁，为此采用了这种能随过载程度而改变动作时间的热保护装置即热继电器。热继电器是利用热效应的工作原理来工作的，有单相、两相、三相和带有断相保护的热继电器。那么它是怎样实现其过载保护作用？有什么特点呢？下面分别加以说明。

（一）两相结构的热继电器

1. 构造

它是由感应机构和执行机构构成的。感应机构主要有主双金属片（由不同膨胀系数的合金材料制成）、加热元件、执行动作机构（由传动机构和触头系统）构成。图1-15为其外形结构，图1-16为热继电器的原理图及符号表示。

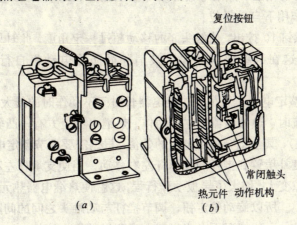

图 1-15　热继电器的外型结构

(a) 外部形状；(b) 内部构造

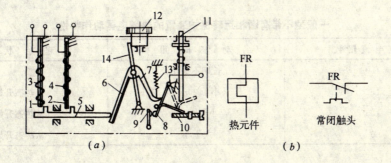

图 1-16　热继电器原理和符号

(a) 继电器原理图；(b) 符号

1、2—主双金属片；3、4—加热元件；5—导板；6—温度补偿片；7—推杆；8—动触头；9—静触头；10—螺钉；11—复位按钮；12—凸轮；13—弹簧；14—温度补偿臂

2. 工作原理

两个加热元件3和4分别串接在电动机主电路的两相电路中，动断触头8、9接于电动机线路接触器线圈的控制回路中，其原理阐述如下：

(1) 电机正常运行时的工作情况：当电机在额定电流下运行时，发热元件3、4虽有电流通过，但是因电流不大，故发热元件不发热，此时，热继电器触头8、9仍处于常闭状态，不影响电路的正常工作，可以说此时热继电器不起任何作用。

(2) 电机过载时的工作情况：当电动机流过一定的过载电流并经一定时间后，发热元件发热，其热量足可以使双金属片1或2遇热膨胀并弯曲，推动导板5移动，导板5又推动温度补偿双金属片6与推杆7，使动触头8与静触头9分开，从而使电动机线路接触器断电释放，将电源切除，防止长期过载使电机烧毁，起到保护电动机之作用。

19

（3）有关问题的说明：

a. 关于热继电器动作后的复位　热继电器动作以后，其复位方式有两种型式，一种称自动复位，另一种称手动复位。

自动复位：电源切断后，热继电器开始冷却，经过一段时间后，主双金属片恢复原状，于是触头 8 在弹簧作用下自动复位。

手动复位：将螺钉 10 拧出，使触头 8 的移动超过一定角度，此时只有按下复位按钮 11 触头 8 才能复位。这在某些要求故障未被消除而防止电动机自行启动的场合是必须的。

b. 热继电器的整定电流　就是使热继电器长时间不动作时的最大电流，通过热继电器的电流超过整定电流时，热继电器就立即动作。热继电器上方有一凸轮 12，它是调整整定电流的旋钮（整定钮），其上刻有整定电流的数值。根据需要调节整定电流时，旋转此旋钮，使凸轮压迫固定温度补偿臂和推杆的支承杆左右移动，当使支承杆左移时，会使推杆与连接动触点的杠杆间隙变大，增大了导板动作行程，这就使热继电器热元件动作电流增大。反之会使动作电流变小。所以旋动整定钮，调节推杆与动触头之间的间隙，就可方便地调节热继电器的整定电流。一般情况下，当过载电流超过整定电流的 1.2 倍时，热继电器就会开始动作。过载电流越大，热继电器动作时间越快。过载电流大小与动作时间关系见表1-7。

一般型不带有断相运转保护装置的热继电器动作特性　　　　　　　　　表 1-7

整 定 电 流 倍 数	动 作 时 间	起 始 状 态
1.0	长期不动作	
1.2	小于 20min	从热态开始
1.5	小于 2min	从热态开始
6	大于 5s	从冷态开始

由表 1-7 可知，热继电器从承受过载电流到开始动作有一段时间，当电机起动时，虽然起动电流较大（鼠笼式异步电动机起动电流是额定电流的 4～7 倍），但因起动时间很短，所以电机起动时热继电器不会动作，这就保证了电动机正常启动。当电路中发生短路时，短路电流很大，要求立即切断线路，而热继电器动作需要经一段时间，所以不能用于短路保护。

另外，热继电器动作电流与温度有关，当温度变化时，主双金属片会发生零点漂移（即热继电器未通过电流时所产生的变形），因此在一定动作电流下的动作时间会发生误差。为解决这一问题，加设了温度补偿双金属片 6。当主双金属片因温度升高向右弯曲时，补偿双金属片也向右弯曲，这就使热继电器在同一整定电流下，动作行程基本一致。

（二）三相结构的热继电器

由电工知识可知，在三相电源对称、电机三相绕组正常情况下，电机则通以三相对称电流，这时，采用一相结构的热继电器就可以了。但当电机出现一相断线故障，并恰好是发生在串有一相结构的热继电器这一相上，那么热继电器就失去了保护作用，为此采用两相结构的热继电器。然而有时两相结构的也不能可靠的保护，例如，当三相电源因供电线路故障而发生严重的不平衡情况或电机绕组内部发生短路或绝缘不良等故障时，就可能使电机某一线电流比其它两线电流要高。假如恰好在电流过高的一相线中没串有热元件，就无法可靠保护电机了。因此有时需采用三个热元件的热继电器。三相结构的热继电器如图1-17所示。其结构及原理与二相结构的基本相同，仅是增加了一个主双金属片与一个热元件。它们分别串接在三相电动机的三根线中。JR16系列热继电器全部采用三相结构式，分为带断相保护和不带断相保护两种。

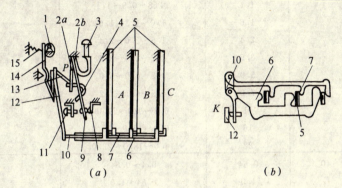

图 1-17 JR-20/30 热继电器结构与工作原理

(a) 结构原理图；(b) 差动导板

1—刻度电流调节凸轮；2—片簧（2a, 2b）；3—手动复位按钮；4—弓簧；5—主双金属片；6—外导板；7—内导板；8—静触头；9—动触头；10—杠杆；11—复位调节螺钉；12—辅双金属片（温度补偿片）；13—推杆；14—连杆；15—压簧

JR16系列热继电器的结构特点是：有电流调节凸轮以调节整定电流；有温度补偿装置以保证动作特性在−30℃至＋40℃的周围环境温度范围内基本不变；有复位调节螺钉以调节复位方式；有弹簧片式瞬跳机构以保证触头动作迅速可靠；能设置差动式单相运行保护装置。

我国生产的三相鼠笼型异步电动机，功率在4kW及以上的大都采用三角形接线，而三角形比星形接线下电流大$\sqrt{3}$倍，自然断线电流很大，为此这类电机需采用JR16系列带断相保护的热继电器。

（三）热继电器的主要技术数据及其选择

1. 热继电器的主要技术数据及型号

热继电器的主要技术参数为：额定电压、额定电流、相数、热元件的编号、整定电流及刻度电流调节范围等。

热继电器的额定电流是指可能装入的热元件的最大整定（额定）电流值。每种额定电流的热继电器可装入几种不同整定电流的热元件。为了便于用户选择，某些型号中的不同整定电流的热元件是用不同的编号表示的。

热继电器的整定电流是指热元件能够长期通过而不致引起热继电器动作的电流值。手动调节整定电流的范围，称为刻度电流调节范围，可用来使热继电器具有更好的过载保护。

常用的热继电器的型号有JR0、JR10、JR15、JR16等。JR0、JR16系列热继电器技术数据如表1-8所示。

表 1-8

JR0、JR16 系列热继电器的型号、规格及技术数据

型　　号	额定电流（A）	热 元 件 等 级		主要用途
		额定电流（A）	刻度电流调节范围（A）	
JR 0～20/3	20	0.35	0.25～0.3～0.35	供交流 500V 以下的电气回路中作为电动机的过载保护之用
JR 0～20/30		0.5	0.32～0.4～0.5	
JR16～20/3		0.72	0.45～0.6～0.72	
JR16～20/30		1.1	0.68～0.9～1.1	
		1.6	1.0～1.3～1.6	
		2.4	1.5～2.0～2.4	
		3.5	2.2～2.8～3.5	
		5.0	3.2～4.0～5.0	
		7.2	4.5～6.1～7.2	
		11	6.8～9.0～11.0	
		16	10.0～13.0～16.0	
		22	14.0～18.0～22.0	
JR 0-40/3	40	0.64	0.4～0.64	
JR16-40/30		1.0	0.64～1.0	
		1.6	1～1.6	
		2.5	1.6～2.5	
		4.0	2.5～4.0	
		6.4	4.0～6.4	
		10	6.4～10	
		16	10～16	
		25	16～25	
		40	25～40	

型号意义：

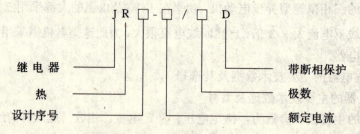

型号中不带"D"的表示不带断相保护。

例如，JR16-20/3，表示热继电器，设计序号是 16，额定电流是 20A，3 极，热元件有 12 个等级（从 0.35～22A），不带断相保护。

2. 热继电器的选择

热继电器选择是否得当，往往是决定它能否可靠地对电动机进行过载保护的关键因素，应按电动机的工作环境要求，启动情况、负载性质等方面来考虑。

（1）原则上按被保护电动机的额定电流选择热继电器。一般应使热继电器的额定电流接近或略大于电动机的额定电流即热继电器的额定电流为电机额定电流的 0.95～1.05 倍。但对于过载能力较差的电动机，它所配用的热继电器的额定电流就应适当小些，即选取热

继电器的额定电流为电动机额定电流的 60%～80%。

（2）在非频繁起动的场合，必须保证热继电器在电动机的启动过程中不致误动作。通常，在电动机起动电流为其额定电流 6 倍，以及起动时间不超过 6s 的情况下，只要是很少连续起动，就可按电动机的额定电流来选择热继电器。

（3）断相保护用热继电器的选用　对星形接法的电动机，一般采用两相结构的热继电器。对于三角形接法的电动机，若热继电器的热元件接于电动机的每相绕组中，则选用三相结构的热继电器，若发热元件接于三角形接线电动机的电源进线中，则应选择带断相保护装置的三相结构热继电器。

（4）对比较重要的、容量大的电动机，可考虑选用半导体温度继电器进行保护。

四、压力继电器

压力继电器经常用在气压给水设备、消防系统中或用于机床的气压、水压和油压等系统中的保护。

压力继电器由微动开关、调节螺母、压缩弹簧、顶杆、橡皮薄膜、缓冲器等组成。其结构及符号如图 1-18 所示。

压力继电器装在气路（水路或油路）的分支管路中。当管路压力超过整定值时，通过缓冲器、橡皮薄膜抬起顶杆，使微动开关动作，若管路中压力等于或低于整定值后，顶杆脱离微动开关，使触头复位。

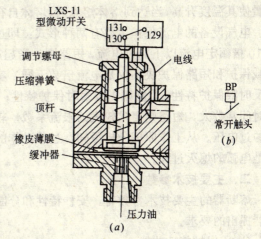

图 1-18　压力继电器
(a) 结构图；(b) 符号

压力继电器调整方便，只需放松或拧紧调整螺母即可改变控制压力。

常用的压力继电器有 YJ 系列、TE52 系列和 YT-1226 系列压力调节器等。

YJ 系列压力继电器的技术数据如表 1-9 所示。

YJ 系列继电器技术数据

表 1-9

型　　号	额定电压 (V)	长期工作电流 (A)	分断功率 (VA)	控　制　压　力（Pa）	
				最大控制压力	最小控制压力
YJ-0	交流 380	3	380	6.0795×10^5	2.0265×10^5
YJ-1				2.0265×10^5	1.01325×10^5

第三节　熔　断　器

熔断器是一种最简单的保护电器，它可以实现过载和短路保护。由于结构简单、体积小、重量轻、维护简单、价格低廉，所以在强电或弱电系统中都获得了较广泛的应用。

熔断器按其结构可分为开启式、半封闭式和封闭式三类。开启式很少采用。半封闭式如瓷插式熔断器。封闭式又可分为有填料管式、无填料管式及有填料螺旋式等。

熔断器按用途分有四类：（1）一般工业用熔断器；（2）保护硅元件用快速熔断器；（3）具有两段保护特性、快慢动作熔断器；（4）特殊用途熔断器，如直流牵引用、旋转励磁用以及自复熔断器等。

一、熔断器的工作原理和特性

熔断器主要由熔体和熔器（安装熔体的绝缘管或绝缘底座）所组成。熔体的材料有两种：一种是低熔点材料如铅锡合金、锌等；另一种是高熔点材料，如银、铜等。常将熔体制成丝状或片状。绝缘管具有灭弧作用。使用时，熔断器同它所保护的电路串联，当该电路发生过载或短路故障时，如果通过熔体的电流达到或超过了某一定值，在熔体上产生的热量使其温度升高，当达到熔体熔点时，熔体自行熔断，切断故障电流，达到保护作用。

电气设备的电流保护主要有两种形式：即过载延时保护和短路瞬时保护。过载一般是指 10 倍额定电流以下的过电流，短路则是指超过 10 倍额定电流以上的过电流。但应注意，过载保护和短路保护决不仅是电流倍数不同，实际上差异很大。从特性方面来看，过载需要反时限保护特性；短路则需要瞬时保护特性；从参数方面来看，过载要求熔化系数小，发热时间常数大，短路则要求较大的限流系数，较小的发热时间常数，较高的分断能力和较低的过电压。从工作原理分析可知，过载动作的物理过程主要是热熔化过程，而短路则主要是电弧的熄灭过程。

二、主要技术参数

熔断器的主要技术参数有：安秒特性和分断能力。这两个参数都体现了保护方面对熔断器提出的要求。

（一）保护特性曲线

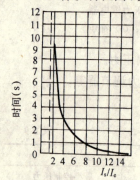

图 1-19　熔断器的保护特性曲线

熔断器的保护特性曲线也称安秒特性曲线，它表征了流过熔体的电流大小与熔断时间的关系。如图 1-19 所示为熔断器的保护特性曲线，它是反时限曲线。这是因为熔断器是以过载时的发热现象作为动作的基础，而电流引起的发热过程中，总是存在着 I^2t 为常数的规律，即熔断时间与电流平方成反比，电流越大，熔断越快。

图 1-19 的纵坐标为熔断时间，以 s 表示；横坐标为熔体实际电流与额定电流的比值 I_s/I_e。其中 I_e 为熔体的额定电流，I_s 为通过熔丝的实际电流。由图（并根据实验）可见，当通过熔体的电流小于额定电流的 1.25 倍时，熔体长期不熔断；当电流达到额定电流的 1.6 倍时，约经 1h 后熔断；当电流达到两倍时，约 30～40s 后熔断；当电流达到 8～10 倍时，熔体则瞬时熔断。由此可知：如用于电动机过载保护时应适当选择其熔丝电流。

（二）分断能力

熔断器的分断能力通常是指它在额定电压及一定的功率因数（或时间常数）下切断短路电流的极限能力，所以常常用极限断开电流值（周期分量的有效值）来表示。

以上分析可知：安秒特性曲线（可熔化特性曲线）主要是为过载保护服务的，而分断能力则主要是为短路保护服务的。前者需要反时限特性，后者则需要瞬动限流特性。

三、常用的熔断器举例

常用的熔断器有：瓷插式、螺旋式及管式熔断器三种。

（一）瓷插式熔断器

瓷插式熔断器由瓷底、瓷盖、动静触头及熔丝几部分组成，其外形结构如图1-20（a）所示，图形符号如图1-20（b）所示，文字符号为FU。

常用的瓷插式熔断器有RC1A系列，其主要技术数据见表1-10所示。RC1A系列熔断器结构简单，使用方便，广泛应用于照明和小容量电动机的短路保护。

型号意义：

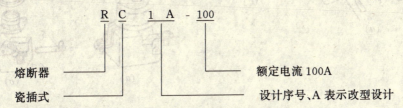

常用低压熔断器的基本技术数据　　　　　　　　　　　表1-10

类　别	型　号	额定电压（V）	额定电流（A）	熔体额定电流等级（A）
插入式熔断器	RC1A	380	5	2，4，5
			10	2，4，6，10
			15	6，10，15
			30	15，20，25，30
			60	30，40，50，60
			100	50，80，100
			200	100，120，150，200
螺旋式熔断器	RL1	500	15	2，4，5，6，10，15
			60	20，25，30，35，40，50，60
			100	60，80，100
			200	100，125，150，200
	RL2	500	25	2，4，6，10，15，20，25
			60	25，35，50，60
			100	80，100

（二）螺旋式熔断器

螺旋式熔断器主要由瓷帽、瓷套、上下接线端、底座和熔断管组成。常用的有RL1和RL2系列，如图1-21（a）为RL1系列熔断器外形，图1-21（b）为其结构图。其基本技术数据见表1-10所示。

RL1系列熔断器的底座、瓷帽和熔断器（芯子）均由电瓷制成。熔断管内装有一组熔丝或熔片，还装有灭弧用的石英砂。熔断管上盖中有一个熔断指示器。当熔断管中熔丝或熔片熔断时，带红点的指示器自动跳出，显示熔丝熔断，通过瓷帽就可以观察到。使用时先将熔断管带红点的一端插入瓷帽，然后将磁帽拧入瓷座上，熔断管便可接通电路。在安装螺旋式熔断器时，电气设备接线应接在连接金属螺纹壳上的上接线端，电源线应接在底座上的下接线端。这样连接时，可保证在更换熔断管时，螺纹金属壳不带电，保证人身安全。

RL1 系列螺旋式熔断器断流能力大，体积小，更换螺丝容易，使用安全可靠，并带有熔断显示装置，常用在电压为 500V、电流为 200A 的交流线路及电动机控制电路中作过载或短路保护。

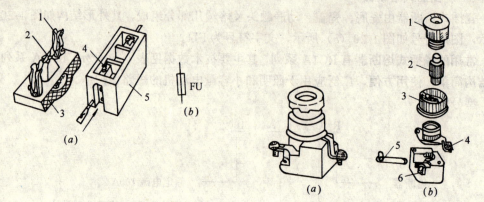

图 1-20　RC1A 系列瓷插式熔断器
(a) 外形结构；(b) 图形符号
1—动触头；2—熔丝；3—瓷盖；4—静触头；5—瓷底座

图 1-21　RL1 系列螺旋式熔断器
(a) 外形；(b) 结构
1—瓷帽；2—熔断管；3—瓷套；
4—上接线端；5—下接线端；6—底座

型号意义：

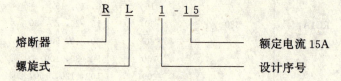

（三）管式熔断器

管式熔断器常分为无填料封闭式和有填料封闭式两种。其外形结构如图 1-22 所示。

1. RM10 系列无填料封闭式熔断器

该系列熔断器为可拆卸式，具有结构简单、更换方便的特点。它由熔断管、熔体及触座组成，适用于交流 50Hz、额定电压为 380V 或直流额定电压 440V 及以下电压等级的动力线路和成套配电设备中作短路保护或连续过载保护。

RM10 系列熔断器的技术数据见表 1-11 所示。

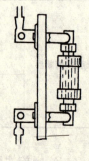

图 1-22　管式熔断器

RM10 系列熔断器的熔断管在触座中插拔次数是：350A 及以下的为 500 次；350A 以上的为 300 次。

型号意义：

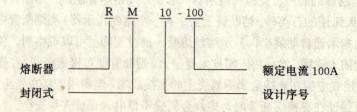

RM10 系列熔断器技术数据 表 1-11

额 定 电 流 (A)		极限分断能力
熔 断 管	装 在 熔 断 管 内 的 熔 体	(A)
15	6，10，15	1200
60	15，20，25，35，45，60	
100	60，80，100	3500
200	100，125，160，＊＊200	
350	200，225，＊260，＊＊300，＊350＊	10000
600	350＊，430＊，500＊，600＊	
1000	600＊，700＊，850＊，1000＊	12000

＊　电压为 380、220V 时，熔体需两片并联使用。

＊＊　仅在电压为 380V 时，熔体需两片并联使用。

2. RT0 系列有填料封闭管式熔断器

RT0 系列有填料封闭管式熔断器主要由熔断管、指示器、石英砂和熔体几部分组成。熔断管采用高频电瓷制成，具有耐热性强、机械强度高等特点。指示器为一机械信号装置，有与熔体并联的康铜丝，在熔体熔断后立即烧断，使红色指示件弹出，表示熔体已断的信号。熔体采用网状薄紫铜片，有提高分断能力的变截面和增加时限的锡桥，从而获得较好的短路保护和过载保护性能。熔断器内充满石英砂填料，石英砂主要用来冷却电弧，使产生的电弧迅速熄灭。

RT0 系列熔断器主要技术数据见表 1-12 所示。

RT0 系列熔断器技术数据 表 1-12

额定电流 (A)	熔 体 额 定 电 流 (A)	极限分断能力 (kA)		回 路 参 数	
		交流 380V	直流 440V	交流 380V	直流 440V
50	5，10，15，20，30，40，50				
100	30，40，50，60，80，100	50			
200	80＊，100＊，120，150，200		25	$\cos\phi=0.1\sim0.2$	$T=1.5\sim20\text{ms}$
400	150＊，200，250，300，350，400	(有效值)			
600	350＊，400＊，450，500，550，600				
1000	700，800，900，1000				

＊　尽可能不采用。

型号意义：

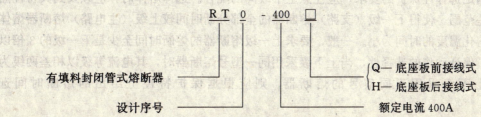

27

有填料式熔断器还有 RT10 和 RT11 系列。

四、熔断器的选择

1. 熔断器种类的确定

根据负载的保护特性和短路电流的大小来选择熔断器的类型。例如，电动机过载保护用的熔断器采用具有锌质熔体和铅锡合金熔体的熔断器。对于车间配电网路的保护熔断器，如果短路电流较大，就要选用分断能力大的熔断器，有时甚至还需要选用有限流作用的熔断器，如 RT0 系列熔断器。在经常要发生故障的地方，应考虑选用"可拆式"熔断器，如 RC1A、RL1、RM7、RM1 等系列产品。

2. 熔体额定电流的确定

在选择和计算熔体电流时，应考虑负载情况，一般可将负载划为两类，一类是有冲击电流的负载如电动机，另一类比较平稳的负载，如一般照明电路。

(1) 对于电炉、照明等阻性负载电路的短路保护，熔体的额定电流应稍大于或等于负载的额定电流。

(2) 对一台电动机负载的短路保护，熔体的额定电流应等于 1.5～2.5 倍电动机的额定电流，即：

$$I_e = (1.5 \sim 2.5)I_{ed}$$

(3) 对于多台电动机负载的短路保护，应按下式计算熔体的额定电流。即

$$I_e = (1.5 \sim 2.5)I_{edmax} + \Sigma I_{ed}$$

式中　I_{edmax}——最大容量一台电动机的额定电流 (A)；

　　　ΣI_{ed}——其它各台电动机额定电流的总和 (A)。

在电动机功率较大，而实际负载较小时，熔体额定电流可适当选小些，小到以电动机起动时熔丝不断为准。

3. 熔断器熔管额定电流的确定

熔断器熔管的额定电流必须大于或等于所装熔体的额定电流。

4. 熔断器额定电压的选择

熔断器的额定电压必须大于或等于线路的工作电压。

5. 校核保护特性

当按以上条件初选定熔断器后，还必须校核它的保护特性曲线（可熔化特性曲线）$I_s/I_e = f(t)$ 是否与保护对象的特性相匹配，即保护对象的安全热特性曲线一定要高于熔断器本身的安全热特性。

6. 熔断器上下级配合

为满足选择性保护的要求，应注意上下级间的配合。选择熔体时，应顾及到其特性曲线的误差范围，使得下一级（支路）熔断器的全部分断时间较上级（主电路）熔断器熔体加热到熔化温度的时间为小。一般，要求上一级熔断器的熔断时间至少是下一级的 3 倍以上。为了保证动作的选择性，当上下级采用同一型号熔断器时，其电流等级以相差两级为宜。如上下级采用不同型号的熔断器，则应根据保护特性上给出的熔断时间选取。

第四节 几种常用开关

一、按钮开关

按钮开关是一种结构简单，应用广泛，短时接通或断开小电流电路的电器。它不直接控制电路的通断，而是在电路中发出"指令"去控制一些自动电器，故称为"主令电器"，属于手动电器。

按钮开关一般是由按钮帽、恢复弹簧、桥式动触头、静触头和外壳等组成。当按下按钮帽时，先断开常闭触头，然后接通常开触头。当手抬起后，在恢复弹簧作用下使按钮帽复原（常开触头先断开，常闭触头后闭合）。其外形，结构及符号如图1-23所示。

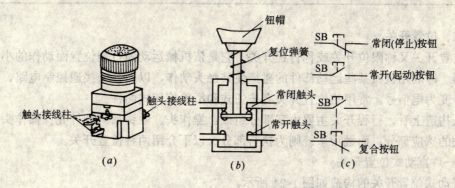

图1-23 按钮的外形、结构及符号

(a) 外形；(b) 结构；(c) 符号

按钮开关可分为常开、常闭和复合式等多种形式。在结构形式上有揿钮式、紧急式、钥匙式与旋钮式等。为识别其按钮作用，通常将按钮帽涂以不同的颜色，一般红色表示停止，绿色或黑色表示起动。

按钮开关的型号意义：

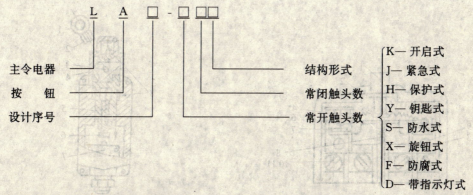

选择时，应根据所需要的触头数、使用的场所及颜色来确定。

常用的LA18、LA19、LA20系列按钮开关，适用于交流电压500V，直流电压至440V，额定电流5A，控制功率为交流300W，直流70W的控制回路中。

常用的按钮开关技术数据如表1-13所示。

型　号	额定电压 (V)	额定电流 (A)	结构形式	触头对数		按钮数	用　　　途
				常开	常闭		
LA2	500	5	元　件	1	1	1	作为单独元件用
LA10-2K	500	5	开启式	2	2	2	用于电动机起动、停止控制
LA10-2H	500	5	保护式	2	2	2	
LA10-2A	500	5	开启式	3	3	3	用于电动机、倒、顺、停控制
LA10-3H	500	5	保护式	3	3	3	
LA19-11D	500	5	带指示灯	1	1	1	特殊用途
LA18-22Y			带钥匙式	2	2	1	
LA18-44Y			带钥匙式	4	4	1	

二、位置开关

位置开关又称限位开关或称行程开关。它是依机械运动的行程位置而动作的小电流开关电器。即利用机械某些运动部件的碰撞使其触头动作，以断开或接通控制电路，而将机械信号变为电信号。常用的位置开关有按钮式和滑轮旋转式两种。

从构造上看，行程开关主要由三部分组成：操作头、触头系统和外壳。操作头属于位置开关的感应部分，而触头系统则为执行部分。以下介绍两种位置开关。

（一）直动式位置开关

直动式位置开关的构造如图 1-24 所示。

这种开关的动作原理同按钮类似，所不同的是：一个是用手指按动，另一个则由运动部件上撞块碰撞。当外界机械碰压按钮，使它向内运动时，压迫弹簧，并通过弹簧使触桥由与常闭静触头接触转而同常开静触头接触。当外机械作用消失后，在弹簧作用下，使触桥重新自动恢复原来的位置。

（二）滚轮旋转式位置开关

JLXK 系列位置开关的结构如图 1-25 所示。其动作原理是：当运动机械的挡铁压到行

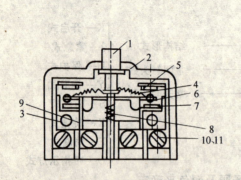

图 1-24　LK19K 型行程开关结构图

1—按钮；2—外壳；3—常开静触头；4—触头弹簧；

5—触头；6—接触桥；7—触头；8—恢复弹簧；

9—常闭静触头；10、11—螺钉和压板

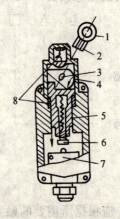

图 1-25　JLXKI-M 位置开关动作原理图

1—滚轮；2—传动杠杆；3—转轴；4—凸轮；

5—撞块；6—触头；7—微动开关；8—复位弹簧

程开关的滚轮上时，传动杠杆连同转轴一同转动，使凸轮推动撞块，当撞块被压到一定位置时，推动微动开关快速动作。当滚轮上的挡铁移开后，复位弹簧就使行程开关各部分恢复原始位置。这种单轮自动恢复式行程开关是依靠本身的恢复弹簧来复原的，在生产机械的自动控制中应用较广泛。另一种是双轮旋转式行程开关，如 JLXK1-211 型双轮旋转式行程开关，不能自动复原，而是依靠运动机械反向移动时，挡块碰撞另一滚轮将其复原。

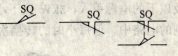

图 1-26　位置开关符号

位置开关的符号如图 1-26 所示。

常用位置开关的技术数据如表 1-14 所示。

常用位置开关技术数据

表 1-14

型　号	额定电压电流	结　构　特　点	触头对数	
			常开	常闭
LX19		元　件	1	1
LX19-111		内侧单轮、自动复位	1	1
LX19-121		外侧单轮、自动复位	1	1
LX19-131		内外侧单轮、自动复位	1	1
LX19-212	380V	内侧双轮、不能自动复位	1	1
LX19-222		外侧双轮、不能自动复位	1	1
LX19-232	5 A	内外侧双轮、不能自动复位	1	1
LX19-001		无滚轮、反径向转动杆、自动复位	1	1
JLXK1		快速位置开关（瞬动）		
LXW$_1$-11		微动开关		
LXW$_2$-11			1	1

选择位置开关时，主要根据机械位置对开关型式的要求，对触头数目的要求及对电压种类、电压和电流等级来确定。

型号意义：

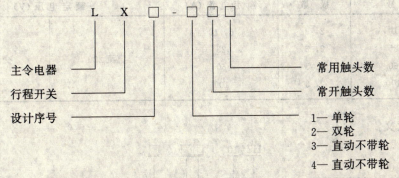

位置开关能实现按行程原则的控制，在机床、电梯、桥式起重机等设备中广泛应用。

三、转换开关（组合开关）

转换开关实质上也是一种刀开关，只不过一般刀开关的操作手柄是垂直于安装面的平面内向上或向下转动，而转换开关的操作手柄则是在平行于其安装面的平面内向左或向右转动而已。转换开关一般用于电气设备中不频繁接通或断开的电路，换接电源和负载等。

转换开关由转轴、凸轮、触点座、定位机构、螺杆和手柄等组成。其外形、结构及符号如图1-27所示。手柄每次转动90°角，转轴带着凸轮随之转动，使一些触头接通，另一些触头断开。它具有寿命长、使用可靠、结构简单等优点，适用于交流50Hz、380V，直流220V及以下的电源引入，5kW以下小容量电动机的直接起动、电动机的正、反转控制及照明控制的电路中，但每小时的转换次数不宜超过15～20次。

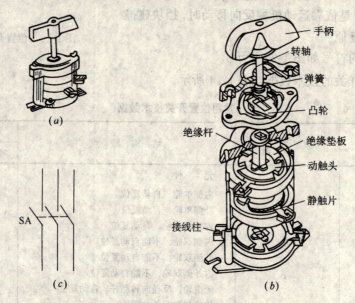

图1-27　HZ10-10B型转换开关

(a) 外型；(b) 结构；(c) 符号

转换开关应根据电源种类、电压等级、所需触头数、电动机容量进行选择。开关的额定电流一般取电动机额定电流的1.5～2.5倍。

转换开关的技术数据见表1-15所示。

HZ10系列转换开关技术数据　　　　　　表1-15

型　号	极　数	额定电流（A）	额定电压（V）	
HZ10-10	2，3	6，10	直流220	交流380
HZ10-25	2，3	25		
HZ10-60	2，3	60		
HZ10-100	2，3	100		

型号意义：

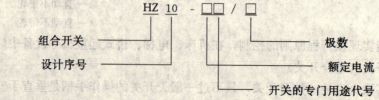

HZ 10 - □□／□

组合开关

设计序号

开关的专门用途代号

额定电流

极数

四、自动开关

自动开关又称自动空气断路器或自动空气开关。它的特点是：在正常工作时，可以人

32

工操作，接通或切断电源与负载的联系；当出现故障时，如短路、过载、欠压等，又能自动切断故障电路，起到保护作用，因此得到了广泛的应用。

（一）自动开关的构造和原理

其外形及结构如图1-28所示。开关盖上有操作按钮（红分、绿合），正常工作用手动操作。有灭弧装置，灭弧原理同接触器相同。其原理图及符号如图1-29所示。

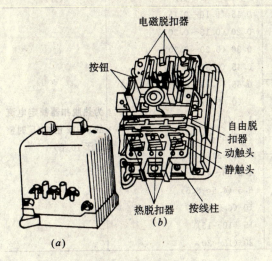

图1-28　D25-20型自动空气开关

（a）外形；（b）结构

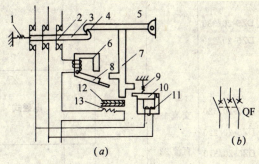

图1-29　自动空气开关动作原理图及符号

（a）原理图（b）符号

1—主弹簧；2—主触头三副；3—锁链；4—搭钩；5—轴；6—电磁脱扣器；7—杠杆；8—电磁脱扣器衔铁；9—弹簧；10—欠压脱扣器衔铁；11—欠压脱扣器；12—双金属片；13—热元件

图中三对主触头，串接在被保护的三相主电路中，当按下绿色按钮，触头2和锁链3保持闭合，线路接通。

当线路正常工作时，电磁脱扣器6线圈所产生的吸力不能将它的衔铁8吸合，如果线路发生短路和产生较大过电流时，电磁脱扣器的吸力增加，将衔铁8吸合，并撞击杠杆7，把搭钩4顶上去，锁链3脱扣，被主弹簧1拉回，切断主触头2。如果线路上电压下降或失去电压时，欠电压脱扣器11的吸力减小或消失，衔铁10被弹簧9拉开。撞击杠杆7，也能把搭钩4顶开，切断主触头2。

当线路出现过载时，过载电流流过发热元件13，使双金属片12受热弯曲，将杠杆7顶开，切断主触头2。

（二）自动开关技术数据及型号

1. 自动开关的型号意义

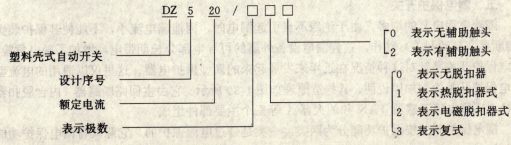

33

2. 自动空气开关技术数据

DZ5-20 型自动开关的技术数据见表 1-16 所示。

DZ5-20 型自动空气开关技术数据　　　　表 1-16

型　　号	额定电压（V）	主触头额定电流（A）	极数	脱扣器型式	热脱扣器额定电流（括号内为整定电流调节范围）（A）	电磁脱扣器瞬时动作整定值（A）
DZ5-20/330 DZ5-20/230	交流 380 直流 220	20	3　2	复　式	0.15（0.10～0.15） 0.20（0.15～0.20） 0.30（0.20～0.30） 0.45（0.30～0.45）	为热脱扣器额定电流的 8～12 倍（出厂时整定于 10 倍）
DZ5-20/320 DZ5-20/220			3　2	电磁式	0.65（0.45～0.65） 1（0.65～1） 1.5（1～1.5） 2（1.5～2）	
DZ5-20/310 DZ5-20/210 DZ5-20/300 DZ5-20/200			3	热脱扣器式	3（2～3） 4.5（3～4.5） 6.5（4.5～6.5） 10（6.5～10） 15（10～15） 20（15～20）	
			3　2	无　脱　扣　器　式		

（三）自动开关的选择

（1）根据电气装置的要求确定自动开关的类型，如框架式、塑料外壳式、限流式等。

（2）自动开关的额定电压和额定电流应不小于电路的正常工作电压和工作电流。

（3）热脱扣器的整定电流应与所控制的电动机的额定电流或负载额定电流一致。

（4）电磁脱扣器的瞬时脱扣整定电流应大于负载电路正常工作时的峰值电流。对于电动机来说，DZ 型自动开关电磁脱扣器的瞬时脱扣整定电流值 I_Z 可按下式计算：

$$I_Z \geqslant KI_Q$$

式中 K 为安全系数，可取 1.7；I_Q 为电动机的起动电流。

（5）自动开关价格较高，如非必要，仍宜采用闸刀开关和熔断器组合，以利节约。

（6）初步选定自动开关的类型和各项技术参数后，还要和其上、下级开关作保护特性的协调配合，从总体上满足系统对选择性保护的要求。

五、漏电保护开关

随着家用电器的增多，由于绝缘不良引起漏电时，因泄漏电流小，不能使其保护装置（熔断器、自动开关）动作，这样漏电设备外露的可导电部分长期带电，增加了触电危险。漏电保护开关是针对这种情况在近年来发展起来的新型保护电器。这里仅以通用的电流型漏电保护开关为例加以说明，其构造原理如图 1-30 所示。它由主回路断路器（内含脱扣器 YR）、零序电流互感器 TAN 和放大器 A 等三个主要部件组成。

漏电保护开关按保护功能分为两类：一类是带过电流保护的，它除具备漏电保护功能外，还兼有过载和短路保护功能。使用这种开关，电路上一般不需要配用熔断器。另一类是不带过流保护的，它在使用时还需要配用相应的过流保护装置（如熔断器）。

漏电保护断电器也是一种漏电保护装置，它由放大器、零序互感器和控制触点组成。它只具有检测与判断漏电的能力，本身不具备直接开闭主电路的功能，通常与带有分励脱扣器的自动开关配合使用，当断电器动作时输出信号至自动开关，由自动开关分断主电路。

漏电保护开关的工作原理：在设备正常运行时，主电路电流的相量和为零，零序互感器的铁芯无磁通，其二次侧没有电压输出。当设备发生单相接地或漏电时，由于主电路电流的相量和不再为零，TAN 的铁芯有零序磁通，其二次侧有电压输出，经放大器 A 判断、放大后，输入给脱扣器 YR，使断路器 QF 跳闸，切断故障电路，避免发生触电事故。

漏电保护开关在住宅工程中应用如图 1-31 所示。国产电流动作型漏电保护装置如 DZL18-20 型漏电保护开关，适用于额定电压为 220V、电源中性点接地的单相回路。它具有结构简单、体积小、动作灵敏、性能稳定可靠等优点，适合民用住宅使用。

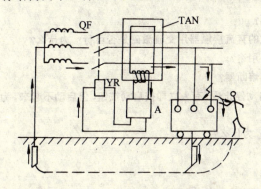

图 1-30　漏电保护开关动作原理图
A—放大器；QF—断路器；YR—脱扣器；
TAN—零序互感器

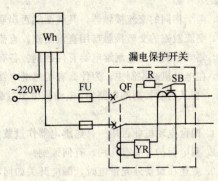

图 1-31　住宅建筑漏电保护开关接线图

小　结

本章较详细地介绍了继电—接触控制系统中常用的控制电器和保护电器的构造原理、图形符号、技术参数及各自的特点及用途等。

控制电器的作用主要是用以接通和切断电路，以实现各种控制要求。它主要分自动切换和非自动切换两大类。自动切换的有接触器、中间继电器、时间继电器、行程开关、自动开关、漏电保护开关等。其特点是触头的动作是自动的。非自动切换电器有按钮、转换开关等，其触头的动作是靠手动实现的。

保护电器的作用是：用以对电动机及电控系统实现短路、过载、过流、漏电及失（欠）压等保护。如熔断器、热继电器、过电流和失（欠）电流继电器、漏电保护开关及过电压和失（欠）压继电器等。这些电器可根据电路的故障情况自动切断电路，以实现保护作用。

学习这些常用电器时，应联系工程实践，结合实物，通过实践或实习等手段，加深对本章内容的理解。并抓住各自的特点及共性，以实现合理使用及正确选择电器，为将来从事工程实践打下良好的基础。

要想恰当合理选择电器设备，必须对其技术参数有所了解，在工程实践中选用时应查阅有关技术资料及手册。

复习思考题

1. 交流接触器频繁起动后，线圈为什么会过热？

2. 在交流接触器的端面上为什么要安装铜制的短路环？

3. 交流接触器在运行中有时线圈断电后，衔铁仍掉不下来，试分析故障原因，并确定排除故障的措施。

4. 已知交流接触器吸引线圈的额定电压为220V，如果给线圈通以380V的交流电行吗？为什么？如果使线圈通以127V的交流电又如何？

5. 交、直流接触器在结构上有何区别？为什么？交流电磁式电流、电压和中间继电器哪种装短路环？为什么？

6. 两个相同的交流接触器，其线圈能否串联使用？

7. 交流激磁的交流接触器用直流激磁，直流激磁的直流接触器用交流激磁是否可行？为什么？

8. 热继电器和过电流继电器有何区别？各有什么用途？

9. 在电动机的控制中，为什么有了热继电器还用熔断器？

10. 在某自动控制的电路中，电动机由于过载而自动停止后，有人立即按启动按钮，但启动不起来，为什么？

11. 两台电动机能否用一只热继电器作过载保护？为什么？

12. 漏电保护开关有几种，有何区别？

13. 叙述在设备外壳带电时，漏电开关如何动作？

14. 熔断器与漏电保护开关的区别是什么？

第二章 继电—接触控制的基本环节

随着建筑业技术的发展，对建筑电气设备控制提出了越来越高的要求，为满足生产机械的要求，采用了许多新的控制元件，如电机放大机、电子器件，可控硅器件以及传统的继电器、接触器等，但继电—接触控制仍是控制系统中最基本、应用最广泛的控制方法。

这里介绍继电—接触控制的基本环节。通过这部分内容的学习，为分析复杂的建筑电气设备的电气控制线路打下基础，并掌握分析与设计线路的方法。

第一节 电气图形的绘制规则

电气控制系统是由若干电器元件按动作及工艺要求联接而成的。为了表述建筑设备电气控制系统的构造、原理等设计意图，同时也为了便于电气元件的安装、调整、使用和维修，需要将电气控制系统中各电气元件的联接用一定的图形即电气原理图、电器布置图及电气安装接线图表达出来。图中用不同的图形及文字符号表达不同的电气元件及用途。

关于电气图形符号及文字符号已颁布了新的国家标准即《GB 4728—85（84）》，本书均按新的国标符号标写，但在实际工程中旧标准仍有使用．为了便于读者对新、旧标准进行对照，书中给出了电气控制线路图中的常用图形及文字符号，详见表 2-1。

一、电气控制原理图

电气控制原理图是用来说明电气控制工作状态的电气图形，它是根据生产机械对控制所提出的要求，按照各电器元件的动作原理和顺序，并根据简单清晰的原则，用线条代表导线将各电器符号按一定规律连接起来的电路展开图。它包括所有电气元件的导电部件和接线端子，但并不是按照电气元件实际布置的位置绘制的。

电气控制电路图一般分为主电路（或称一次接线）和辅助电路（或称二次接线）两部分。主电路是电气控制线路中强电流通过的部分，如图 2-1 所示，是三相异步电动机双向旋转的控制接线图。其主电路是由刀开关 QS 经正反转接触器的主触头、热继电器 FR 的发热元件到电动机 M 这部分电路构成。辅助电路是电气控制线路中弱电流通过的部分，它包括控制电路、信号电路及保护电路。

主电路一般用粗实线画出，以区别于辅助电路．辅助电路由继电器和接触器的线圈、继电器的触点、接触器的辅助触点、按钮、信号灯、小型变压器等电气元件组成。一般用细实线画出。

在绘制电气控制原理图时，应遵循如下几条原则：

（1）各电气元件及部件在图中的位置，应根据便于阅读的原则来安排。同一电器的各个部件可以不画在一起，通常主电路和辅助电路分开来画，并分别用粗实线与细实线来表示，但同一电器的不同部件必须用同一文字符号标注。如图 2-1 中正向接触器的主触头、辅

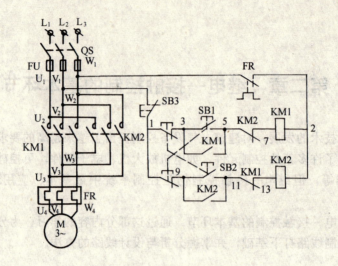

图 2-1　三相异步电动机正反转电路图

助触头分别画在主电路及控制电路的不同位置,但均用KM1同一文字符号标注,以表示它们为同一只接触器。

（2）原理图中各电气元件触头的开闭状态,均以吸引线圈未通电,手柄置于零位,即没有受到任何外力作用或生产机械在原始位置时情况为准。如图2-1中,触头呈开断状态的,称为常开触头,触头呈闭合状态的,称常闭触头。

（3）在原理图中,各电气元件均按动作顺序自上而下或自左向右的规律排列,各控制电路按控制顺序先后自上而下水平排列。两根及两根以上导线的电气联接处要画圆点（•）或圆圈（○）以示联接连通。

（4）为了安装与检修方便,电机和电器的接线端均应标记编号。主电路的电气接点一般用一个字母,另附一个或两个数字标注。如图2-1中用U_1、V_1、W_1表示主电路刀开关与熔断器的电气接点。辅助电路中的电气接点一般用数字标注。具有左边电源极性的电气接点用奇数标注,具有右边电源极性的电气接点用偶数标注。奇偶数的分界点在产生大压降处（例如:线圈、电阻等）。图2-1中以接触器线圈为分界,左边接点数标注为1、3、5、7,右边接点数标注为2。

二、电气控制线路安装接线图

在电气设备安装、配线时经常采用安装接线图,它是按电气设备各电器的实际安装位置,用各电器规定的图形符号和文字符号绘制的实际接线图。图2-2是三相异步电动机双向旋转的安装接线图。

绘制安装接线图的原则如下:

（1）应表示出电器元件的实际安装位置。同一电器的各部件应画在一起,各部件相对位置与实际位置一致,并用虚线框表示,如图2-2所示。

（2）在图中画出各电气元件的图形符号和它们在控制板上的位置,并绘制出各电气元件及控制板之间的电气联接。控制板内外的电气联接则通过接线端子板接线。

（3）接线图中电气元件的文字符号及接线端子的编号应与原理图一致,以便于安装和检修时查对,保证接线正确无误。

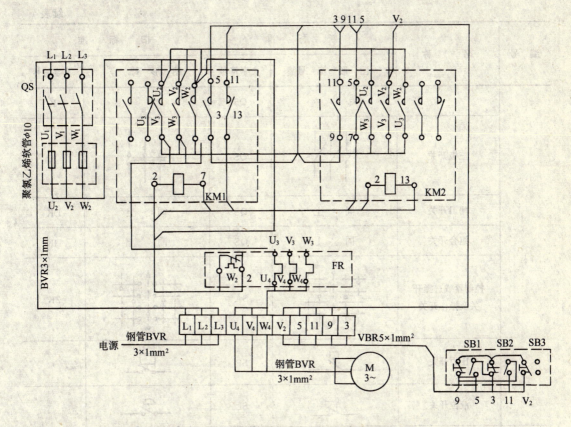

图 2-2　三相异步电动机正反转安装接线图

（4）为方便识图，简化线路，图中凡导线走向相同且穿同一线管或绑扎在一起的导线束均以一单线画出。

（5）接线图上应标出导线及穿线管的型号、规格及尺寸。管内穿线满七根时，应另加备用线一根，便于检修。

本书中常用电器符号新旧标准对照详见表 2-1 所示。

常用电器符号　摘自〔GB4728—85（84）〕　　　　　　　　　　表 2-1

（注：旧标准（GB312—64）也列在表中，以便查对）

编　号	名　称	新　标　准		旧　标　准	
		图　形　符　号	文字符号	图　形　符　号	文字符号
	开　　　　关		QS		K
1	单极开关		QS		K

编号	名　称	新　标　准		旧　标　准	
		图　形　符　号	文字符号	图　形　符　号	文字符号
1	开　　关		QS		K
	三极开关		QS		K
	闸刀开关	同　上	QS	同　上	DK
	组合开关	同　上	QS	同　上	HK
	控制器或选择开关及操作开关		SA		ZK
	压力开关		SP		
	液位开关		SL		
2	限　位　开　关		SQ		XWK
	常开触头		SQ		XWK
	常闭触头		SQ		XWK
	复合触头		SQ		XWK
3	按　　钮		SB		A
	启动按钮		SB		QA
	停止按钮		SB		TA
	复合按钮		SB		

40

编号	名 称	新 标 准		旧 标 准	
		图 形 符 号	文字符号	图 形 符 号	文字符号
4	接 触 器		KM		C
	线 圈		KM		C
	常开触头		KM		C
	常闭触头		KM		C
	带灭弧装置的常开触头		KM		C
	带灭弧装置的常闭触头		KM		C
5	中 间 继 电 器		KA		ZJ
	速 度 继 电 器		KA		SDJ
	电 压 继 电 器		KA		YJ
	一般线圈		KA		相应符号
	欠压继电器线 圈	U<	FV	U<	QYJ
	过电流继电器线 圈	I>	FA	I>	GLJ
	常开触头		KA		相应符号
	常闭触头		KA		相应符号

编号	名 称	新 标 准		旧 标 准	
		图 形 符 号	文字符号	图 形 符 号	文字符号
	时 间 继 电 器		KT		SJ
6	线圈的一般符号		KT		SJ
	断电延时线圈	同右，旧标准	KT		SJ
	通电延时线圈	同右，旧标准	KT		SJ
	瞬时闭合常开触头		KT		SJ
	瞬时断开常闭触头		KT		SJ
	延时闭合常开触头		KT		SJ
	延时断开常闭触头		KT		SJ
	延时断开常开触头		KT		SJ
	延时闭合常闭触头		KT		SJ
7	热 继 电 器		FR		RJ
	热元件		FR		RJ
	常闭触头		FR		RJ
8	电磁铁		YA		CT
	电磁吸盘		YA		DX
9	接插器		XS-XP		CZ
10	熔断器		FU		RD
11	单相变压器		T		B
	电力变压器	同 上	TM	同 上	LB
	照明变压器	同 上	TC	同 上	ZB
	整流变压器	同 上	TC	同 上	ZLB

编号	名　称	新　标　准		旧　标　准	
		图形符号	文字符号	图形符号	文字符号
12	照明灯	⊗	EL	⊗	ZD
	信号灯	⊗	HL	⊗	ZSD
13	电　铃	同右旧标准	HA		DL
14	三相自耦变压器		TM		ZOB
15	三相鼠笼式异步电动机	M 3~	M		D
16	三相绕线式异步电动机	M	M		D
17	串励直流电动机	M	M		D
18	并励直流电动机	M	M		D

消防报警设备图形符号

图形符号	说　明	标准	图形符号	说　明	标准
	电警笛、报警器	IEC		火灾光信号装置	GB
	警卫信号探测器	GB		火灾报警装置	GB
	警卫信号区域报警器	GB		消防控制中心	GB
	警卫信号总报警器	GB		疏散方向	GB

消防报警设备图形符号

图形符号	说　明	标　准	图形符号	说　明	标　准
	感烟探测器	GB	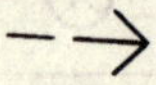	疏散通道终端出口	GB
	感温探测器	GB		报警阀	GB
	感光探测器	GB		消火栓	GB
	气体探测器	GB		消防泵	GB
	手动报警装置	GB		报警启动装置	GB
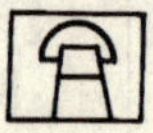	报警电话	GB		火灾报警装置	GB
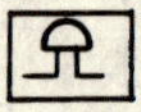	火灾警铃	GB		火灾警报扬声器	GB
	火灾警报发声器	GB			

第二节　三相鼠笼式异步电动机的控制线路

一、直接启动的控制线路

三相鼠笼式异步电动机在建筑工程设备中应用极其广泛，而对其控制主要是采用继电器、接触器等有触点的电器元件。在电机课中已讲过，三相鼠笼式异步电动机在直接启动时，其启动电流大约是电动机额定电流的 4 倍到 7 倍。在电网变压器容量允许下，一定容量的电动机可直接启动，但当电机容量较大时，如仍采用直接启动会引起电动机端电压降低，从而造成启动困难，并影响网内其它设备正常工作。那么在何种情况下可直接启动呢？如满足下列公式时，便可直接启动。

$$\frac{I_Q}{I_{ed}} \leqslant \frac{3}{4} + \frac{变压器容量(kVA)}{4 \times 电动机容量(kW)} \tag{2-1}$$

式中　I_Q——电动机的启动电流（A）；

I_{ed}——电动机的额定电流（A）。

44

下面分别介绍几种常用的直接启动线路。

（一）单向旋转的控制线路

1. 线路的构思过程

一台需要单向转动的电动机要长期工作，就应该有相应的短路及过载保护环节。根据这一设计要求，可画出图2-3，图中用刀开关将电源引进，用交流接触器控制电机，并用自锁触头保证电机长期工作，应具有主令电器即启动与停止按钮，用熔断器做短路保护、热继电器做过载保护。

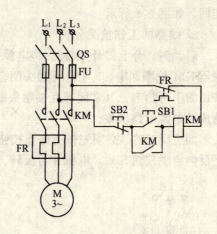

图 2-3　单相旋转的控制线路

2. 线路的工作情况分析

启动时，合上刀开关QS，按下启动旋钮SB1，交流接触器KM 的线圈通电，其所有触头均动作，主触头闭合后，电动机启动运转。同时其辅助常开触头闭合，形成自锁。因此该触头称为"自锁触头"。此时按按钮的手可抬起，电机仍能继续运转。可见，自锁触头是电动机长期工作的保证。停止时，按下停止按钮SB2，KM 线圈失电释放，主触头断开，电机脱离电源而停转。

3. 线路的保护

（1）短路保护：电路中用熔断器FU 做短路保护。当出现短路故障时，熔断器熔丝熔断，电动机停止。在安装时注意将熔断器靠近电源，即安装在刀开关下边，以扩大保护范围。

（2）过载保护：用热继电器FR 作电动机的长期过载保护。出现过载时，双金属片受热弯曲而使其常闭触点断开，KM 释放，电机停止。因热继电器不属瞬动电器，故在电机启动时不动作。

（3）失（欠）压保护：由自动复位按钮和自锁触头共同完成。当失（欠）压时，KM 释放，电机停止，一旦电压恢复正常，电机不会自行启动，防止发生人身及设备事故。

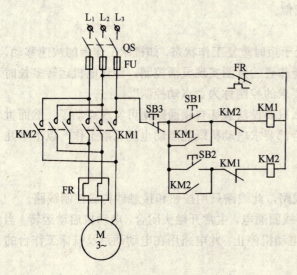

图 2-4　双向旋转控制线路

（二）双向旋转控制线路

在建筑工程中所用的电动机需要正反转的设备很多，如电梯、桥式起重机等。由电机原理可知，为了达到电机反向旋转的目的，只要将定子的三根线的任意两根调头即可。

1. 线路的构思

要使电机可逆运转，可用两只接触器的主触头把主电路任意两相对调，再用两只启动按钮控制两只接触器的通电，用一只停止按钮控制接触器失电，同时要考虑两只接触器不能同时通电，以免造成电源相间短路，为此采用接触器的常闭触头加在对应的线路中，称为"互锁触头"，其它构思与单向旋转线路

45

相同，如图 2-4 所示。

2. 线路的工作情况分析

启动时，合上刀开关 QS，将电源引入。以电机正转为例，按下正向按钮 SB1，正向接触器 KM 线圈通电，其主常开触头闭合，使电机正向运转，同时自锁触头闭合形成自锁，按按钮的手可抬起，其常闭即互锁触头断开，切断了反转通路，防止了误按反向启动按钮而造成的电源短路现象。

如想反转时，必须先按下停止按钮 SB3，使 KM1 线圈失电释放，电机停止，然后再按下反向启动按钮 SB2，电机才可反转。

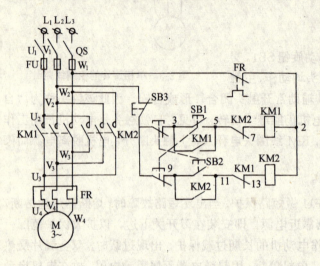

图 2-5　采用复合式按钮的正反转控制线路

由此可见，以上电路的工作是：正转→停止→反转→停止→正转的过程，由于正反转的变换必须停止后才可进行，所以非生产时间多，效率低。为了缩短辅助时间，采用复合式按钮控制，可以从正转直接过渡到反转，反转到正转的变换也可以直接进行。并且此电路实现了双互锁，即接触器触头的电气互锁和控制按钮的机械互锁，使线路的可靠性得到了提高，如图 2-5 所示。线路的工作情况与图 2-4 相似。

某些建筑设备中电动机的正反转控制可用磁力启动器直接实现。磁力启动器一般由两只接触器、一只热继电器及按钮组成。磁力启动器有机械联锁装置，保证了同一时刻只有一只接触器处于吸合状态。例如 QC10 型可逆磁力启动器的接线如图 2-6 所示，其工作原理与图 2-4 线路相似。

（三）点动控制线路

在建筑设备控制中，常常需要电机处于短时重复工作状态，如机床工作台的快速移动、电梯检修、电动葫芦的控制等，均需按操作者的意图实现灵活控制，即让电机运转多长时间电机就运转多长时间，能够完成这一要求的控制称为"点动控制"。

点动控制恰好与长期控制对立，那么只要设法破坏自锁通路便可实现点动了。然而世界上的事物总是对立又统一的，许多场合都要求电动机既能点动也能长期工作，以下举几种线路加以说明。

1. 只能点动的线路

如图 2-7 所示为最简单的点动控制线路，此线路只用按钮和接触器构成控制线路。

当按下启动按钮 SB 时，接触器 KM 线圈通电，主常开触头闭合，电动机启动运转。当将揿按 SB 的手抬起时，KM 失电释放，电动机停止。此电路用在电动葫芦及铣床工作台的快速移动等控制中。

2. 既能点动也能长期工作的线路

能够构成这种线路的方法较多，这里仅举典型实例说明。

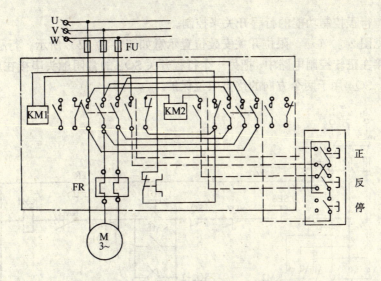

图 2-6　QC10 型可逆磁力启动器的接线图

用转换开关或手动开关放在自锁通道中,如图 2-8 所示。点控时,将开关 QS 打开,按下启动按钮 SB1,接触器 KM 线圈通电,其主触头闭合,电机运转,手抬起时,电机停止。

需长期工作时,先将开关 QS 合上,再按下 SB1,KM 通电,自锁触头自锁,电机可长期运行。

采用复合式按钮(这里称为点动按钮)构成的线路如图 2-9 所示。点控时,按点控按钮 SB3,KM 通电,电机启动,手抬起时,KM 失电释放,电机停止。需要长期工作时,按下启动按钮 SB1 即可,停止时按停止按钮 SB2。

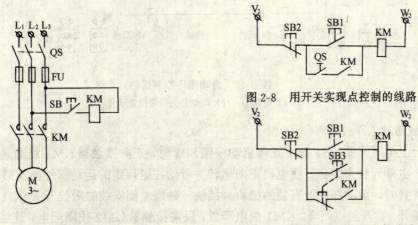

图 2-7　最简单的点动控制线路

图 2-8　用开关实现点控制的线路

图 2-9　采用点动按钮的点控线路

以上电路是较基本的点动环节,可根据控制系统的具体要求,应用到实际线路中去。

（四）自动循环控制线路

在工程实践中,常有需要按行程进行控制的要求。如桥式起重机、混凝土搅拌机的提升限位、万能铣床升降台的限位以及龙门刨床的工作台的自动往返等,均需按行程控制。

1. 线路的构思

如果移动部件需两个方向往返运动时,就需要拖动它的电机能正、反转,那么自动往返就应由具有行程控制功能的行程开关来控制。

电路图见图 2-10（a），限位开关安装位置示意如图 2-10（b）所示。行程开关 SQ1 的常闭触头串接在正转控制电路中，把另一个行程开关 SQ2 的常闭触头串接在反转控制电路中，而 SQ3、SQ4 用于两个方向的终点限位保护。

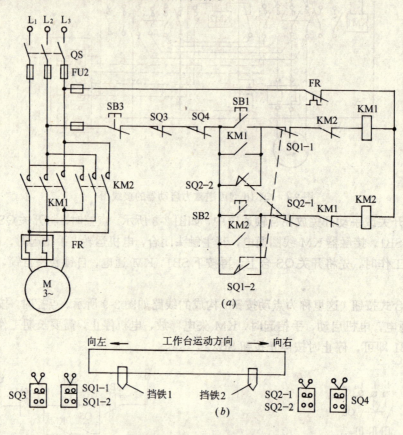

图 2-10　自动循环控制线路
（a）电路图；（b）限位开关安装位置示意

2. 线路的工作过程

当合上电源开关 QS，按下正向启动按钮 SB1 时，正向接触器 KM1 线圈通电，其触头都动作，主常开触头闭合，使电机正向运转并带动往返行走的运动部件向左移动，当左移到设定位置时，运动部件上安装的撞块（挡铁）碰撞左侧安装的限位开关 SQ1，使它的常闭触点断开，常开触点闭合，KM1 失电释放，反向接触器 KM2 线圈通电，其触头动作，电机反转并带动运动部件向右移动。当移动到限定的位置时，撞块碰右侧安装的限位开关 SQ2，其触头动作，使 KM2 失电释放，KM1 又一次重新通电，部件又左移。如此这般自动往返，直到按下停止按钮 SB3 时为止。一旦 SQ1（SQ2）故障时，可通过 SQ3（SQ4）做终端限位保护。

（五）联锁控制及远动控制

为了实现多台电机的相互联系又相互制约的关系引出这种联锁线路。如锅炉房的引风机和鼓风机之间、斜面及水平上煤之间的控制就需要联锁控制。以下举两个实例说明联锁关系。其一要求是 KM1 通电后不允许 KM2 通电，如图 2-11（a）所示；其二要求是 KM1 通电后，才允许 KM2 通电，KM2 释放后，才允许 KM1 释放，如图 2-11（b）所示。

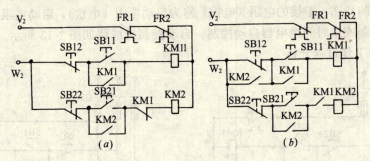

图 2-11　联锁控制线路

由图可见，这种联锁关系主要是有效地利用接触器的辅助触头，如要求复杂也可用继电器实现。工作情况可参考双向旋转控制线路进行分析。

关于多地点控制是实现远动控制的手段，其实质就是将各地点的常开按钮并联，而将常闭按钮串联，除渣机的两地控制如图 2-12 所示。

以上对直接启动的基本环节进行了介绍，在实际应用时应灵活考虑，注意有效选用和混合使用。

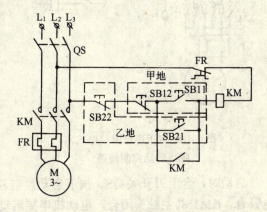

图 2-12　两地控制线路

二、三相鼠笼式异步电动机的降压启动控制线路

鼠笼异步电动机采用全电压直接启动时，控制线路简单，维修方便。但是，并不是所有的电动机在任何情况下都可以采用全压启动。这是因为在电源变压器容量不是足够大时，由于异步电动机启动电流较大，致使变压器二次侧电压大幅度下降，这样不但会减小电动机本身的启动转矩，拖长启动时间，甚至使电动机无法启动，同时还影响同一供电网络中其它设备的正常工作。

判断一台电动机能否全压启动，可以用（2-1）式确定，在不满足（2-1）式时，必须采用降压启动。

某些与生产机械配套的电动机，虽然采用（2-1）式计算结果可允许全压启动，但是为了限制和减少启动转矩对生产机械的冲击，往往也采用降压启动设备进行降压启动。

鼠笼式异步电动机降压启动的方法很多，常用的有电阻降压启动、自耦变压器降压启动、丫—△降压启动、人—△降压启动等四种。尽管方法不同，但其目的都是为了限制启动电流，减小供电网络因电动机启动所造成的电压降。一般降低电压后的启动电流为电动机额定电流的 2～3 倍。当电动机转速上升到一定值后，再换成额定电压，使电动机达到额定转速和输出额定功率。下面讨论几种常用的降压启动控制线路。

（一）定子串接电阻（电抗）降压启动控制

1. 线路构思

在电动机启动过程中，利用定子侧串接电阻（电抗）来降低电动机的端电压，以达到限制启动电流的目的。当启动结束后，应将所串接的电阻（电抗）短接，使电动机进入全电压稳定运行的状态。串接的电阻（电抗）称为启动电阻（电抗），启动电阻的短接时间可由人工手动控制或由时间继电器自动控制。自动控制的线路如图 2-13 所示。

2. 线路的工作过程分析

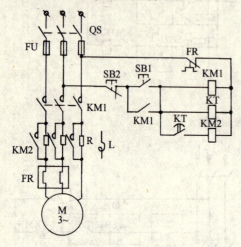
图 2-13　定子串电阻（电抗）
降压启动控制线路

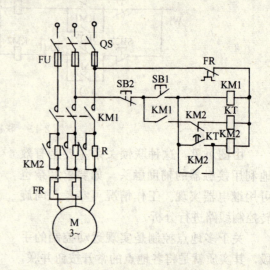
图 2-14　利用时间继电器控制串
电阻降压启动自动控制线路

启动时，合上刀开关 QS，按下启动控钮 SB1，接触器 KM1 和时间继电器 KT 同时通电吸合，KM1 的主触头闭合，电动机串接启动电阻 R（L）进行降压启动，经过一定的延时后（延时时间应直至电动机启动结束后），KT 的延时闭合的常开触头闭合，使运转接触器 KM2 通电吸合，其主常开触头闭合，将 R（L）切除，于是电动机在全电压下稳定运行。停止时，按下 SB2 即可。

这种启动方式不受绕组接线形式的限制，所用设备简单，因而适于要求平稳、轻载启动的中小容量的电动机采用。其缺点是：启动时，在电阻上要消耗较多的电能，控制箱体积大。

上述线路中的 KT 线圈在整个启动及运行过程中长期处于通电状态，如果当 KT 完成其任务后就使其失电，这样既可提高 KT 的使用寿命也可节省能源，其改进线路如图 2-14 所示。

3. 降压后的数量关系

串电阻或串电抗降压后对启动转矩 M_Q 和启动电流 I_Q 的影响分析如下：

设 K 为降压系数，则

$$K = \frac{U_2}{U_{1e}} (K < 1) \tag{2-2}$$

$$U_2 = KU_{1e}$$

式中　U_2——降压后加在电动机定子绕组的电压（V）；

　　　U_{1e}——额定端电压（V）。

由电机原理知道启动转矩 $M_Q \propto U^2$，则

$$\frac{M_Q}{M_{Qe}} = \frac{(KU_{1e})^2}{U_{1e}^2} = K^2$$

$$M_Q = K^2 M_{Qe} \tag{2-3}$$

式中　M_Q——降压启动转矩；

　　　M_{Qe}——额定电压下启动转矩。

由于电流与电压成正比，即

$$\frac{I_Q}{I_{Qe}} = \frac{U_2}{U_{1e}} = \frac{KU_{1e}}{U_{1e}} = K$$

$$I_Q = KI_{Qe} \tag{2-4}$$

例如：当 $K = 0.7$ 时（即 U_2 是额定电压的 70% 时）：

$$M_Q = 0.49 M_{Qe}$$

$$I_Q = 0.7 I_{Qe}$$

定子绕组各相所串电阻值，可用公式近似计算：

$$R_Q = \frac{220}{I_{ed}} \sqrt{\left(\frac{I_{Qe}}{I_Q}\right)^2 - 1} \tag{2-5}$$

式中　R_Q——定子绕组各相应串启动电阻阻值（Ω）；

　　　I_{Qe}——电动机全压启动时的启动电流（A）；

　　　I_Q——电动机减压启动后的启动电流（A）；

　　　I_{ed}——电动机的额定电流（A）。

因为考虑到启动电阻仅在启动时应用，所以为减小体积，可按启动电阻 R_Q 的功率 $P = I_Q^2 R_Q$ 的 $\frac{1}{2} \sim \frac{1}{3}$ 来选择电阻功率。

若是启动电阻仅在电动机的两相线上串联，那么此时选用的启动电阻应为上述计算值的 1.5 倍。

（二）定子串自耦变压器（TM）的降压启动控制

1. 线路构思

电动机启动电流的限制，是依靠自耦变压器的降压作用来实现的。电动机启动时，定子绕组得到的电压是自耦变压器的二次电压，即串接自耦变压器。启动结束后，自耦变压器被切除，电动机便在全电压下稳定运行。通常习惯称这种自耦变压器为启动补偿器。线路如图 2-15 所示。

2. 线路的工作情况

合上刀开关 QS，按下启动按钮 SB1，接触器 KM1 和时间继电器 KT 线圈同时通电，电动机串接自耦变压

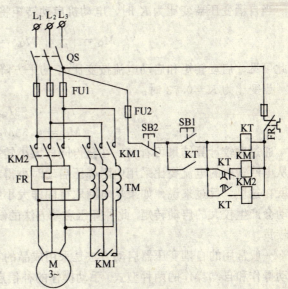

图 2-15　定子串自耦变压器的降压启动线路

器 TM 降压启动，时间继电器的瞬时常开触头闭合形成自锁，待电动机启动结束后，时间继电器的延时触头均动作，使 KM1 失电释放，TM 被切除，而接触器 KM2 通电吸合，电动机在全电压下稳定运行。需停止时按下 SB2 即可。

也可以采用中间继电器 KA 取代时间继电器构成如图 2-16 所示的降压启动线路。

3. 降压启动的数量关系

自耦变压器一次侧电压为 U_{1e}，电流为 I_{1e}，二次侧电压为 U_2，电流为 I_Q，在忽略损耗的情况下，自耦变压器输入功率等于输出功率为

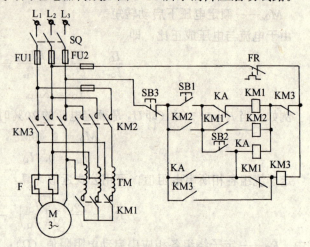

图 2-16　采用中间继电器构成的定子串
自耦变压器降压启动线路

$$U_{1e}I_{1e} = U_2 I_Q$$

$$I_{1e} = \frac{U_2 I_Q}{U_{1e}} = KI_Q \quad (2\text{-}6)$$

式中 $K = \dfrac{U_2}{U_{1e}} < 1$ 为自耦变压器的变化。

由此可知，启动时电网电流将减小为电机电流的 K 倍。

设 I_Q 为降压后的启动电流，它与全压直接启动的启动电流 I_{Qe} 的关系为

$$\frac{I_Q}{I_{Qe}} = \frac{U_2}{U_{1e}} = K \tag{2-7}$$

把式（2-7）代入式（2-6）得

$$I_{1e} = K^2 I_{Qe} \qquad K = \sqrt{\frac{I_{1e}}{I_{Qe}}}$$

当自耦变压器变比为 K 时，电动机启动转矩将为

$$M_Q = \left(\frac{U_2}{U_{1e}}\right)^2 M_{Qe} = K^2 M_{Qe} \tag{2-8}$$

由此可见，启动转矩和启动电流按变比 K 的平方降低。

当变比为 $K = 0.73$ 时：

$$I_{1e} = 0.53 I_{Qe}$$
$$M_Q = 0.53 M_{Qe}$$

通过比较计算结果可看出，在获得同样大小转矩的情况下，采用自耦变压器降压启动时从电网索取的电流要比采用电阻降压启动时小得多。自耦变压器所以称为补偿器，其来由就在这里。反过来说，如果从电网取得同样大小的启动电流时，则采用自耦变压器降低启动会产生较大的启动转矩。此种降压启动方法的缺点是，所用自耦变压器的体积庞大，价格较贵。

一般常用的自耦变压器启动方法是采用成品的补偿降压启动器。成品的补偿启动器有手动操作和自动操作的两种型式。手动操作的补偿启动器有 QJ3、QJ5 等型号，自动操作的补偿启动器有 XJ01 型号和 CTZ 系列。

手动操作补偿降压启动器的内部构造包括自耦变压器、保护装置、触头系统和手柄操

作机构等部分。

自动操作补偿降压启动器主要由接触器、自耦变压器、热继电器、时间继电器和按钮等组成。对于75kW以下的电动机全部采用自动控制方式，80～300kW的电动机同时具有手动操作与自动操作两种控制方式。

XJ01型补偿降压启动器适用于14～28kW电动机的降压启动，其控制线路既采用了时间继电器，又采用了中间继电器，如图2-17所示。启动过程与图2-15及图2-16大同小异。

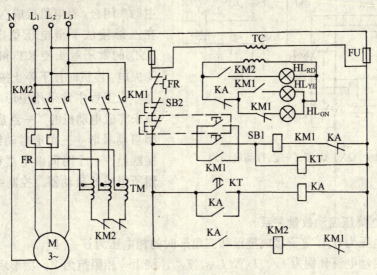

图2-17 XJ01型补偿降压启动器线路

（三）采用星形—三角形降压启动控制线路

1. 线路的构思

星形—三角形降压启动，简称星三角（丫—△）降压启动。这种方法适用于正常运行时定子绕组接成三角形的鼠笼式异步电动机。电动机定子绕组接成三角形时，每相绕组所承受的电压为电源的线电压（380V）；而作星形接线时，每相绕组所承受的电压为电源的相电压（220V）。如果在电动机启动时，定子绕组先星接，待启动结束后再自动改接成三角形，这样就实现了启动时降压的目的。其线路如图2-18所示。

2. 线路的工作情况

启动时，合上刀开关QS，按下启动按钮SB1，星接接触器KM丫和时

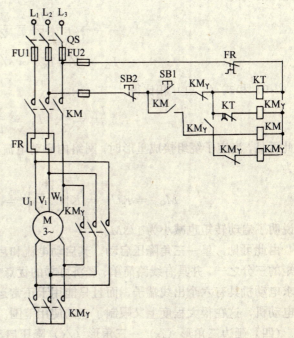

图2-18 采用时间继电器自动控制的丫—△降压启动线路

53

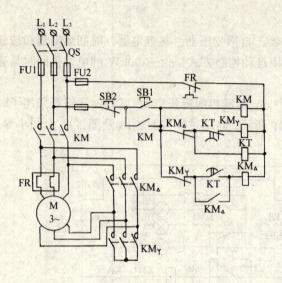

图 2-19 QX3-13 型丫—△自动启动器

间继电器 KT 的线圈同时通电，KM丫的主触头闭合，使电机星接，KM丫的辅助常开触头闭合，使启动接触器 KM 线圈通电，于是电动机在丫接下降压启动，待启动结束，KT 的触头延时打开，使 KM丫失电释放，角接接触器 KM△线圈通电，其主触头闭合，将电机接成△形，这时电机在△形接法下全电压稳定运行，同时 KM△的常闭触头使 KT 和 KM丫的线圈均失电。停机时按下停止按钮 SB2 即可。

在工程中常采用星形—三角形启动器来完成电动机的丫—△启动。QX3-13 型自动星形—三角形启动器，是由三个接触器、一个时间继电器和一个热继电器所组成的启动器。控制线路如图 2-19 所示：

3. 丫—△降压启动数量关系

设电网电压为 U_e，定子接成星形和三角形时的相电压为 $U_丫$、$U_△$。

线和相启动电流分别为 $I_丫$、$I_△$ 及 $I_{x丫}$、$I_{x△}$，绕组一相阻抗为 Z，星形启动时

$$I_丫 = I_{x丫} = \frac{U_丫}{Z} = \frac{U_e}{\sqrt{3}\,Z} \tag{2-9}$$

三角形启动时

$$I_{x△} = \frac{U_△}{Z} = \frac{U_e}{Z} \tag{2-10}$$

$$I_△ = \sqrt{3}\,I_{x△} = \sqrt{3}\,\frac{U_e}{Z} \tag{2-11}$$

式（2-9）和式（2-11）相比得

$$\frac{I_丫}{I_△} = \frac{1}{3} \quad I_丫 = \frac{1}{3}I_△ \tag{2-12}$$

由此可见，当定子绕组接成星形时，网络内启动电流减小为三角形接法的 1/3。此时启动转矩为

$$M_{Q丫} = K U_丫^2 = K\left(\frac{U_e}{\sqrt{3}}\right)^2 = K\frac{U_e^2}{3} = \frac{1}{3}M_{Q△} \tag{2-13}$$

它说明了启动转矩也减小为 $1/3M_{Q△}$。

由此可见，星—三角降压启动，其启动电流和启动转矩为全电压直接启动电流和启动转矩的三分之一，并具有线路简单、经济可靠的优点，适用于空载或轻载状态下启动。但它要求电动机具有六个出线端子，而且只能用于正常运行时定子绕组接成三角形的鼠笼式异步电动机，这在很大程度上又限制了它的使用范围。

（四）延边三角形（∆）—三角形（△）降压启动控制

1. 线路的构思

这是一种较新的启动方法，它要求电动机定子有九个出线头，即三相绕组的首端 U_1、V_1、W_1、三相绕组的尾端 U_2、V_2、W_2 及各相绕组的抽头 U_3、V_3、W_3，绕组的结构如图 2-20 (a) 所示。

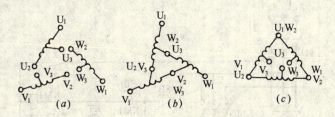

图 2-20 延边三角形接法时电动机绕组的连接方法
(a) 原始状态；(b) 启动时；(c) 正常运转

电机启动时，定子绕组的三个首端 U_1、V_1、W_1 接电源，而三个尾端分别与次一相绕组的抽头端相接，如图 2-20 (b) 中的 U_2—V_3、V_2—W_3、W_2—U_3 相接，这样使定子绕组一部分接成丫形，另一部分则接成△形。从图形符号上看，好象是将一个三角形的三个边延长，故称为"延边三角形"，以符号"△"表示。

在电机启动结束后，将电动机接成三角形，即定子绕组的首尾相接 U_1—W_2、V_1—U_2、W_1—V_2 相接，而抽头 U_3、V_3、W_3 空着，如图 2-20 (c) 所示。

那么这种接法的电压是否降低呢？如前所述，一台正常运转为三角形接法的电动机，若启动时接成星形（即丫—△启动），电动机每相绕组所承受的电压只是三角形接法时的 $1/\sqrt{3}$。这是因为三角形接法时，各相绕组所承受的是电源的线电压，而星形接法时，各相绕组所承受的是电源的相电压。如果三角形接法时，各相绕组所承受的电压（线电压）为 380V，则星形接法时，各相绕组所承受的电压（相电压）就只有 220V。在丫—△启动时，正因为各相绕组所承受的电压降低了，才使电流相应的下降。同理，延边三角形启动时，之所以能降低启动电流，也是因为三相绕组接成△形时，绕组所承受的相电压有所降低，而降低的程度，随电动机绕组的抽头比例的不同而异。如果将△形看成一部分绕组是△形接法，另一部分绕组是丫形接法，则接成丫形部分的绕组线圈越多，电动机的相电压也就越低。

据实验知，在电动机制动状态下，当抽头比为 1:1 时，（即△形接法时，丫形接法部分的绕组的线圈数 $Z_{丝1}$ 比△形接法部分绕组的圈数 $Z_{丝2}$ 为 1:1）。电动机的线电压约为 264V 左右，启动电流及启动转矩降低约一半；当抽头比例为 1:2 时，线电压约为 290V。由此可见，恰当选择不同的比例，便可达到适当降低启动电流，而又不致于损失较大的启动转矩的目的。

显然，如果能使电动机启动时△形接法，而稳定运行时又自动换为△形接法，就构成了△—△形降压启动，如图 2-21 所示。

2. 线路的工作情况分析

启动时，合上刀开关 QS，按下启动按钮 SB1，接触器 KM1 和 KM3 及时间继电器 KT 线圈同时通电，KM3 的主触头闭合，使电机 U_2—V_3、V_2—W_3、W_2—U_3 相接，KM1 的主触头闭合，使电机 U_1、V_1、W_1 端与电源相通，电机在△形接法下降压启动。当启动结束时，时间继电器 KT 的触头延时动作，使 KM3 失电释放，接触器 KM2 线圈通电，电机 U_1—W_2、

V₁—U₂、W₁—V₂ 接在一起后与电源相接，于是电机在△形接法下全电压稳定运行。同时 KM2 常闭触点断开，使 KT 线圈失电释放，保证时间继电器 KT 不长期通电。需要电动机停止时按下停止按钮 SB2 即可。

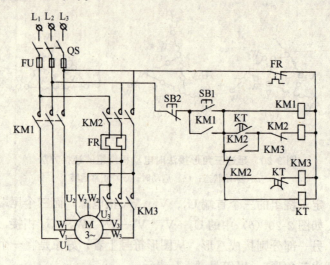

图 2-21 延边三角形降压启动线路

采用△形降压启动，比采用自耦变压器降压启动结构简单，维护方便，可以频繁启动，改善了启动性能。但因为电动机需有九个出线端，故仍使其应用范围受限。

上述四种降压启动，都能自动地转换为全电压运行，这是借助于时间继电器控制的。即依靠时间继电器的延时作用来控制各种电器的动作顺序，以完成操作任务。这种控制线路称为时间原则控制线路。这种按时间进行的控制，称为时间原则自动控制，简称时间控制。

三、鼠笼式异步电动机的制动及其控制

三相异步电动机从切断电源到完全停止旋转，由于惯性的关系总要经过一段时间，这往往不能适应某些生产机械工艺的要求。同时，为了缩短辅助时间，提高生产机械效率，也就要求电动机能够迅速而准确地停止转动。即用某种手段来限制电动机的惯性转动，从而实现机械设备的紧急停车，常把这种紧急停车的措施称为电动机的"制动"。

异步电动机的制动方法有两类：即机械制动和电气制动。

机械制动包括：电磁离合器制动、电磁抱闸制动等。

电气制动包括：能耗制动、反接制动、电容能耗制动、电容制动、再生发电制动等。本章中仅对反接制动和能耗制动进行讨论。

（一）反接制动及其控制线路

反接制动是机床中对小容量的电动机（一般在 10kW 以下）经常采用的制动方法之一。所谓反接制动，它是利用异步电动机定子绕组电源相序任意两相反接（交换）时，产生和原旋转方向相反的转矩，来平衡电动机的惯性转矩，达到制动的目的，所以称为反接制动。

在反接制动时，转子与定子旋转磁场的相对速度接近于二倍的同步转速，所以定子绕组中流过的反接制动电流相当于全电压直接启动时电流的二倍。因此在 10kW 以上的电动机反接制动时，应在主电路中串接一定的电阻，以限制反接制动电流。这个电阻称为反接制动电阻。反接制动电阻的接法有两种：一种是对称接线法，一种是不对称接线法，如图

2-22 所示。对称接线法的优点是限制了制动电流，而且制动电流三相对称。而不对称接法时，未加制动电阻的那一相仍具有较大的制动电流。

反接制动状态为电动机正转电动状态变为反转电动状态的中间过渡过程。为使电动机能在转速接近零时准确停车，在控制电路中需要一个以速度为信号的电器，这就是速度继电器。这种控制电路称为速度原则控制电路，这种控制方式称为速度原则的自动控制，简称速度控制。

1. 速度继电器（反接制动继电器）

速度继电器由转子、定子及触点等组成。其外形如图 2-23（a）所示，工作原理图及符号如图 2-23（b）所示。

转子为一圆形永久磁铁，连同转轴一起旋轴转子转轴与电动机的转轴或机械设备的转轴相连接，并随之转动。定子为鼠笼式空心圆柱体，能围绕转子转轴转动。

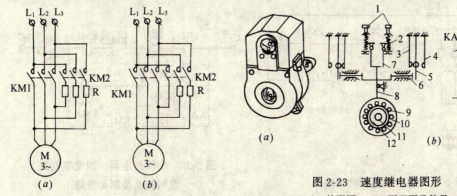

图 2-22　三相鼠笼式异步电动机
限流电阻接法
(a) 对称接线法；(b) 不对称接法

图 2-23　速度继电器图形
(a) 外形图；(b) 原理图及符号
1—调节螺钉；2—反力弹簧；3—动断触点；
4—动合触点；5—动触点；6—按钮；7—返回杠杆；
8—杠杆；9—短路导体；10—定子；11—转轴；12—转子

使用时，速度继电器的转轴与被制动的电动机转轴相联，而其触头则接在辅助线路中，以发出制动信号。

工作原理是：当电动机转动时，带动继电器的永久磁铁（转子）转动，在空间产生旋转磁场，这时的鼠笼式定子导体中，便产生感应电势及感应电流，此电流又在永久磁铁磁场作用下，产生电磁转矩，使定子顺着永久磁铁转动方向转动。定子转动时，带动杠杆，杠杆推动触点 5，使常闭触点断开，常开触点闭合。同时杠杆通过返回杠杆 7 压缩反力弹簧 2，反力弹簧的阻力使定子不能继续转动。如果转子的转速降低，转速减小，返力弹簧通过返回杠杆，使杠杆返回原来的位置，其触头复位。

那么触点动作或复位时的转子转速如何调节呢？只需调节调节螺钉，改变反力弹簧的弹力即可。

2. 单向反接制动的控制线路

（1）线路构思：一台单向运转的电动机停止转动需加反接制动时，只需串接不对称电阻，采用制动接触器 KM2 将电动机定子反接，并用速度继电器以实现按速度原则控制的反接制动，如图 2-24 所示。

（2）线路的工作情况分析：启动时，按下启动按钮 SB1，接触器 KM1 线圈通电吸合，电动机启动运转,速度继电器 KA 的转子也随之转动;当电动机转速升高到约 120r/min 时,速度继电器 KA 的常开触头闭合,为反接制动作好准备。

停止时,按下复合式按钮 SB2,KM1 失电释放,接触器 KM2 通电吸合,电机串接不对称电阻进行反接制动,电动转速迅速降低,当电机转速降至约 100r/min 以下时,速度继电器 KA 的常开触头复位,KM2 失电释放,制动结束后,按按钮的手才可抬起。

这种制动线路往往会出现停转不准确的现象。为解决这一问题,可在线路中加一只中间继电器,如图 2-25 所示。

启动时,按下启动按钮 SB1,KM1 通电吸合,电机启动运转,当转速达到 120r/min 时,速度继电器 KA 常开触点闭合,使中间继电器 KA1 线圈通电,为反接制动做好准备。

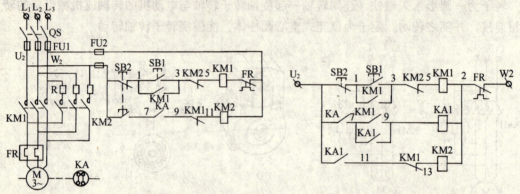

图 2-24　单向反接制动线路

图 2-25　中间继电器、速度继电器
控制的反接制动线路

停止时,按下停止按钮 SB2,KM1 失电释放,电机顺序电源被切除,制动接触器 KM2 通电吸合,电机串电阻反接制动,当转速在 120r/min 时,KA 触头复位,KA1 失电释放,使 KM2 失电,电机脱离电源,制动结束。

3. 双向旋转的电动机的反接制动线路

这里讨论两种制动线路,一种如图 2-26 所示,另一种如图 2-27 所示。图 2-26 线路中采用四只中间继电器、三只接触器,还有速度继电器,使线路更加完善。线路中的电阻 R 既能限制反接制动电流,也可以限制启动电流。线路分为正向启动、正向停车制动及反向启动、反向停车制动。这里以反向为例,说明其启动及制动过程。

反向启动时,合上刀开关 QS,按下反向启动按钮 SB2,中间继电器 KM2 线圈通电并自锁,同时使反向接触器 KM2 线圈通电吸合,电机串电阻反向启动。当转速升至一定值后,速度继电器常开触头 KA5-2 闭合,为制动做好准备,同时使中间继电器 KA4 通电动作,使触电器 KM3 通电吸合,将电阻短接,电机进入稳定运行状态。

反向停止时,按下停止按钮 SB3,KA2、KM2 失电释放,KM3 也随之失电释放,电机电源被切除。此时因电机转速仍很高,KA5-2 仍闭合,KA4 仍通电,当 KM2 常闭触头复位后,正向接触器 KM1 线圈通电,其触头动作,电机串电阻反接制动,电机转速迅速下降,当降到一定值时,KA5-2 复位,KA4 线圈失电,KM1 也失电,制动结束。

图 2-27 线路则是充分利用了速度继电器的特点,大大简化了线路。这里以正向启动、正向停车制动为例,说明其原理如下:

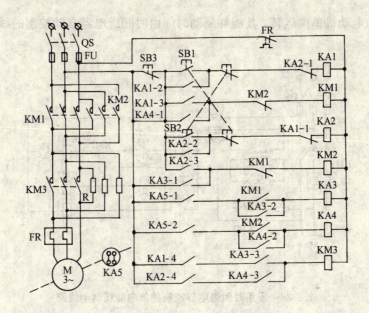

图 2-26 双向启动反接制动线路

正向启动时，按下正向启动按钮 SB1，正向接触器 KM1 线圈通电自锁，主触头闭合，电机正向启动，同时 KM1 常闭触头断开，切断反向接触器 KM2 通路，待速度升高后，速度继电器 KA-1 常开触头闭合，常闭触头断开，为制动做好准备。

正向停止时，按下停止按钮 SB3，KM1 失电释放，KM1 常闭触头复位后，反向接触器 KM2 线圈通电，进行反接制动，待速度降低一定值后，KA-1 复位，KM2 失电释放，制动结束。

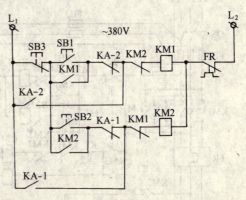

图 2-27 电动机可逆运行的反接制动线路

电动机的反向启动及制动过程，读者自行分析。

以上所述的反接制动，在制动过程中，由电网供给的电磁功率和拖动系统的机械功率，全都转变为电动机转子的热损耗。所以，反接制动能量损耗大。鼠笼型异步电动机由于转子导体内部是短接的，无法在转子外面串入电阻，所以在反接制动中转子承受全部热损耗，这就限制了电动机每小时允许的反接制动次数。

（二）能耗制动控制线路

能耗制动就是在电动机脱离交流电源后，接入直接电源，这时电动机定子绕组通过一直流电，产生一个静止的磁场。利用转子感应电流与静止磁场的相互作用产生制动转矩，达到制动的目的，使电机迅速而准确地停止。

能耗制动分为单向能耗制动和双向能耗制动及单管能耗制动，可以按时间原则和速度原则进行控制。下面分别进行讨论。

1. 单向能耗制动控制线路

图 2-28 为电动机单向运转，其能耗制动时间由时间继电器自动控制的线路。其工作情况是：

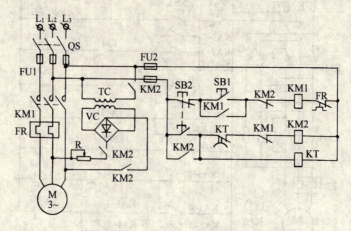

图 2-28　采用时间继电器控制的单向能耗制动线路

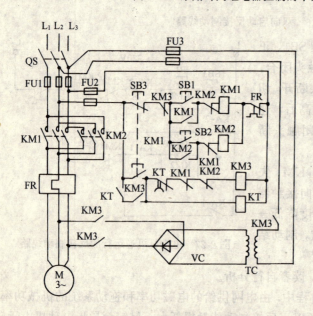

图 2-29　可逆运行的能耗制动线路

启动时，合上刀开关 QS，按下启动按钮 SB1，接触器 KM1 线圈通电，其主触头闭合，电动机启动运转。停止时，按下停止按钮 SB2，其常闭触头断开，使 KM1 失电释放，电动机脱离交流电源。同时 KM1 常闭触头复位，SB2 的常开触头闭合，使制动接触器 KM2 及时间继电器 KT 线圈通电自锁，KM2 主常开触头闭合，电源经变压器和单相整流桥变为直流电并通入电动机定子，产生静电磁场，与转动的转子相互切割感应电势，感生电流，产生制动转矩，电动机在能耗制动下迅速停止。电动机停止后，KT 的触头延时打开，使 KM2 失电释放，直流电被切除，制动结束。

2. 可逆运行的能耗制动控制线路

（1）按时间原则控制的线路：如图 2-29 所示为按时间原则控制的线路，它只比图 2-28 多了反向运行控制和制动部分。这里以正转启动及制动为例，说明其工作原理如下：

正向启动时，合上刀开关 QS，按下正向启动按钮 SB1，接触器 KM1 线圈通电，主常开触头闭合，电机正向启动运转。停止时，按下停止按钮 SB3，KM1 失电释放，接触器 KM3 和时间继电器 KT 线圈同时通电自锁，KM3 的主触头闭合，经变压器及整流桥后的直流电通入电动机定子绕组，电机进行能耗制动。电机停止时，KT 的常闭触头延时打开，使 KM3 失电释放，直流电被切除，制动结束。

线路的缺点是：在能耗制动过程中，一旦KM3因主触头粘连或机械部分卡住而无法释放时，电动机定子绕组仍会长期通过能耗制动的直流电流。对此，只能通过合理选择接触器和加强电器维修来解决。

这种线路一般适用于负载转矩和负载转速比较稳定的机械设备上。对于通过传动系统来改变负载速度的机械设备，则应采用按负载速度整定的能耗制动控制线路较为合适，因而这种能耗制动线路的应用有一定的局限性。

（2）按速度原则进行控制的能耗制动线路：如图2-30所示，即用速度继电器取代了图2-29中的时间继电器。这里以反向启动及反向制动的工作情况为例，说明如下：

反向启动时，合上刀开关QS，按下反向启动按钮SB2，反向接触器KM2线圈通电，电机反向启动。当速度升高后，速度继电器反向常开触点KA-2闭合，为制动做好准备。停止时，按下SB3、KM2失电释放，电机的三相交流电被切除。同时KM3线圈通电，直流电通入电动机定子绕组进行能耗制动，当电机速度接近零时，KA-2打开，接触器KM3失电释放，直流电被切除，制动结束。

能耗制动适用于电动机容量较大，要求制动平稳和启动频繁的场合。它的缺点是需要一套整流装置，而整流变压器的容量随电动机的容

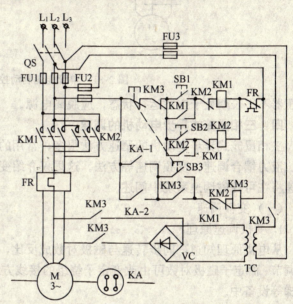

图2-30 速度控制的能耗制动线路

量增加而增大，这就使其体积和重量加大。为了简化线路，可采用无变压器的单管能耗制动。

3. 单管能耗制动控制线路

单管能耗制动控制线路如图2-31所示。整流电源电压为220V。整流电流经制动接触器KM2主触头接到定子三相绕组上，并由另一相绕组经KM2主触头接到整流管和电阻R后再接到电源零线。

电动机需要停止时，按下SB2，KM1失电释放，KM2和KT线圈同时通电，KM2将整流电源接到电动机定子三相绕组上，并经定子另一相绕组和二极管R接到零线上，于是定子绕组通入直流电进行能耗制动。电机停止后，KT延时触点打开，KM2失电释放，直流电被切除，制动结束。

单管能耗制动的特点是：制动设备体积小，成本低，仅适用于制动要求不高的10kW以下的电动机制动中。

以上对几种典型的能耗制动线路进行了讨论。总之，能耗制动应满足以下要求：大容量电动机的能耗制动电路应与辅助线路的短路保护装置分开，以免互相影响；供给电动机定子绕组的交、直流电源应可靠联锁，以保证正常工作。在电动机运行时（非制动状态），

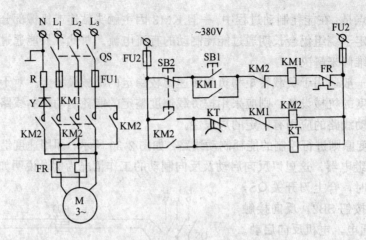

图 2-31　单管能耗制动控制线路

变压器不得长期处于空载运行状态，应脱离电源。

四、三相鼠笼式异步电动机的调速

三相鼠笼式异步电动机的调速方法很多，常用的有变极调速、调压调速、电磁耦合调速、液力耦合调速、变频调速等方法。这里仅介绍变极及电磁耦合调速，关于调压和变频调速将在可控磁调速系统中阐述。

（一）变极调速

1. 变极调速原理

从电机原理知道，同步转速与磁极对数成反比，改变磁极对数就可实现对电动机速度的调节。而定子磁极对数可由改变定子绕组的接线方式来改变。变极调速方法常用于机床、电梯等设备中。

电动机每相如果只有一套带中间抽头的绕组，可实现 $2:1$ 和 $3:2$ 的双速变化。如 2 极变 4 极、4 极变 8 极或 4 极变 6 极、8 极变 12 极。

如果电动机每相有两套绕组则可实现 $4:3$ 和 $6:5$ 的双速变化，如 6 极变 8 极或 10 极变 12 极。

如果电动机每相有一套带中间抽头的绕组和一套不带抽头的绕组，可以实现三速变化；每相有两套带中间抽头的绕组，则可实现四速变化。

2. 双速电动机的控制

（1）双速电动机绕组的联接方法：如图 2-32 所示，其中（a）图为三角形连接，此时磁极为 4 极，同步转速为 1500r/min。若要电动机高速工作时，可接成图 2-32（b）形式，即电机绕组为双丫连接，磁极为 2 极，同步转速为 3000r/min。可见电动机高速运转时的转速是低速的两倍。

（2）双速电动机的控制线路：为了实现对双速电动机的控制，可采用按钮和接触器构成调速控制线路，如图 2-33 所示。其工作情况如下：

合上电源开关 QS，按下低速启动按钮 SB1，低速接触器 KM1 线圈通电，其触头动作，电动机定子绕组作 △ 连接，电动机以 1500r/min 低速启动。

当需要换成 3000r/min 的高速时，可按下高速启动按钮 SB2，于是 KM1 先先失电释放，高速接触器 KM2 和 KM3 的线圈同时通电，使电动机定子绕组接成双丫并联，电动机高速运转。电动机的高速运转是由KM2和KM3同时控制，为了保证工作可靠，采用它们的辅助常开触头串联自锁。

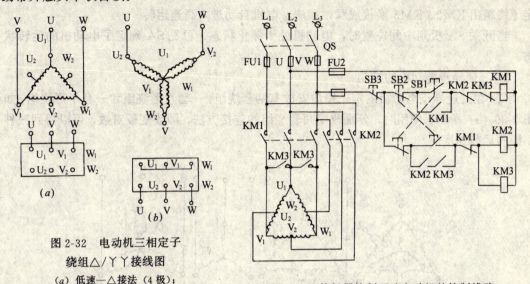

图 2-32　电动机三相定子
绕组△/丫丫接线图
(a) 低速—△接法（4 极）；
(b) 高速—丫丫接法（2 极）

图 2-33　接触器控制双速电动机的控制线路

采用时间继电器自动控制双速电动机的控制线路如图 2-34 所示，图中 SA 是具有 3 个接触点位置的开关，分为低速、高速和中间位置（停止）。其工作原理如下：

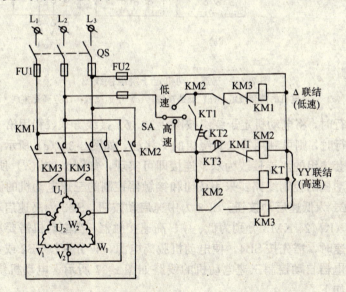

图 2-34　采用时间继电器控制双速电动机的控制线路

当把开关扳到"低速"位置时，接触器 KM1 线圈通电动作，电动机定子绕组接成△，进行低速运转。

当把开关 SA 扳到"高速"位置时，时间继电器 KT 线圈通电，其触头动作，瞬时动作触头 KT1 闭合，使 KM1 线圈通电动作，电动机定子绕组接成△，以低速启动。经过延时后，时间继电器延时断开的常闭触头 KT2 断开，使 KM1 线圈断电释放，同时延时闭合的常开触头 KT3 闭合，接触器 KM2 线圈通电动作，使 KM3 接触器线圈也通电动作，电动机定子绕组由 KM2、KM3 换接成双丫接法，电机自动进入高速运转。

当开关 SA 扳到中间位置时，电动机处于停止状态，可见 SA 确定了电动机的运转状态。

3. 三速异步电动机的控制

(1) 在三速异步电动机的定子槽内安放有两套绕组：一套△形绕组和一套丫形绕组，如图 2-35 (a) 所示。使用时，分别改变两套绕组的连接方法，即改变极对数，可以得到三种不同的运行速度。

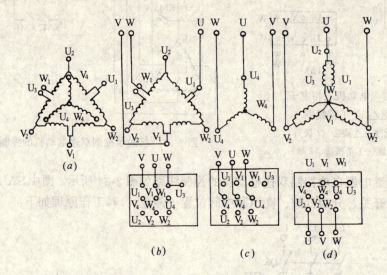

图 2-35　三速电动机定子绕组接线图
(a) 三速电机的两套绕组；(b) 低速接线；(c) 中速接线；(d) 高速接线

需要低速运行时，将电动机定子绕组按图 2-35 (b) 接线方式，利用第一套绕组的△接法。需要中速运行时，则可利用第二套绕组的丫接法，如图 2-35 (c) 所示。需要高速运行时，只要将第一套绕组的△连接改为双丫连接即可实现，如图 2-35 (d) 所示。

(2) 三速电动机的控制线路：采用按钮和接触器控制的三速电动机的调速控制线路如图 2-36 所示，SB1 为低速启动按钮，SB2 为中速启动按钮，SB3 为高速启动按钮，SB4 为停止按钮，KM1、KM2、KM3 分别为低、中、高速接触器，当电动机需要从低速换成中速或从中速换成低速时，需先按 SB4，使电动机脱离电源，再分别按 SB2 或 SB3 才能实现。

采用时间继电器自动控制三速电动机的线路如图 2-37 所示。电动机绕组接线见图 2-35。其工作过程如下：

合上电源开关 QS，按下启动按钮 SB1，中间继电器 KA 线圈通电动作，使接触器 KM1 线圈通电动作，电动机第一套定子绕组出线端 U1、V1、W1 和 U3 与电源相通，电机低速启动运转。同时时间继电器 KT1 线圈通电，经一定时间延时后，其延时触头动作，KM1 失电释放，电动机定子绕组断开。同时接触器 KM2 线圈通电，电动机另一套定子绕组的出线端 V4、W4、U4 与电源接通，电动机中速运转。同时时间继电器 KT2 线圈通电，经延时后，其触头动作，KM2 失电释放，电动机定子绕组断开，同时接触器 KM3 线圈通电动作，主触

64

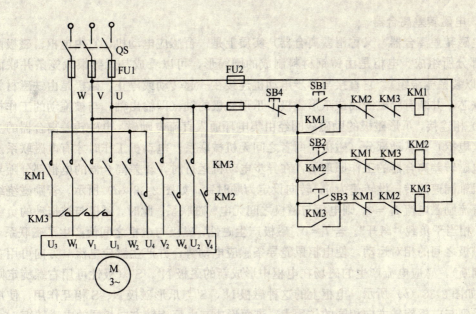

图 2-36 采用接触器控制的三速电动机控制线路

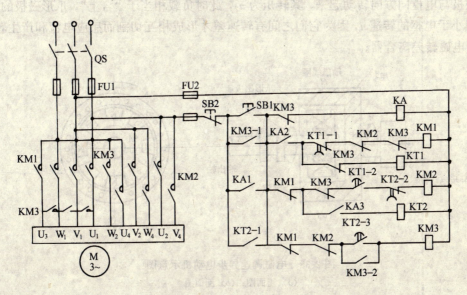

图 2-37 采用时间继电器自动控制三速电动机的控制线路

头使电动机第一套绕组以双丫方式连接，其出线端 U_2、V_2、W_2 与电源相通，同时 KM3 的另外三副常开触头将这套绕组的出线端 U_1、V_1、W_1 和 U_3 相连接联通，电动机高速运转。KM3 常闭触头使 KA、KM1、KM2、KT1、KT2 线圈均处于释放状态。其目的在于既可使这些电器不长期通电延长其使用寿命，又确保了工作的可靠性。

（二）电磁调速

由电磁转差离合器和普通的鼠笼式异步电动机及控制装置构成的"电磁调速异步电动机"又叫滑差电动机。图 2-38 为电磁调速异步电动机示意图。目前国产 JZTH 系列电磁调速异步电动机的连续调速范围为 120～1200r/min，容量为 0.64kW 至 100kW。

1. 电磁转差离合器

电磁转差离合器（又称滑差离合器）实质上是一台感应电动机，它由电枢、磁极两个旋转部分所组成。电枢是由铸钢材料制成的圆筒形，可以看成是无数根鼠笼条并联而成（也可以装鼠笼绕组）。它直接与异步电动机连接在一起转动或停止。磁极是由铁磁材料制成的铁芯，并装有励磁线圈或爪形磁极。爪形磁极的轴（即输出轴）与被拖动的工作机械（负载）相连接，爪形磁极的励磁线圈经由集电环通入直流电励磁。电磁转差离合器的主动部分（电枢）和从动部分（磁极）两者之间无机械联系，电动机工作时才有电磁联系。

电磁转差离合器的工作原理是：在异步电动机运行时，转差离合器的电枢部分随异步电动机轴同速旋转，设转速为 n，转向设定为顺时针，如图 2-38 (a) 所示。若励磁绕组通入的直流励磁电流 $I_L = 0$，则电枢与磁极之间无电、磁联系。此时，磁极与被拖动的负载不转动，相当于负载"离开"。若 $I_L \neq 0$，磁极产生磁性，磁极与电枢之间便产生了磁联系。电磁与磁极之间的相对运动，使电枢鼠笼导条感应电势，并产生感应电流（方向可用右手定则判断），感应电流产生的磁场在电枢中形成新的磁极 N′、S′（极性可用右螺旋定则判定），如图 2-38 (b) 所示。电枢上的这种磁极 N′、S′ 与爪形磁极 N、S 相互作用，使爪形磁极受到与电枢旋转方向相同的作用力，进而形成与电枢旋转方向相同的电磁转矩 M，使爪形磁极与电枢同方向转动起来，其转矩为 n_2，此时负载相当于"合上"。爪形磁极的转速 n_2 必然小于电枢的转速 n，因为它们之间有转速差才形成相互切割而感应电流和产生转矩，故称为电磁转差离合器。

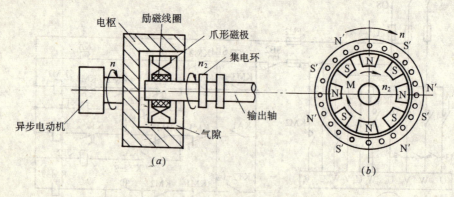

图 2-38　电磁调速异步电动机示意图
(a) 正面图；(b) 剖面图

n_2 的大小与磁极电流的强弱有关。改变励磁电流的大小，则可得出不同的机械特性曲线，如图 2-39 所示。从图中可见，励磁电流越大磁场越强，在一定的转差下产生的转矩 M 越大，机械特性曲线越向右偏移。从图上还可看出，对于一定的负载转矩 M_2，当励磁电流大小不同时，其输出转速也不同。由此可见只要改变转差离合器的励磁电流，就可调节转差离合器的转速。电磁调速异步电动机的机械特性较软，要想得到平滑稳定的调速特性，应装置测速发电机，使调速系统具有速度负反馈控制环节（这个环节在可控硅控制系统中介绍）。

综上分析可知，输出轴的转向与电枢转向一致，要改变输出轴的轴向必须改变原动机的转向。由于转差离合器在低速（转差大）时热耗大，效率低，所以电磁调速异步电动机不宜长期低速运行。

2. 电磁调速异步电动机控制线路

其控制线路如图 2-40 所示。由晶闸管控制器 VC、异步电机 M、电磁转差离合器 DC 及控制线路构成。VC 的作用是将单相交流电变换成直流电，供给 DC 直流电源。线路的工作原理如下：

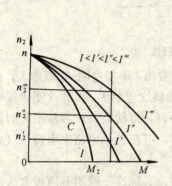

图 2-39　转差离合器的机械特性

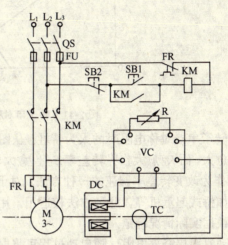

图 2-40　电磁调速异步电动机的控制线路

合上开关 QS，按下启动接钮 SB1，接触器 KM 线圈通电，其触头动作。电动机启动运转，同时使晶闸管控制器 VC 电源接通，整流后输出直流电流，供给电磁转差离合器的爪形磁极的励磁线圈。有了这一励磁电流，爪形磁极便随电动机和离合器电枢同向旋转。调节电位器 R 即改变了励磁电流的大小，便改变了转差离合器磁极（从动部分）的转速，从而也就调节了拖动负载的转速。

需要停止时，按下停止按钮 SB2，KM 失电释放，电动机和转差离合器同时断电停止。

图 2-40 中的 TG 为测速发电机，由它取出电动机的速度信号反馈给 VC，起到速度负反馈的作用，用以调整和稳定电动机的转速。

第三节　绕线式异步电动机启动控制线路

三相绕线式异步电动机的优点是可以通过滑环在转子绕组中串接外加电阻或频敏变阻器，以达到减小启动电流，提高转子电路的功率因数和增加启动转矩的目的。在要求启动转矩较高的场合，绕线式异步电动机得到了广泛的应用。

一、转子绕组串接启动电阻启动的控制

1. 线路构思

串接在三相转子绕组中的启动电阻，在启动前，启动电阻全部接入电路，随着启动过程的结束，启动电阻被逐段地短接。其短接的方法有三相电阻不对称短接法和三相电阻对称短接法两种。所谓不对称短接是每一相的启动电阻是轮流被短接的，而对称短接是三相中的启动电阻同时被短接。不对称接法在凸轮控制器线路中介绍，这里仅介绍对称接法。图

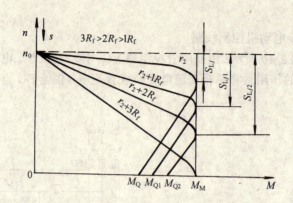

图 2-41　转子串对称电阻的人为特性

2-41 为转子串接对称电阻时的人为特性。从图中曲线可以看出：串接电阻 R_f 值愈大，启动转矩也愈大，而 R_f 愈大临界转差率 S_{Lj} 也愈大，特性曲线的斜度也愈大。因此改变串接电阻 R_f 可以作为改变转差率调速的一种方法。对于要求调速不高，拖动电动机容量不大的机械设备，如桥式起重机等，此种方法较适用。用此法启动时，可在转子电路中串接几级启动电阻，根据实际情况确定。

启动时串接全部电阻，随启动过程可将电阻逐段切除。实现这一控制有两种方法，其一是按时间原则控制，即用时间继电器控制电阻自动切除；其二是按电流原则控制，即用电流继电器来检测转子电流大小的变化来控制电阻的切除，当电流大时，电阻不切除，当电流小到某一定值时，切除一段电阻，使电流重新增大，这样便可控制电流在一定范围内。两种控制线路如图 2-42 和图 2-43 所示。

2. 线路的工作情况

图 2-42 是依靠时间继电器自动短接启动电阻的控制线路。转子回路三段启动电阻的短接是依靠 KT1、KT2、KT3 三只时间继电器及 KM1、KM2、KM3 三只接触器的相互配合来实现的。

启动时，合上刀开关 QS，按下启动按钮 SB1，接触器 KM 通电，电动机串接全部电阻启动，同时时间继电器 KT1 线圈通电，经一定延时后 KT1 常开触头闭合，使 KM1 通电，KM1 主触头闭合，将 R_1 短接，电机加速运行，同时 KM1 的辅助常开触头闭合，使 KT2 通电。经延时后，KT2 常开触头闭合，使 KM2 通电，KM2 的主触头闭合，将 R_2 短接，电机继续加速。同时 KM2 的辅助常开触头闭合，使 KT3 通电，经延时后，其常开触头闭合，使 KM3 通电，R_3 被短接。至此，全部启动电阻被短接，于是电机进入稳定运行状态。

在线路中，KM1、KM2、KM3 三个常闭接点的串联的作用是：只有全部电阻接入时才能启动，以确保电机可靠启动（这样一方面节省了电能，更重要的是延长了它们的有效使用寿命）。

线路存在的问题是：一旦时间继电器损坏时，线路将无法实现电动机的正常启动和运行，如维修不及时，电动机就有被迫停止运行的可能。另一方面，在电动机启运过程中，逐段减小电阻时，电流及转矩突然增大，产生不必要的机械冲击。

图 2-43 是利用电动机转子电流大小的变化来控制电阻的切除。FA1、FA2、FA3 是电流继电器，线圈均串接在电动机转子电路中，它们的吸上电流相同，而释放电流不同。FA1

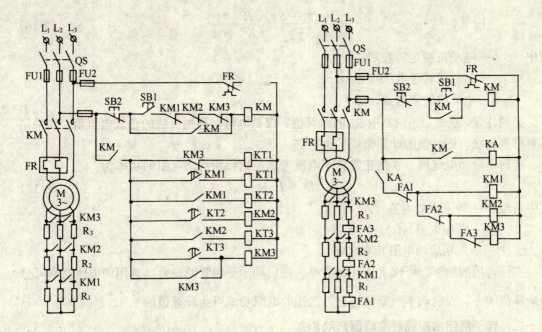

图 2-42　绕线式异步电动机
自动启动控制线路

图 2-43　按电流原则控制的
绕线式异步电动机线路

的释放电流最大，FA2 次之，FA3 最小。

启动时，合上刀开关 QS，按下启动按钮 SB1，KM 通电，使中间继电器 KA 通电，因此时电流最大，故 FA1、FA2、FA3 均吸合，其触头都动作，于是电机串接全部电阻启动，待电机转速升高后，电流降下来，FA1 先释放，其常闭触头复位，使 KM1 通电，将 R_1 短接，电流又增大，随着转速上升，过一会儿电流又小下来，使 FA2 释放，其常闭触头使 KM2 通电，将 R_2 短接，电流又增大，转速又上升，一会儿电流又下降，FA3 释放，其常闭触点使 KM3 通电，将 R_3 短接，电机切除全部电阻进入稳定运行状态。

为了达到好的启动效果，要求外加电阻的数值必须选定在一定的范围内，可经过计算来确定。在计算启动电阻的阻值前，首先应确定启动电阻的级数。电阻级数愈多，电动机启动时的转矩波动就愈小，也就是说启动愈平滑。同时，电气控制线路也就愈复杂。在一般情况下，电阻的级数可以根据（2-5）式确定。

启动电阻的级数确定以后，转子绕组中每相串接的各级电阻值可用下面的公式计算：

$$R_n = K^{m-n} r \qquad (2\text{-}14)$$

式中　m——启动电阻的级数；

　　　n——各级启动电阻的序号，若 $m=4$，则各级启动电阻的序号为：1、2、3、4；

　　　K——常数；

　　　r——m 级启动电阻中序号为最后一级的电阻值，即对称短接法中最后被短接的那一级电阻；

K 值和 r 值可分别由下面的两公式计算：

$$K = \sqrt[m]{\frac{1}{S}} \qquad (2\text{-}15)$$

$$r = \frac{E_2(1-S)}{\sqrt{3}\,I_2} \cdot \frac{K-1}{K^m-1} \tag{2-16}$$

式中　S——电动机额定转差率；

　　　E_2——电动机转子电压（V）；

　　　I_2——电动机转子电流，（A）。

必须注意，公式（2-14）中 R_n 的计算值，仅是电阻对称短接法的各级电阻值，如采用不对称短接法，则各级的计算值应扩大三倍。

若转子启动电流按 1.5 倍正常转子电流考虑，则每相启动电阻的功率为：

$$P = I_{2Q}^2 R \tag{2-17}$$

式中　I_{2Q}——转子启动电流（A）；

　　　R——每相电阻（Ω）；

　　　P——每相启动电阻功率（W）。

实际选用的功率，可比上述计算值小。在启动十分频繁的场合，选用的电阻功率可分为计算值的 $\frac{1}{2}$，在启动不频繁的场合，选用的电阻功率可为计算值的 1/3。

二、转子绕组串接频敏变阻器启动控制

绕线式异步电动机采用转子串入电阻的启动方法，在电动机启动过程中，逐渐减小电阻时，电流及转矩突然增大，产生不必要的机械冲击。

从机械特性上看，启动过程中转矩 M 不是平滑的，而是有突变性的。为了得到较理想的机械特性，克服启动过程中不必要的机械冲击力，可采用频敏变阻器启动方法。频敏变阻器是一种电抗值随频率变化而变化的电器，它串接于电动机的转子电路中，可使电动机有接近恒转矩的平滑无级启动性能，是一种新型的启动设备。

（一）频敏变阻器

频敏变阻器实质上是一个铁芯损耗非常大的三相电抗器。它由数片 E 型钢板叠成，具有铁芯与线圈两部分，并制成开启式、星形接法。将其串接在转子回路中，相当于转子绕组接入一个铁损很大的电抗器，这时转子的等效电路如图 2-44 所示。图中 R_b 为绕组电阻，R 为铁损等值电阻，X 为铁芯电抗，R 与 X 是并联的。

当电动机接通电源启动时，频敏变阻器通过转子电路得到交变电流，产生交变磁通，其电抗为 X。而频敏变阻器铁芯由较厚钢板制成，在交变磁通的作用下，产生较大的涡流损耗（其中涡流损耗占全部损耗的 80％以上）。此涡流损耗在电路中用一个等效电阻 R 表示。由于电抗 X 和电阻 R 都是由交变磁通产生的，所以其大小都随转子电流频率变化而变化。在异步电动机的启动过程中，转子电流的频率 f_2 与网络电源频率 f_1 的关系为：$f_2 = Sf_1$，电动机的转速为零时，转差率 $S=1$，即 $f_2 = f_1$，当 S 随着电动机转速上升而减小时，f_2 便下降。频敏变阻器的 X 与 R 是与 S 的平方成正比的。由此可看出，绕线式异步电动机采用频敏变阻器启动时，可以获得一条近似的恒转矩启动特性并实现平滑的无级启动，同时也简化了控制线路。目前在空气压缩机与桥式起重机上获得了广泛的应用。

频敏变阻器上共有四个接线头，一个设在绕组的背面，标号为 N，另外三个抽头设在绕组的正面。抽头 1～N 之间为 100％匝数，2～N 与 3～N 之间分别为 85％与 71％匝数，出厂时接在 85％匝数端钮端上。频敏变阻器上、下铁芯由两面四个拉紧螺栓固定，拧开拉紧

螺栓上的螺母，可以在上、下铁芯之间垫非磁性垫片，以调整空气隙。出厂时上、下铁芯间隙为零。

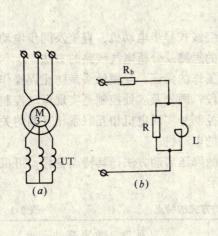

图 2-44 频敏变阻器等效电路
　　　 及电动机的联接
(a) 频敏变阻器与电动机的联接;
(b) 等效电路图

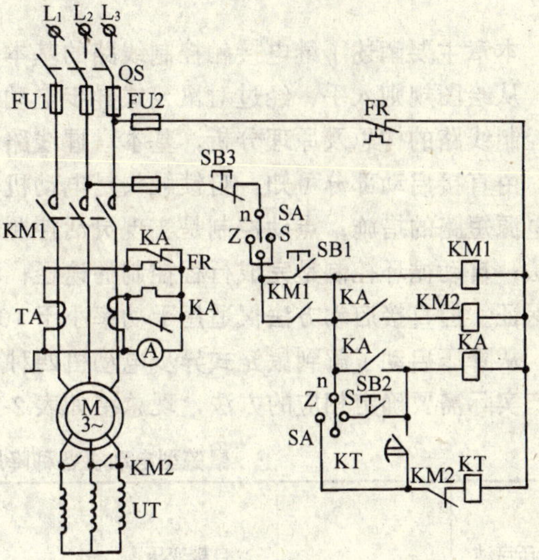

图 2-45 绕线式异步电动机采用频敏变阻器启动线路

在使用中遇到下列情况可以调整匝数和气隙：

(1) 启动电流大，启动太快，可换接抽头，使匝数增加，减小启动电流，同时启动转矩也减小。反之应换接抽头，使匝数减少。

(2) 在刚启动时，启动转矩过大，机械冲击大，但启动完后稳定转速又太低（偶尔在启动完毕将变阻器短接时，冲击电流大），可在上下铁芯间增加气隙，这样使启动电流略有增加，启动转矩略有减小，但启动完毕后转矩增大，从而提高了稳定转矩。

(二) 采用频繁变阻器启动的控制线路

在电机启动过程中串接频敏变阻器，待电机启动结束时用手动或自动将频敏变阻器切除，能满足这一要求的线路如图 2-45 所示。线路的工作情况如下：

线路中利用转换开关 SA 实现手动及自动控制的变换。用中间继电器 KA 的常闭触头短接热继电器 FR 的热元件，以防止在启动时误动作。

自动控制时，将 SA 拨至"Z"位置，合上刀开关 QS，按下启动按钮 SB1，接触器 KM1和时间继电器 KT 线圈通电，电动机串频敏变阻器 UT 启动，待启动结束后，KT 的触头延时闭合，使中间继电器 KA 线圈通电，其常开触头闭合使接触器 KM2 通电，将 UT 短接，电动机进入稳定运行状态，同时 KA 的常闭触头打开，使热元件接与电流互感器二次侧串接，以起过载保护作用。

手动控制时，将 SA 拨至"S"位置，按下 SB1，KM1 通电，电机串接 UT 启动，当看到电流表 A 中读数降到电机额定电流时，按下手动按钮 SB2，使 KA 通电，KM2 通电，UT 被短接，电机进入稳定运行状态。

小　结

本章主要阐述了继电接触控制线路的基本环节。

从绘图规则入手，经过对鼠笼式异步电动机、绕线式异步电动机、直流及同步电动机的控制线路的构思及原理分析，基本掌握线路设计的思路及分析电气线路的方法。

由直接启动部分可知：自锁触头是电动机长期工作的保证，互锁触头是防止误操作造成电源短路的措施；点动控制是实现灵活控制的手段；两处及多处控制是实现运动控制的方法；自动循环控制是完成行程控制的途径；联锁控制是实现电机相互联系相互制约关系的保证。但直接启动方法仅适用于功率小于 10kW 的电动机。

从降压启动了解到鼠笼式异步电动机四种常用的降压启动方法，其特点各异，可根据生产实际需要确定相应的方法，现总结如表 2-2 所示。

鼠笼型电动机各种降压启动方式的特点　　　　　　　　　　表 2-2

降压启动方式	电阻降压	自耦变压器降压	星三角转换	延边三角形启动		
				当抽头比例为		
				1:2	1:1	2:1
启动电压	kU_e	kU_e	$0.58U_e$	$0.78U_e$	$0.71U_e$	$0.66U_e$
启动电流	kI_{qd}	k^2I_{qd}	$0.33I_{qd}$	$0.6I_{qd}$	$0.5I_{qd}$	$0.43I_{qd}$
启动转矩	k^2M_{qd}	k^2M_{qd}	$0.33M_{qd}$	$0.6M_{qd}$	$0.5M_{qd}$	$0.43M_{qd}$
定型启动设备	QJ1 型电阻减压启动器、PY-1 系列冶金控制屏、ZX1 与 ZX2 系列电阻器	QJ3 型自耦减压启动器、GTZ 型自耦减压启动器	QX1、QX2、QX3、QX4 型星三角启动器，XJ1 系列启动器	XJ1 系列启动器		
优缺点及适用范围	启动电流较大，启动转矩小；启动控制设备能否频繁启动由启动电阻容量决定；需启动电阻器，耗损较大，一般较少采用	启动电流小，启动转矩较大，不能频繁启动，设备价格较高，采用较广泛	启动电流小，启动转矩小，可以较频繁启动，设备价格较低，适用于定子绕组为三角形接线的中小型电动机，如 J2；JO2、J3、JO3 等	启动电流小，启动转矩较大，可以较频繁启动；具有自耦变压器及星三角启动方式两者之优点；适用于定子绕组为三角形接线且有 9 个出线头的电动机，如 J3、JO3 等		

注：U_e——额定电压；I_{qd}、M_{qd}——电动机的全压启动电流及启动转矩；k——启动电压/额定电压，对自耦变压器为变比。

对绕线式异步电动机通过转子串接电阻或串接频敏变阻器的启动，掌握了按时间原则及电流原则设计线路的方法和特点。串接电阻启动，控制线路复杂，设备庞大（铸铁电阻片或镍铬电阻丝比较笨重），启动过程有几次冲击；串接频敏变阻器线路简单，启动平稳，克服了不必要的机械冲击力。

关于鼠笼式异步电动机的制动，是为缩短辅助时间，提高效率，以及准确停车而采取的方法。通过对两种电气制动方法的学习，了解了制动的特点、方法，并学会了按速度原则进行设计的方法。各种制动法比较如表2-3所示。

电气制动方式的比较 表 2-3

比较项目 \ 制动方式	能 耗 制 动	反 接 制 动
制 动 设 备	需直流电源	需速度继电器
工 作 原 理	采用消耗转子动能使电动机减速停车	依靠改变定子绕组电源相序而使电动机减速停车
线 路 情 况	定子脱离交流电网接入直流电	定子相序反接
特 点	制动平稳，制动能量损耗小，用于双速电机时制动效果差	设备简单，调整方便，制动迅速，价格低，但制动冲击大，准确性差，能量损耗大，不宜频繁制动
适 用 场 合	适用于要求平稳制动，如磨床、铣床等	适用于制动要求迅速，系统惯性较大，制动不频繁的场合，如大中型车床、立床、镗床等

关于时间原则、电流原则、行程原则及速度原则的控制，在选择时不仅要根据本身的一些特点，还应考虑电力拖动装置所提出的基本要求以及经济指标等。以启动为例，列表进行比较，见表2-4。

自动控制原则优缺点比较表 表 2-4

控制原则	反电势原则	电流原则	时间原则
电器用量	最 少	较 多	较 多
设备互换性	不同容量电机可用同一型号电器	不同容量电机得用不同型号继电器	不同容量与电压的电机均可采用同型号继电器
线路复杂程度	简 单	联锁多，较复杂	联锁多，较复杂
可 靠 性	可能启动不成；换接电流可能过大	可能启动不成；要求继电器动作比接触器快	不受参数变化影响
特 点	能精确反映转速	维持启动的恒转矩	加速时间几乎不变

本章通过几种常见的保护装置，如：短路保护、过流保护、热保护、失（欠）压保护，阐述了电动机的保护问题。

关于短路保护：因短路电流会损坏设备，必须迅速开断电路，可用熔断器、过电流继电器及自动开关实现。

熔断器保护：由于熔断器的熔体受多种因素影响，因此其动作值不太稳定。所以，通常熔断器比较适用于动作准确度要求不高和自动化程度较差的系统中，如在小容量鼠笼式异步电动机中广泛应用。

对鼠笼式异步电动机，熔体额定电流计算如表 2-5 所示。

鼠笼式异步电动机熔体额电流的计算　　　　　　　　　　　　　**表 2-5**

启 动 时 间	熔 体 额 定 电 流
2s 以下	大于或等于启动电流/2
10s 以下	大于或等于启动电流/1.622

对绕线式异步电动机、熔断器熔体的额定电流计算，如表 2-6 所示。

绕线式异步电动机熔体额定电流的计算　　　　　　　　　　　**表 2-6**

工 　作 　制	熔断器熔体额定电流/电动机额定电流
连续工作制	1
重复短时工作制	1.25

过电流继电器或自动开关保护：

用其作电动机短路保护时，其线圈的动作电流可按下式计算：

$$I_{ZK} = 1.2I_Q \tag{2-18}$$

式中　I_{ZK}——电流继电器或自动开关的动作电流（A）；

　　　I_Q——电动机的启动电流（A）。

然而，过电流继电器仅是一种测量元件，过电流的保护要通过执行元件——接触器来完成。因此为了能切断短路电流，接触器的容量不得不加大。而自动开关则把测量元件和执行元件组装为一体，熔断器的熔体本身就是测量和执行元件，上述问题就不存在了。

过电流保护：过电流的起因由于不正确启动或过大的负载转矩所致。此电流一般比短路电流小。在电动机运行中产生过电流比短路的机会多，特别是频繁启动和正反转的重复短时工作制的电动机中更为突出。

这种保护常用在限制启动的直流电机与绕线式异步电动机中，过电流继电器的动作值一般为启动电流的 1.2 倍。这里必须指出：在绕线式异步电动机和直流电动机中的过电流继电器也起短路保护作用。

热保护：这种保护是为了防止电动机因长期超载运行而使电动机绕组的温度超过允许值而损坏的一种手段。

由于热惯性的原因，热继电器不会受短时过载冲击电流或短路电流的影响而瞬时动作。所以在使用热继电器作热保护时，必须有短路保护装置（即上述的短路保护方法）。要求熔体的额定电流不应超过 4 倍热继电器发热元件的额定电流，而过电流继电器的动作电流不应超过 6～7 倍的热继电器发热元件的额定电流。

热继电器发热元件的额定电流应与电动机的额定电流相等。

失（欠）压保护：电机正常运行时，如因电源电压消失或减小而使电动机停转，那么电源电压恢复时，电机可能自动启动，就会造成人身或设备的事故。对电网来说，许多电动机自动启动，也会引起不允许的过电流或过电压。防止自行启动的方法为失（欠）压保护。

如果电源电压过低会引起电动机转速下降或停转，同时，在负载转矩一定时，电流会增加。另外，由于电压降低会引起一些电器释放，造成非正常工作，为此而设欠压保护。

在直流电动机的启动中，叙述了三种启动特点的控制电路（即按电流特点、反电动势特点及时间特点的控制）。选择何种线路启动，应视实际需要而定。并介绍了直流电动机采用能耗制动的方法及电动机串接电阻的降压调速。

关于同步电动机，这里仅介绍了继电接触控制方式，目前大多采用可控硅励磁。

复习思考题

1. 试从经济、方便、安全、可靠等几个方面分析比较题图 2-1 中的特点。

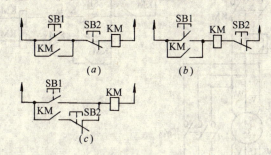

题图 2-1

2. 试设计一个用按钮和接触器控制电动机的启停，用组合开关选择电动机的旋转方向的主电路及控制电路；并应具备短路和过载保护。

3. 如果将电动机的控制电路接成如题图 2-2 的四种情况，欲实现自锁控制，试标出图中的电器元件文字符号，再分析线路接线有无错误，并指出错误将造成什么后果？

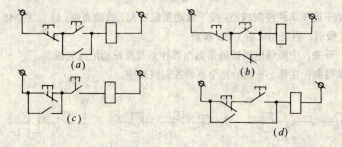

题图 2-2

4. 试画出一台电动机需单向运转，两地控制，即可点动也可连续运转，并在两地各安装有运行信号指示灯的主电路及控制电路。

5. 试说明题图 2-3 中控制特点，并说明 FR1 和 FR2 为何不同？

6. 试用行程原则来设计某机床工作台的自动循环线路，并应有每往复移动一次，即发一个控制信号，以显示主轴电动机的转向。

7. 在锅炉房的电气控制中，要求引风机和鼓风机联锁，即启动时，先启动引风机，停止时相反，试设计满足上述要求的线路。

8. 试用时间原则设计三台鼠笼式异步电

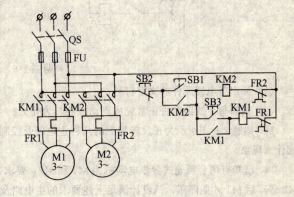

题图 2-3

动机的电气线路，即 M1 启动后，经 2sM2 自行启动，再经 5sM3 自行启动，同时停止。

9. 试分析下图的工作过程（见题图 2-4）。

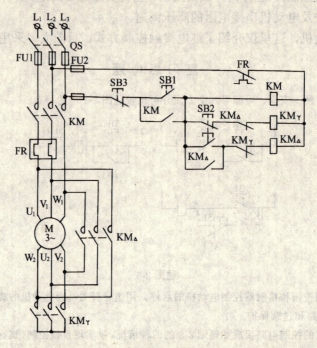

题图 2-4

10. 试设计满足下述要求的控制线路：按下启动按钮后 M1 线圈通电，经 5s 后 M2 线圈通电，经 2s 后 M2 释放，同时 M3 吸引，再经 10s 后，M3 释放。

11. 试用按钮、开关、中间继电器接触器画出四种点动及长动的控制线路。

12. 什么是点动控制？在题 2-5 图的几个点动控制线路中：

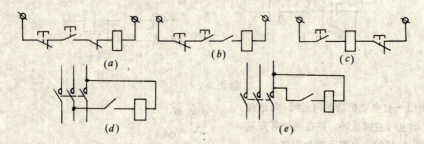

题图 2-5

（1）标出各电器元件的文字符号；

（2）判断每个线路能否正常完成点动控制？为什么？

13. 如题 2-6 图所示为正反转控制的几种主电路及控制电路，试指出各图的接线有无错误，错误将造成什么现象？

14. 已知有两台鼠笼式异步电动机为 M1 和 M2，要求：（1）M1 和 M2 可分别启动；（2）停车时要求 M2 停车后 M1 才能停车，试设计满足上述要求的主电路及控制电路。

15. 试说明题图 2-7 所示各电动机的工作情况。

16. 见题图 2-8 所示。（1）试分析此控制线路的工作原理。（2）按照下列两个要求改动控制线路（可

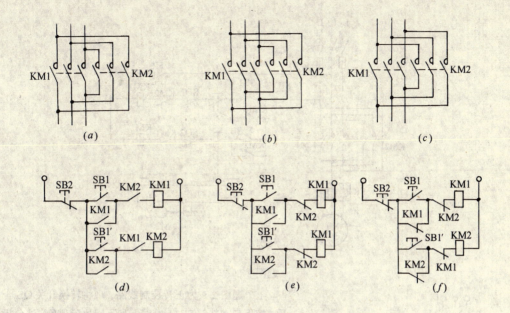

题图 2-6

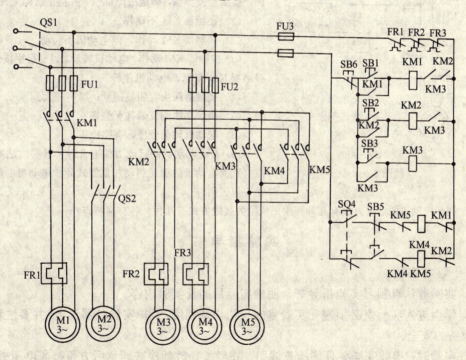

题图 2-7

适当增加电器):a. 能实现工作台自动往复运动;b. 要求工作台到达两端终点时停留 6s 再返回,进行自动往复。

17. 某机床的主轴由一台鼠笼式异步电动机带动,润滑油泵由另一台鼠笼式异步电动机带动,现要求:(1)必须在油泵开动后,主轴才能开动;(2)主轴要求能用电器实现正反转连续工作,并能单独停车;(3)有短路、欠压及过载保护,试画出控制线路。

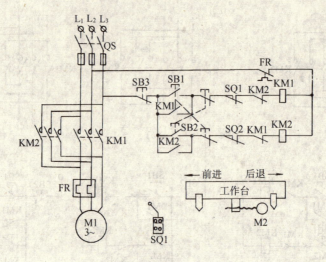

题图 2-8

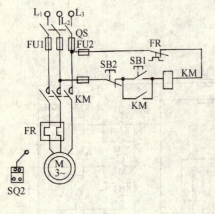

题图 2-9

18. 题图 2-9 为正转控制线路。现将转换开关 QS 合上后，按下启动按钮 SB1，根据下列不同故障现象，试分析原因，提出检查步骤，确定故障部位，并提出故障处理办法。

（1）接触器 KM 不动作。

（2）接触器 KM 动作，但电动机不转动。

（3）接触器 KM 动作，电动机转动，但一松手按钮 SB1 接触器 KM 复原，电动机停转。

（4）接触器触头有明显颤动，噪声较大。

（5）接触器线圈冒烟甚至烧坏。

（6）电动机转动较慢，有嗡嗡声。

19. 直流电动机的启动方法有几种？各种方法有何特点？直流电动机的能耗制动与鼠笼式异步电动机的能耗制动有何区别？

20. 同步电动机的启动方法有几种？励磁绕组的接线方式有几种？各有何特点？

实 验 指 导 书

一、注意事项

1. 实验前认真预习实验指导书，明确实验目的及实验内容。

2. 学生进入实验室必须遵守实验室的一切规章制度，爱护实验仪器设备，并要注意，人身及设备的安全。

3. 实验时，接线完毕要仔细检查线路，并经指导教师检查同意后方可接通电源进行实验。

4. 损坏仪器设备要立即报告指导教师，并按情况酌量赔偿。

5. 实验结束后整理导线，归还借用的工具。

6. 实验完毕后在实验记录册上，填写实验内容、参加实验人员名单，经教师签字后方可离开实验室。

二、实验项目

【实验一】 三相异步电动机单方向运转控制

（一）实验目的

1．掌握三相异步电动机利用交流接触器实现单相运转、连续及点动的控制线路。

2．熟悉该实验线路所用各主要电器设备的结构、工作原理、使用方法。

3．研究控制线路经常出现的故障，学习及总结分析和排除故障的方法。

（二）实验线路及主要设备

1．线路：见实验一图。

2．设备：

(1) 三相交流电源　　　　　　　　380V

(2) 三相异步电动机　　　　　　　一台

(3) 交流接触器　　CJ10-20　　　一只

(4) 按钮　　　　　　　　　　　　两只

(5) 热继电器　　　　　　　　　　一只

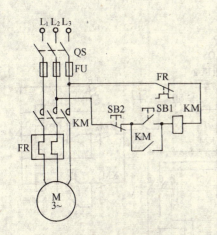

实验一图　具有过载保护的
正转控制线路

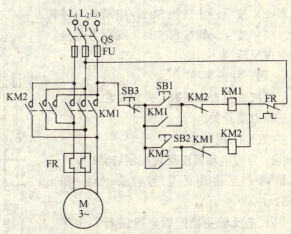

实验二图　接触器联锁的
正反转控制线路

3．电工工具及导线

（三）实验步骤

1．检查接触器、按钮的各触点通断状态是否良好。

2．在断电情况下，查对接线，并经指导教师检查后，方可进行操作。

（四）报告内容

1．在电动机旋转时控制电路是怎样实现自锁的？

2．若自锁控制线错误，会出现哪些现象？

3．实验中出现的问题的分析和讨论。

【实验二】 三相异步电动机的正反转控制

（一）实验目的

1．学习异步电动机采用交流接触器正反转控制线路的接线方法并进行操作。

2．明确正反转控制线路中互锁的必要性。

3. 了解复合按钮的联接方法及其所起的作用。

（二）实验线路及设备。

1. 线路：见实验二图。

2. 设备：

三相刀开关		一个
三相异步电动机	JO212-12　1.1kW	一台
交流接触器	CJ10-20	二只
复合按钮		三只
热继电器		一只

（三）实验步骤

1. 检查接触器、按钮各触点通断状态是否良好。

2. 在断电的情况下，查对接线，并经指导教师检查后，方可进行正反转控制操作。

（1）按下正转启动按钮SB2，观察电动机转向并设此方向为正转。

（2）按下停止按钮SB3，电动机应停转。

（3）按下反转按钮SB2，观察电动机转向应反转。

（四）注意事项

接线或检查线路时，一定要注意先断开三相刀闸开关。

（五）问题讨论

1. 异步电动机正反转控制线路中，可否将两个互锁用的常用触头 KM1 和 KM2 去掉？

2. 正反转变换能否直接进行？为什么？

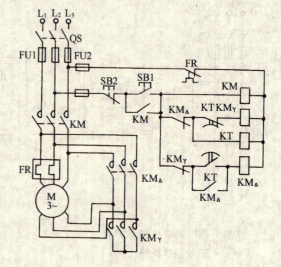

【实验三】　三相异步电动机的星形—三角形降压启动控制

（一）实验目的

1. 掌握异步电动机星形—三角形降压启动控制电路的工作原理及接线方法。

2. 掌握空气式阻尼时间继电器的调整和使用方法。

实验三图　QX3-13 型 Y—△自动启动器

（二）实验线路及其设备

1. 线路：见实验三图。

2. 设备：

（1）三相刀开关		一个
（2）三相异步电动机		一台
（3）空气式时间继电器	JS-2A	一只
（4）交流接触器	CJ20-20	三只
（5）热继电器		一只

（6）按钮开关　　　　　　　　　　　　两只

（7）电工工具及导线

（三）注意事项

（1）主回路与控制回路采用两种不同的导线。

（2）经指导教师检查后才能进行合闸操作。

（四）报告内容

（1）时间继电器KT延时时间的长短对降压启动有何影响？

（2）图中接触器辅助常闭触点各有何作用？

【实验四】　三相异步电动机能耗制动控制

（一）实验目的

1．掌握能耗制动控制的工作原理、接线及调试方法。

2．进一步掌握电路故障原因及调试方法。

（二）实验内容

1．了解所用各电器元件的结构和工作原理、接线及调试方法。

2．了解时间继电器的使用和调整方法。

（三）实验线路及其设备

1．线路：见实验四图。

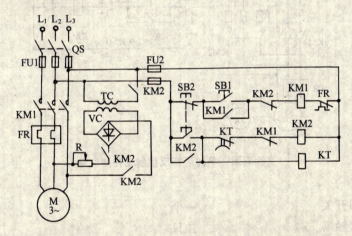

实验四图　有变压器全波整流的能耗制动控制线路

2．设备：

（1）三相刀开关　　　　　　　　　　　一个

（2）三相异步电动机　　　　　　　　　一台

（3）空气式时间继电器　　JST-4A　　一只

（4）交流接触器　　　　　GJ20-20　　二只

（5）按钮开关　　　　　　　　　　　　两只

（6）另配直流电源

（7）电工工具及导线

（8）热继电器

（四）实验步骤

1. 主回路与控制回路用两种不同的导线进行接线。

2. 经指导教师检查无误后方能进行合闸操作。

（五）实验后讨论

1. 如果去掉 KM2 辅助常开触头，控制时应注意什么问题？

2. 如果 KT 延时过长或过短，线路出现什么现象？

【实验五】　三相鼠笼式异步电动机单向启动反接制动控制

（一）实验目的

1. 掌握反接制动控制的工作原理、接线及调试方法。

2. 进一步掌握电路故障原因及排除方法。

3. 了解所用各电器元件的结构和工作原理。

（二）实验线路及其设备

1. 线路：见实验五图。

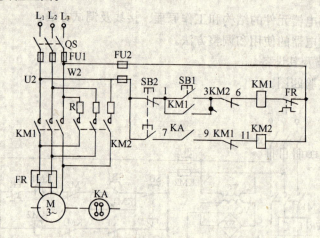

实验五图　单向运行反接制动控制线路

2. 设备：

（1）三相刀开关	一个
（2）交流接触器	二只
（3）三相异步电动机	一台
（4）按钮开关	两只
（5）热继电器	一只
（6）速度继电器	一只
（7）电阻	二只

（三）实验步骤

1. 主回路与控制回路用两种不同的导线进行接线。

2. 经指导教师检查无误后方能进行合闸操作。

（四）报告内容

1. 不对称电阻的作用？

2. 停止按钮 SB2 在操作时应注意什么?

3. 速度继电器 KA 在这里起什么作用?

【实验六】 绕线式异步电动机转子电路串接电阻启动控制

（一）实验目的

1. 熟悉绕线式异步电动机转子电路串接电阻的工作原理和接线方式。

2. 熟悉该实验线路所用各主要电器设备的结构、工作原理、使用方法。

3. 研究控制线路经常出现的故障及排除方法。

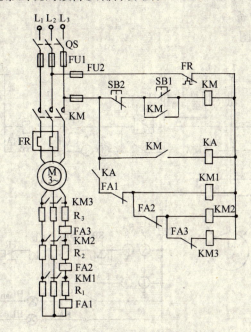

实验六图　电流继电器控制绕线式
电动机启动的控制线路

（二）实验线路及主要设备

1. 线路：见实验六图。

2. 设备：

(1) 三相交流电源　　　　　380V

(2) 三相绕线式异步电动机　一只

(3) 交流接触器　　　　　　一只

(4) 过流继电器　　　　　　三只

(5) 中间继电器　　　　　　一只

(6) 按钮　　　　　　　　　两只

(7) 加速接触器　　　　　　三只

(8) 热继电器　　　　　　　一只

（三）实验步骤

1. 检查接触器、按钮、中间继电器、过流继电器、各触点通断状态是否良好。

2. 在断电情况下，查对接线，并经指导教师检查后方可进行操作。

（四）报告内容

1. 说明中间继电器 KA 的作用？

2. 三只过电流继电器是如何整定的？

【实验七】 水泵液位自动控制电路

（一）实验目的

1. 了解液位控制的设备及接线方法；

2. 掌握液位信号开关根据液位高低而动作的情况。

（二）实验线路及设备

1. 线路：见实验七图。

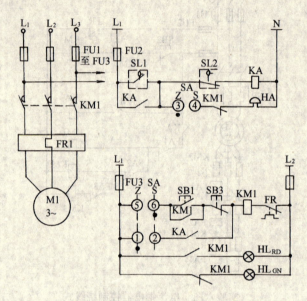

实验七图 干簧式液位开关单台泵全电压启动

2. 设备

三相刀开关		一个
三相异步电动机（鼠笼型）	HKW	一台
交流接触器	CJ20-20	一只
热继电器		一只
干簧式液位开关		一个
转换开关		一个
按钮		两只
中间继电器		一只
警铃		一个
信号灯		两个
水箱		一个

（三）实验步骤

1. 检查接线是否正确。

2. 通电后：

(1) 在水箱水位至低水位时，合上电源开关，将转换开关 SA1 至"Z"位，观察电机是否启动，当水达高水位时看电机是否停止；

(2) 将 KM1 断线，水箱水放出到低水位，听警铃是否响；

(3) 将 SA1 至"S"位，按 SB1 启动电机，按 SB2 使电机停止。

（四）讨论

(1) 把水箱水进行不断放出或注入，观查变化情况，电动机如何？

(2) 如将干簧液位开关上、下限接点位置调整又如何？

第三章　生活给水排水系统的电气控制

在给排水工程中，自动控制及远动控制是提高科学管理水平，减轻劳动强度，保证给排水系统正常运行，节约能源的重要措施。自动控制的内容主要是水位控制和压力控制，而远动控制则主要是调度中心对远处设置的一级泵房（如井群）、加压泵房的控制。本章仅对建筑工程中常用的给水及排水系统的电气自动控制进行阐述。

第一节　水位自动控制

自动控制分半自动和自动控制两种。所谓半自动控制就是由人工发出启动或停止的最初脉冲（信号），此后机组及闸门的启动、停止和控制操作则按着预先规定的程序自动进行。自动控制是指水泵房内的水泵机组，通过控制仪表设备，根据给定的参量，自动启动或停止运行，无需人工进行操作。水泵的自控内容无非是压力和水位的控制。

位式控制是实现给水排水限位、固体料位限位和风量限量自动控制的电气手段。成型的位式控制设备叫位式控制装置，它由位式开关和电气控制箱组成。位式开关是液位限位、固料限位以及风量限量的传感器，而电气控制箱是接受位式开关送出的信号，按生产工艺流程的要求对传动电机进行投入或切除的自动控制设备。

一、水位开关

水位开关也叫液位开关，又可称液位信号器。它是控制液体的位式开关，即是随液位变动而改变通断状态的有触点开关。按结构区别，液位开关有磁性开关（称干式舌簧管），水银开关和电极式开关等几大类。

水位开关（水位信号控制器）常与各种有触点或无触点电气元件组成各种位式电气控制箱。按采用的元件区别，国产的位式电气控制箱一般有继电—接触型、晶体管型和集成电路型等。

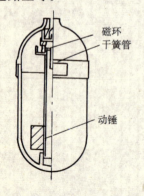

图 3-1　浮球外形结构示意

继电接触型控制箱主要采用机电型继电器为主的有触点开关电路，其特点是速度慢、体积大，一般采用 380V 及以下低压电源。晶体管型除了出口的采用小型的机电型继电器外，信号的处理采用半导体二极管、三极管或晶闸管。它具有速度快、体积小的特点。集成电路型速度更快，且体积更小。

（一）浮球磁性开关

浮球磁性开关有 FQS 和 UQX 等系列。这里仅以 FQS 系列浮球磁性开关为例，说明其构造及原理。

FQS 系列浮球磁性开关主要由工程塑料浮球、外接导线、密封在浮球内的装置由干式舌簧管、磁环和动锤等组成。图3-1为其外形及结构图。

图中标注：磁环、干簧管、动锤

由于磁环轴向已充磁，其安装位置偏离舌簧管中心，又因磁环厚度小于舌簧管一根簧片的长度，所以磁环产生的磁场几乎全部从单根簧片上通过，磁力线被短路，两簧片之间无吸力，干簧管接点处于断开状态。当动锤靠紧磁环时，可视为磁环厚度增加，此时两簧片被磁化，产生相反的极性而相互吸合，干簧管接点处于闭合状态。

当液位在下限时，浮球正置，动锤依靠自重位于浮球下部，干簧管接点处于断开状态。在液位上升过程中，浮球由于动锤在下部，重心在下，基本保持正置状态不变。

当液位接近上限时，由于浮球被支持点和导线拉住，便逐渐倾斜。当浮球刚超过水平测量位置时，位于浮球内的动锤靠自重向下滑动使浮球的重心在上部，迅速翻转而倒置，同时干簧管接点吸合，浮球状态保持不变。

当液位渐渐下降到接近下限时，由于浮球本身由支点拖住，浮球开始向正方置向倾斜。当越过水平测量位置时，浮球的动锤又迅速下滑使浮球翻转成正置，同时干簧接点断开。调节支点的位置和导线的长度就可以调节液位的控制范围。同样采用多个浮球开关分别设置在不同的液位上，各自给出液位信号，可以对液位进行控制和监视。其安装示意图如图3-2所示。其主要技术数据见表3-1。

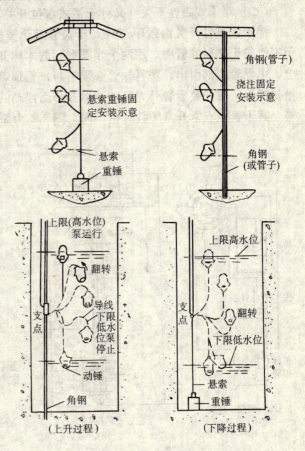

图 3-2　FQS 系列浮球磁性开关安装示意

FQS 系列浮球磁性开关规格型号、技术数据、外形尺寸及重量　　　表 3-1

型　号	输　出　信　号	接点电压及容量	寿命（次）	调节范围（m）	使用环境温度（℃）	外形尺寸（mm）	重量（kg）
FQS-1	一　点　式（一常开接点）	交流、直流 24V 0.3A	10^7	0.3～5	0～+60	$\phi83\times165$	0.465
FQS-2	二　点　式（一常开、一常闭接点）	交流、直流 24V 0.3A	10^7	0.3～5	0～+60	$\phi83\times165$	0.493
FQS-3	一　点　式（一常开接点）	交流、直流 220V 1A	5×10^4	0.3～5	0～+60	$\phi83\times165$	0.47
FQS-4	二　点　式（一常开、一常闭接点）	交流、直流 220V 1A	5×10^4	0.3～5	0～+60	$\phi83\times165$	0.497
FQS-5	一　点　式（一常闭接点）	交流、直流 220V 1A	5×10^4	0.3～5	0～+60	$\phi83\times165$	0.47

FQS 系列浮球磁性开关具有动作范围大、调整方便、使用安全、寿命长等优点。

（二）浮子式磁性开关（又称干簧式水位开关）

浮子式磁性开关由磁环、浮标、干簧管及干簧接点、上下限位环等构成，如图 3-3 所示。干簧管装于塑料导管中，用两个半圆截面的木棒开孔固定，连接导线沿木棒中间所开槽引上，由导管顶部引出。塑料导管必须密封，管顶箱面应加安全罩，导管可用支架固定在水箱扶梯上，磁环装于管外周可随液体升降而浮动的浮标中。干簧管有两个、三个及四个不等。其干簧触点常开常闭数目也不同。图 3-4 为简易浮子式磁性开关的安装示意图。

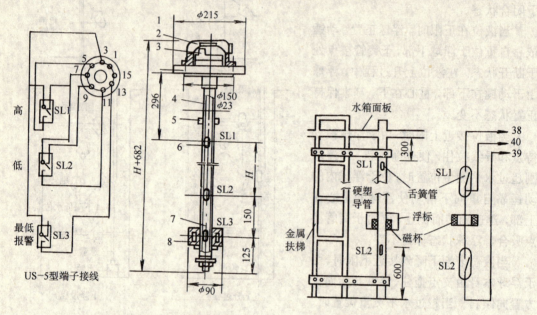

图 3-3　VS-5 型液位信号器外形及端子接线
1—盖；2—接线柱；3—连接法兰；4—导向管；
5—限位环；6、7—干式舌簧接点；8—浮子

图 3-4　简易干簧水位开关

当水位处于不同高度时，浮标和磁环也随水位变化，于是磁环磁场作用于干簧接点而使之动作，从而实现对水位的控制。适当调整限位环即可改变上下限干簧接点的距离，从而实现了对不同水位的自动控制，其应用将在后面叙述。

（三）电极式水位开关

电极式水位开关是由两根金属棒组成的，如图 3-5 所示。

电极开关用于低水位时，电极必须伸长到给定的水位下限，故电极较长，需要在下部给以固定，以防变位；用于高水位时，电极只需伸到给定的水位上限即可；用于满水时，电极的长度只需低于水箱（池）箱面即可。

电极的工作电压可以采用 36V 安全电压，也可直接接入 380V 三相四线制电网的 220V 控制电路中，即一根电极通过继电器 220V 线圈接于相线，而另一根电极接零线。由于一对接点的两根电极处于同一水平高程，水总是同时浸触两根电极的，因此，在正常情况下金属容器及其内部的水皆处于零电位。

为保证安全，接零线的电极和水的金属容器必须可靠地接地（接地电阻不大于 10Ω）。

电极开关的特点是：制作简单、安装容易、成本低廉、工作可靠。

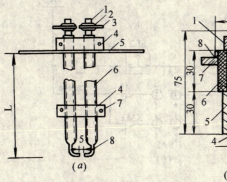
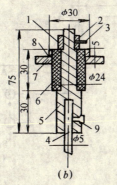
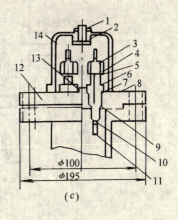

(a) (b) (c)

图 3-5   电极式水位开关

(a) 简易液位电极

1—铜接线柱 $\phi12mm$；2—铜螺帽 M12；3—铜接线板 $\delta=8mm$；4—玻璃夹板 $\delta=10mm$；

5—玻璃钢搁板 $\phi300mm$，$\delta=10\sim12mm$；6—$\phi3/4in$ 钢管或镀锌钢管；7—螺钉；8—电极

(b) BUDK 电极结构

1、2—螺母；3—接线片；4—电极棒；5—芯座；6—绝缘垫；7—垫圈；8—安装板；9—螺母

(c) BUDK 电极安装

1—密封螺栓；2—密封垫；3—压垫；4—压帽；5—填料；6—外套；7—垫圈；8—电极盖垫；

9—绝缘套管；10—螺母；11—电极；12—法兰；13—接地柱；14—电极盖

二、磁性开关控制实例

采用干簧式开关（磁性开关）作为水位信号控制器对水泵电动机进行控制，以供生活给水之用。水泵电动机一台为工作泵，另一台为备用泵，控制方式有备用泵不自动投入、备用泵自动投入及降压起动等，以下分别叙述。

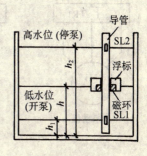

图 3-6   干簧水位开关装置示意图

（一）备用泵不自动投入的控制线路

1. 线路构成

该线路由干簧水位信号器的安装图、接线图水位信号回路、水泵机组的控制回路和主回路构成，并附有转换开关的接线表，如图 3-6、图 3-7 及表 3-2 所示。

SA1、SA2 接线   表 3-2

触点编号	定位特征	自动 Z 45°	手动 S 0°
1 ○━┤├━○ 2	1—2	×	
3 ○━┤├━○ 4	3—4	×	
5 ○━┤├━○ 6	5—6		×
7 ○━┤├━○ 8	7—8		×

2. 工作情况分析

令 1 号为工作泵，2 号为备用泵。

合上电源开关后，绿色信号灯 HL_{GN1}、HL_{GN2} 亮，表示电源已接通，将转换开关 SA1 转

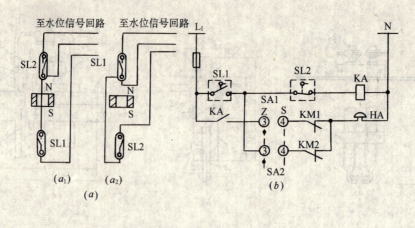

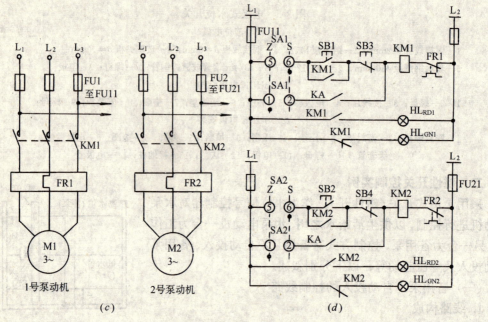

图 3-7 备用泵不自动投入的控制方案电路图

(a) 接线图；(a₁) 低水位开泵高水位停泵；(a₂) 高水位开泵低水位停泵；

(b) 水位信号回路；(c) 主回路；(d) 控制回路

至"Z"位，其触点 1—2、3—4 接通，同时 SA2 转至"S"位，其触点 5—6、7—8 接通。

当水箱水位降到低水位 h_1 时，浮标和磁钢也随之降到 h_1，此时磁钢磁场作用于下限干簧管接点 SL1 使其闭合，于是水位继电器 KA 线圈得电并自锁，使接触器 KM1 线圈通电，其触头动作，使 1 号泵电动机 M1 启动运转，水箱水位开始上升，同时停泵信号灯 HL_{GN1} 灭，开泵红色信号灯 HL_{RO1} 亮，表示 1 号泵电机 M1 启动运转。

随着水箱水位的上升，浮标和磁钢也随之上升，不再作用下限接点，于是 SL1 复位，但因 KA 已自锁，故不影响水泵电机运转，直到水位上升到高水位 h_2 时，磁钢磁场作用于上限接点 SL2 使之断开，于是 KA 失电，其触头复位，使 KM1 失电释放，M1 脱离电源停止工作，同时 HL_{RD1} 灭，HL_{GN1} 亮，发出停泵信号。如此在干簧水位信号器的控制下，水泵电动机随水位的变化自动间歇地启动或停止。这里用的是低水位开泵、高水位停泵，如用于排水则应采用高水位开泵，低水位停泵。

当1号泵故障时，电铃 HA 发出事故音响，操作者按下启动按钮 SB2，接触器 KM2 线圈通电并自锁，2号泵电动机 M2 投入工作，同时绿色 HL_{GN2} 灭，红色 HL_{RD2} 亮。按下 SB4，KM2 失电释放，2号泵电机 M2 停止，HL_{RD2} 灭，HL_{GN2} 亮。这就是故障下备用泵的手动投入过程。

（二）备用泵自动投入的线路

1. 线路构成

备用泵自动投入的完成主要由时间继电器 KT 和备用继电器 KA2 及转换开关 SA，其电路如图 3-8，转换开关接线见表 3-3 所示。

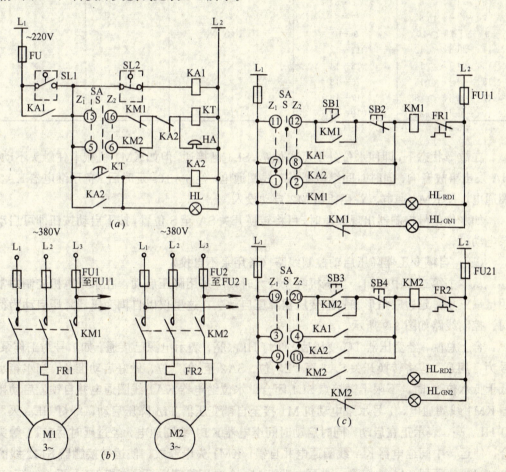

图 3-8　备用泵自动投入控制方案原理图

（a）水位信号回路；（b）主回路；（c）控制回路

2. 工作原理

令1号为常用机组、2号备用。

正常时，合上总电源开关，HL_{GN1}、HL_{GN2} 亮，表示电源已接通。将转换开关 SA 至"Z_1"位置，其触点 7—8、9—10、13—14、15—16、17—18 闭合，当水池（箱）水位低于低水位时，磁钢磁场对下限接点 SL1 作用，使其闭合，这时，水位继电器 KA1 线圈通电并自锁，接触器 KM1 线圈通电，信号灯 HL_{GN1} 灭、HL_{RD1} 亮，表示 1 号水泵电动机已启动运行，水池（箱）水位开始上升，当水位升至高水位 h_2 时，磁钢磁场作用于 SL2 使之断开，于是 KM1 失电释放，水泵电动机停止，HL_{RD1} 灭、HL_{GM} 亮，表示 1 号水泵电动机 M1 已停止运转。随水位的变化，电动机在干簧水位信号控制器作用下处于间歇运转状态。

		SA 接 线			表 3-3
触 点 编 号	定 位 特 征	1号泵用 2号泵备 $Z_1 45°$	手 动 S0°	2号泵用 1号泵备 $Z_2 45°$
1 ⚬HH⚬ 2	1—2			×
3 ⚬HH⚬ 4	3—4			×
5 ⚬HH⚬ 6	5—6			×
7 ⚬HH⚬ 8	7—8	×		
9 ⚬HH⚬ 10	9—10	×		
11 ⚬HH⚬ 12	11—12		×	
13 ⚬HH⚬ 14	13—14	×		
15 ⚬HH⚬ 16	15—16	×		
17 ⚬HH⚬ 18	17—18	×		×
19 ⚬HH⚬ 20	19—20		×	

在故障状态下，即使水位处于低水位 h_1，SL1 已接通，但如 KM1 机械卡住触头不动作，HA 发出事故音响，同时时间继电器 KT 线圈通电，经 5～10s 延时后，备用继电器 KA2 线圈通电，使 KM2 通电，备用机组 M2 自动投入。

如水位信号控制器出现故障时，可将转换开关 SA 至 S 位置，按下启动按钮即可启动水泵电动机。

（三）自耦变压器降压启动控制线路（备用泵不自投）

从本书第二章中已知，当电机容量较大时，应采用降压启动，在水泵电机控制中常采用星—三角，延边三角形和自耦变压器降压启动法，这里仅以自耦变压器降压启动为例说明。控制线路如图 3-9 所示。

合上总闸，经变压器 TC 变压后，绿灯 HL_{GN} 亮，表示电源已接通。如 1 号为工作泵，2 号为备用泵，应将转换开关 SA1 至"Z"位，SA2 至"S"位，做好启动准备。当水箱水位低于低水位 h_1 时，下限干簧接点 SL1 闭合，水位继电器 KA1 线圈通电并自锁，启动接触器 KM1 线圈通电，1 号水泵电动机 M1 接至自耦变压器 TM 降压启动，绿灯 HL_{GN} 灭，黄灯 HL_{YE} 亮，表示正在启动，同时启动时间继电器 KT1 线圈通电，经过延时后 KT1 触头闭合，使运转中间继电器 KA 线圈通电并自锁，KM1 失电释放，使运转接触器 KM2 线圈通电，自耦变压器 TM 被切除，水泵电动机 M1 全电压稳定运行。黄灯 HL_{YE} 灭，红灯 HL_{RD} 亮。其它工作过程同前，这里不再赘叙。

三、电极式开关—晶体管液位继电器控制

（一）晶体管液位继电器

晶体管液位继电器是利用水的导电性能制成的电子式水位信号器。它由组件式八角板和不锈钢电极构成，八角板中有继电器和电子器件，不锈钢电极长短可调，如图 3-10 所示。

当水位低于低水位时，三个长短电极均不在水中，故三极管 V_2 基极呈高电位，V_2 截止，

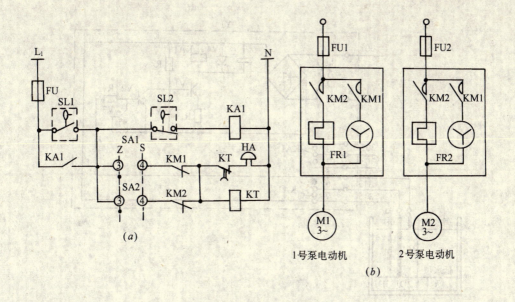

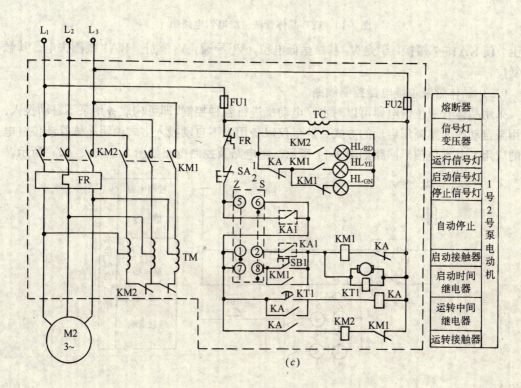

图 3-9　自动补偿器降压起动控制方案电路图
(a) 水位信号回路；(b) 主回路；(c) 控制回路

V_2 的集电极呈低电位，V_1 的基极呈低电位，V_1 导通，V_1 的集电极电流流过继电器 KA1 的线圈，使 KA1 触头动作，当水位处于高低水位之间时，虽然长电极已浸在水中，但是短电极仍不在水中，其 V_2 基极仍呈高电位，KA1 继续通电。

当水位高于高水位时，三个电极均浸在水中，由于水的导电性将水箱壁低电位引至电

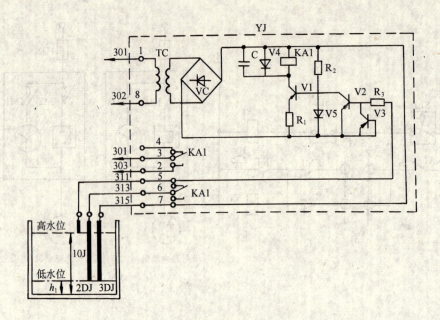

图 3-10 JYB 晶体管液位继电器电路图

极上，使 KA15-7 短接，于是 V_2 基极呈低电位，V_2 导通，V_1 截止，KA1 线圈失电，其触头复位。

（二）晶体管液位继电器控制线路

采用晶体管液位继电器可以对水泵电动机进行各种控制，即可构成备用泵不自动投入、备用泵自动投入及降压启动的方式。这里仅以备用泵不自动投入方式说明晶体管液位继电器的应用。其水位信号回路如图 3-11 所示，主电路及控制电路如图 3-7 (c)、(d) 所示。

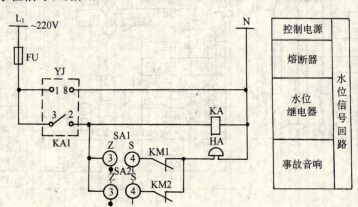

图 3-11 水位信号回路

令 1 号为工作泵，2 号为备用泵。

将 SA1 至"Z"位，SA2 至"S"位，合总闸，HL_{GN1}、HL_{GN2} 均亮，表示电源已接通，且两台电机均处于停止状态。

当水箱水位低于低水位 h_1 时，V_2 截止，V_1 导通，KA1 线圈通电，KA12—3 闭合，使水位继电器 KA 通电，接触器 KM1 线圈通电，M1 启动运转，水位开始上升，同时 HL_{GN1}

灭、HL_{RD1}亮，表示 1 号泵电动机已投入运行。

当水箱水位达到高水位 h_2 时，V_2 导通，V_1 截止，KA1 失电释放，使 KA 失电，其触头复位，使 KM1 失电，1 号泵电动机 M1 停止运转，HL_{RD1} 灭、HL_{GN1} 亮。如此随水位变化水泵电动机处于循环间歇运转状态，启停时间由上下限水位距离而定，如距离太短，启动停止变换频繁，为此应适当调整上下限水位的距离，即适当确定长短电极的长度，以确保可靠供水。

第二节　压力自动控制

一、电接点压力表

常用的是 YX-150 型电接点压力表，既可以作为压力控制，也可作为就地检测之用。它由弹簧管、传动放大机构、刻度盘指针和电接点装置等构成。其示意图如图 3-12 (a)，接线图如图 3-12 (b)，结构图如图 3-12 (c) 所示。

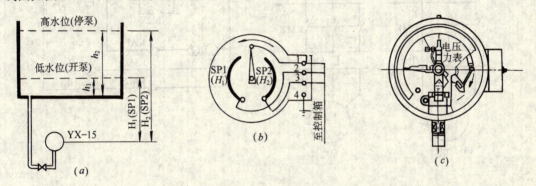

图 3-12　电接点压力表
(a) 示意图；(b) 接线图；(c) 结构图

当被测介质的压力进入弹簧管时，弹簧产生位移，经传动机构放大后，使指针绕固定轴发生转动，转动的角度与弹簧中气体的压力成正比，并在刻度盘上指示出来，同时带动电接点动作。如图所示当水位为低水位 h_1 时，表的压力为设定的最低压力值，指针指向 SP1，下限电接点 SP1 闭合，当水位升高到 h_2 时，压力达最高压力值，指针指向 SP2，上限电接点 SP2 闭合。

采用电接点压力表构成的备用泵不自动投入的线路如图 3-13 所示。

令 1 号为工作泵，2 号为备用泵（参见图 3-13）。

将 SA1 至 "Z" 位，SA2 至 "S" 位，合总闸，HL_{GN1}、HL_{GN2} 均亮，表示两台电机构处于停止状态，且电源已接通。当水箱水位处于低水位 h_1 时，表的压力为设定的最低压力值，下限接点 SP1 闭合，低水位继电器 KA1 线圈通电并自锁，接触器 KM1 线圈通电，M1 启动运转，使水位增加，压力增大，当水箱水位升至高水位 h_2 时，压力达到设定的最高压力值，上限接点 SP2 闭合，高水位继电器 KA2 通电动作，使 KA1 失电释放，于是 KM1、KA2 相继失电，M1 停止，并由信号灯显示。

当 KM1 故障时，HA 发出事故音响。操作者按下 SB2，KM2 通电并自锁，备用泵电机

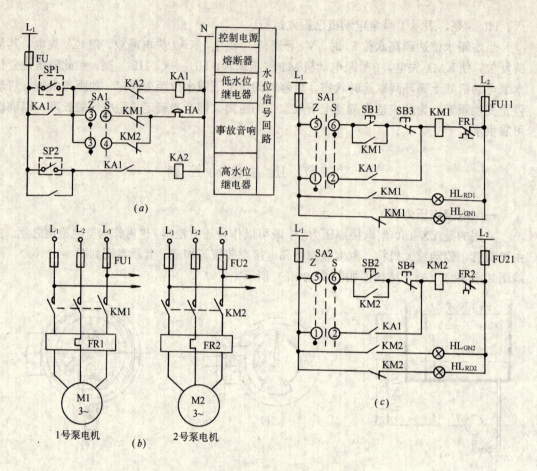

图 3-13　电接点压力表控制方案电路图
(a) 水位信号回路；(b) 主回路；(c) 控制回路

M2 启动运转，当水位上升到高水位时，压力表指向 SP2，按下停止按钮 SB4，KM2 失电释放，M2 停止。必要时，也可构成备用泵自动投入线路。

二、气压罐水压自动控制

（一）气压给水设备的构成

气压给水设备是一种局部升压设备，可以代替水塔或水箱。它由气压给水设备、气压罐、补气系统、管路阀门系统、顶压系统和电控系统所组成。如图 3-14 及图 3-7 (a)、(d) 所示。

它是利用密闭的钢罐，由水泵将水压入罐内，靠罐内被压缩的空气压力将贮存的水送入给水管网。但随着水量的减小，水位下降，罐内的空气密度增大，压力逐渐减小。当压力下降到设定的最小工作压力时，水泵便在压力继电器作用下启动，将水压入罐内。当罐内压力上升到设定的最大工作压力时，水泵停止工作，如此重复工作。

气压给水罐内的空气与水直接接触，在运行过程中，空气由于损失和溶解于水而减少，当罐内空气压力不足时，经呼吸阀自动增压补气。

（二）电气控制线路的工作情况

令 1 号泵为工作泵，2 号为备用泵，将转换开关 SA 至 "Z₁" 位（SA 闭合状态见表 6-

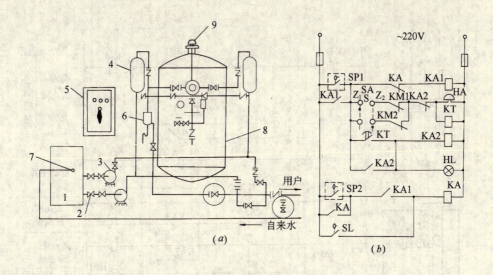

图 3-14 气压罐式水压自动控制

(a) 系统示意；(b) 水位信号电路

1—水池；2—闸阀；3—水泵；4—补气罐；5—电控箱；

6—呼吸阀；7—液位报警器；8—气压罐；9—压力控制器

3)，当水位低于低水位，气压罐内压力低于设定的最低压力值时，电接点压力表下限接点 SP1 闭合，低水位继电器 KA1 线圈通电并自锁，使接触器 KM1 线圈通电，1 号泵电动机启动运转，当水位增加到高水位时，压力达最大设定压力，电接点压力表上限接点 SP2 闭合，高水位继电器 KA 线圈通电，其触头将 KA1 断开，于是 KM1 断电释放，1 号泵电动机停止。就这样保持罐内有足够的压力，以供用户用水。

SL 为浮球继电器触点，当水位高于高水位时，SL 闭合，也可将 KA 接通，使水泵停止。

在故障下 2 号泵电动机的自动投入的过程如前所述，这里不再作分析。

以上介绍了几种水位信号器，其特点各异。气压给水设备可节省高位储水设备，直接将水提入高层，投资少，安装快，灵活性大，便于管理，为密闭性供水系统，水质不易受污染，但停电后立即停水。电接点压力表多用于真空泵的真空引水及锅炉房的定压泵控制中，干簧式动作可靠，晶体管式因采用组件式更换方便，是一种有发展的水位控制器。这些水位控制器件均可以应用于给排水工程中及建筑工程的生活用水控制。用于给水，大多是低水位开泵，高水位停泵；而用于排水时，则是高水位开泵，低水位停泵。究竟采用何种水位信号控制器，应根据实际需要而定。

第三节 排水泵水位自动控制

排水是建筑工程必须考虑解决的关键问题，如医院等场所均有大量的污水需要排放，同给水相同仍需采用各种水位开关（又称液位计）进行控制，这里仅以干簧式液位控制方案为例加以阐述。

一、单台排水泵液位控制

单台排水泵液位控制如图 3-15 所示，图 3-15 (a) 为干簧管液位计示意图，当水位达

97

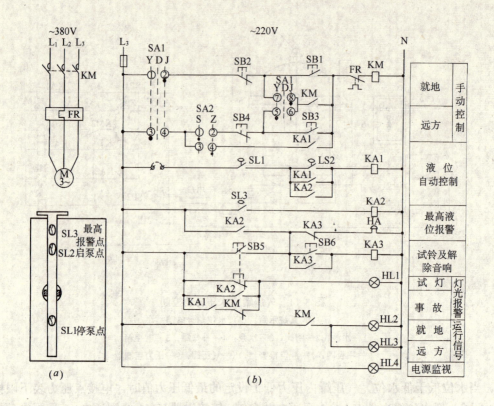

图 3-15　单台排水泵液位控制原理图

(a) 干簧管液位计；(b) 单台排水泵控制电路

到任一干簧管处时，浮标和磁环均达该处，于是磁环磁场作用于其结点使其动作，发出液位信号。其工作原理是：

1. 液位自动控制

将转换开关 SA1 手柄转至远方"Y"控制档，SA1 的 3—4 号、5—6 号触头闭合，将 SA2 转换开关转至自动"Z"档位，其 3—4 号触头闭合，当污水增加到 SL1 时，SL1 闭合，但是排水泵电动机不动作。当污水达到 SL2 时，磁环磁场使 SL2 闭合，中间继电器 KA1 线圈通电，使接触器 KM 线圈通电，排水泵电动机启动排污，同时信号灯 HL2、HL3 亮，在远方及就地均显示运行信号。随着污水被排放，水位下降，当水位降到低于 SL1 时，SL1 断开，KA1 线圈失电释放，使 KM 失电，排水泵停止，排污结束。

2. 超高液位报警

当水位达 SL2 时，如因故排水泵没启动，污水随继增加，当水达到 SL3 时，SL3 闭合，使高水位中间继电 KA2 线圈通电，警铃 HA 响，同时事故灯 HL1 亮。值班人员应进行处理。按下解除音响按钮 SB6，KA3 通电，警铃 HA 不响。

3. 手动控制

在前面故障状态下立即转入手动控制状态，手动控制又分就地和远方控制。

远方控制：在故障状态时，将 SA2 至手动"S"档位，其 1—2 号触点闭合，按下远方启动按钮 SB3，KM 线圈通电，排水泵电动机 M 启动排污。当污水低于 SL1 时，按下远方停止按钮 SB4 即可。

就地控制：在远方控制的基础上，将 SA1 至就地"J"档位，其触点 1—2 闭合，按下就地启动按钮 SB1，KM 通电，M 启动排污，停止时按下就地停止按钮 SB2 即可。

二、两台排水泵液位控制

一台排水泵一旦出现故障，如图 3-15 中一旦 KM 故障，水泵电机无法启动，检修不及时，会使污水溢出，因此实际工程中采用两台排水泵，一台工作，一台备用。

1. 线路组成

两台排水泵液位控制如图 3-16 所示。干簧式液位开关如前图。主回路由两台水泵电动机，一台工作，一台备用，采用了七只中间继电器以实现各种转换。

2. 工作原理

（1）自动控制：令 1 号泵工作，2 号泵备用，将 SA1 选择开关至"Y"档位，其 3—4、5—6 号触头闭合，将选择开关 SA2 至自动"Z_1"位，其触头 1—2、3—4 闭合，将 SA3 开关至"Y"档位，其 3—4、5—6 号触头闭合，将 SA4 至"Z_2"位，其触头 7—8 闭合，再使组合开关 SA 至合位，切换继电器 KA6 通电，其触头动作。当污水达到第一启泵液位处时，液位开关 SL2 触点闭合，中间继电器 KA1 线圈通电，接触器 KM1 线圈通电，1 号排水泵电动机 M1 启动排污水，同时 HL1、HL2 就地及远方信号灯亮，显示 1 号电机运行。

当污水低于 SL1 时，SL1 断开，KA1 失电释放，KM1 失电，HL1、HL2 灭。

（2）故障下工作状态：当 KM1 故障时，其触头不动作，使事故用时间继电器 KT 通电，延时后事故继电器 KA7 通电，接触器 KM2 通电，事故自投信号灯 HL5 亮，同时，警铃 HL 响，按下解除按钮 SB9，中间继电器 KA4 通电，HA 不响。备用排水泵电动机 M2 启动排污，并进行备用泵运行信号显示。停止同上。

当 KA1 或 KT 故障时，污水继续上升，达到第二启泵位时，液位开关 SL3 闭合，中间继电器 KA2 通电，使 KM2 通电，备用 M2 启动排污。停止同上。

当因某种原因（如 SL3 失灵）使污水达到最高报警位时，液位开关触点 SL4 闭合，中间继电器 KA3 通电，HA 响，最高液位信号灯 HL6 亮，同时 KA2 通电，使 KM2 通电，2 号电机启动排污。停止同前。

（3）手动控制：手动控制包括远方手动及就地手动两种情况。

远方手动：只要将 SA2 和 SA4 至手动"S"档位，其触头 5—6 闭合，按下远动手动按钮 SB3，KM1 通电，1 号电机启动，停止时按下 SB4 即可。

就地手动控制：在上手动基础上，还需将 SA1 和 SA3 至就地"J"档位，其触头 1—2 闭合，按下 SB1 或 SB5 即可启动 M1 或 M2，按下 SB2 或 SB6 便使之停止。SB10 为自检按钮，按下 SB10，使 HA 响，同时试灯中间继电器 KA5 通电，其触点使 HL5 和 HL6 亮为正常。

当切换继电器 KA6 通电时，送上正常 L_{112} 号电源，当 KA6 失电时，送上事故 L_{212} 号电源。

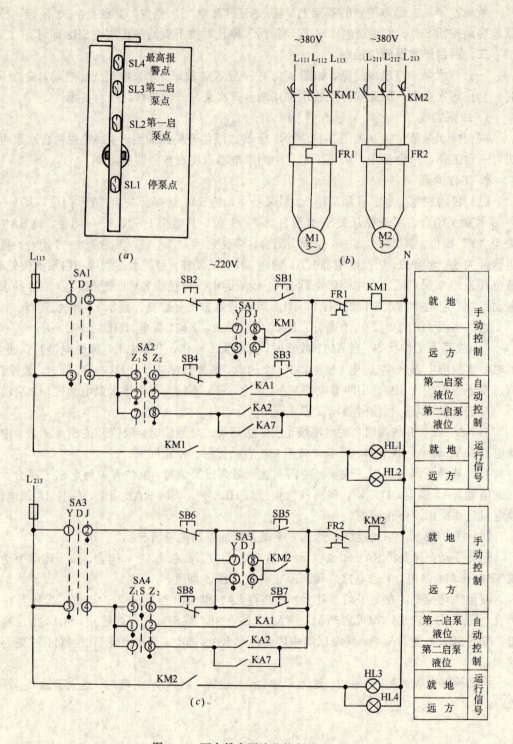

图 3-16 两台排水泵液位控制线路 (一)

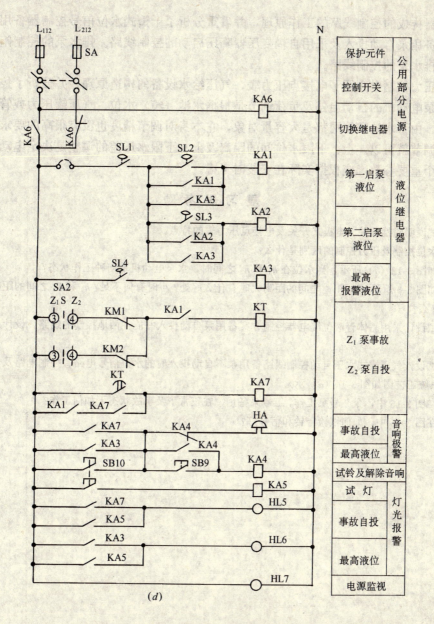

图 3-16　两台排水泵液位控制线路（二）

(a) 干簧管液位计；(b) 主电路；(c) 控制电路；(d) 水位信号电路

小　结

　　本章介绍了几种常用的水位控制及压力控制方案，其目的是使读者在建筑工程中对于水位及有关设备能达到设计、施工的能力。

　　在水位自动控制中首先分析了几种水位开关即浮球、浮子式磁性开关和电极式开关的构造和原理，然后根据水位控制的电气要求分析了采用干簧式水位信号控制器、晶体管液位继电器构成的控制线路的工作原理，并着重分析了干簧式水位信号控制器备用泵不自动投入、备用泵自动投入及采用自耦变压器降压启动的控制线路。排水泵的控制阐述了单台及两台排水泵的控制线路。

在压力控制中介绍了电接点压力表，气压给水设备的构造原理，并分析了控制线路。

水泵电动机的自动启停及负荷调节是根据水池（箱）水位、气压罐压力或管网压力来决定的，由于水池和管网都是大容量对象，它本身对调节精度也没有很高的要求，一般采用水位调节就可以。上、下限水位间的距离及上、下限水压差的调整是决定电动机间歇时间的一个重要参数，应根据实际在安装时考虑。

复 习 思 考 题

1. 试说明磁性开关、电极式开关及电接点压力表的特点。

2. 水位控制及压力控制的区别是什么？

3. 如图 3-12 (a) 所示，当水位在 h_1 和 h_2 之间时，水泵电动机是何种工作状态？

4. 如图 3-6 所示，h_1 和 h_2 之间的距离大时有什么好处？小时有何不足？h_1 和 h_2 之间的距离能无限大吗？为什么？

5. 试设计采用晶体管液位继电器控制方案备用泵自动投入并能在两地控制的线路，设计后说明其工作原理。

6. 试设计气压罐式水压自动控制线路备用泵不自动投入时的水位信号电路、控制电路及主电路（提示：其系统工艺图如图 3-14 (a) 示）。

7. 在图 3-16 中，令 2 号泵工作，1 号泵备用，在正常下及事故状态下如何工作？

8. 在图 3-15 中，如何试验警铃和信号灯？

第四章 消防给水控制系统

在高层建筑的消防设施中，灭火设施是不可缺少的一部分，主要有以水为灭火介质的室内消火栓灭火系统、自动喷（洒）水灭火系统和水幕设施，以及气体灭火系统等，其中消防泵和喷淋泵分别为消火栓系统和水喷淋系统的主要供水设备，因此消防给水控制是本章要研究的主要内容。另外，消防系统需要双电源，因此要研究带备用电源的消防泵及喷淋泵的控制。

第一节 消火栓灭火系统

一、室内消火栓系统

采用消火栓灭火是最常用的灭火方式，它由蓄水池、加压送水装置（水泵）及室内消火栓等主要设备构成，如图4-1所示。这些设备的电气控制包括水池的水位控制、消防用水和加压水泵的启动。水位控制应能显示出水位的变化情况和高、低水位报警及控制水泵的开停。室内消火栓系统由水枪、水龙带、消火栓、消防管道等组成。为保证喷水枪在灭火时具有足够的水压，需要采用加压设备。常用的加压设备有两种：消防水泵和气压给水装置。采用消防水泵时，在每个消火栓内设置消防按钮，灭火时用小锤击碎按钮上的玻璃小窗，按钮不受压而复位，从而通过控制电路启动消防水泵，水压增高后，灭火水管有水，用水枪喷水灭火。采用气压给水装置时，由于采用了气压水罐，并以气水分离器来保证供水压力，所以水泵功率较小，可采用电接点压力表，通过测量供水压力来控制水泵的启动。

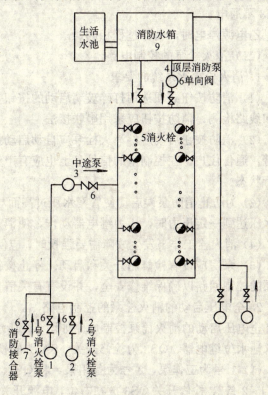

图4-1 室内消火栓系统

二、消水栓泵的电气控制

（一）双电源互投电路

在消防系统的电气控制中，电源的切换是不可缺少的，这里仅以 XHF03、XHF03A 型互投自复电路为例进行叙述。

双电源互投自复电路如图4-2所示。

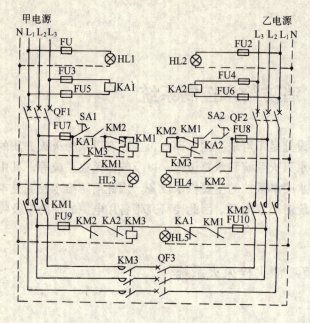

图 4-2 两路电源互投自复电路

工作原理：甲、乙电源正常供电时，指示灯 HL1、HL2 亮，中间继电器 KA1、KA2 线圈通电，合上自动开关 QF1、QF2、QF3，合上旋钮开关 SA1，接触器 KM1 线圈通电，甲电源向 KM1 所带母线供电，指示灯 HL3 亮。

合上旋钮开关 SA2，接触器 KM2 线圈通电，乙电源向 KM2 所带负荷供电，指示灯 HL4 亮。

当甲电源停电时，KA1、KM1 失电释放，其触头复位，使接触器 KM3 线圈通电，使乙电源通过 KM3 向两段母线供电，指示灯 HL5 亮。

当甲电源恢复供电时，KA1 重新通电，其常闭触点断开，使 KM3 失电释放，KM3 触点复位，使 KM1 重新通电，甲电源恢复供电。

当负荷侧发生故障使 QF1 掉闸时，由于 KA1 仍处于吸合状态，其常闭触点的断开，使 KM3 不通电。

乙电源停电时，动作过程相同。

（二）消火栓泵的控制电路

1. 消火栓灭火系统的要求

（1）消防按钮必须选用打碎玻璃启动的按钮，为了便于平时对断线或接触不良进行监视和线路检测，消防按钮应采用串联接法。

（2）消防按钮启动后，消火栓泵应自动启动投入运行，同时应在建筑物内部发出声光报警，通告住户。在控制室的信号盘上也应有声光显示，并应能表明火害地点和消防泵的运行状态。

（3）为防止消防泵误启动使管网水压过高而导致管网爆裂，需加设管网压力监视保护，当水压达到一定压力时，压力继电器动作，使消火栓泵停止运行。

（4）消火栓工作泵发生故障需要强投时，应使备用泵自动投入运行，也可以手动强投。

（5）泵房应设有检修用开关和启动、停止按钮，检修时，将检修开关接通，切断消火栓泵的控制回路以确保维修安全，并设有有关信号灯。

2. 全电压启动的消火栓泵的控制电路

全电压启动的消火栓泵控制电路如图 4-3 所示。图中：BP 为管网压力继电器，SL 为低位水池水位继电器，QS3 为检修开关，SA 为转换开关。其工作原理如下：

（1）1 号为工作泵，2 号为备用泵：将 QS4、QS5 合上，转换开关 SA 转至左位，即"1 自，2 备"，检修开关 QS3 放在右位，电源开关 QS1 合上，QS2 合上，为启动做好准备。

如某楼层出现火情，用小锤将某楼层的消防按钮玻璃击碎，其内部按钮因不受压而断开，使中间继电器 KA1 线圈失电，时间继电器 KT3 线圈通电，经延时 KT3 常开触头闭合，

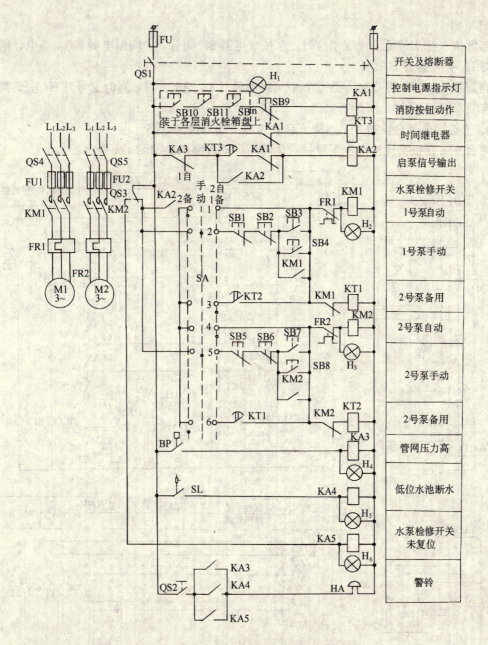

图 4-3　全电压启动的消火栓泵控制电路

使中间继电器 KA2 线圈通电，接触器 KM1 线圈通电，消防泵电机 M1 启动运转，进行灭火，信号灯 H₂ 亮。

　　如 1 号故障，2 号自动投入过程：

　　出现火情时，设 KM1 机械卡住；其触头不动作，使时间继电器 KT1 线圈通电，经延时后 KT1 触头闭合，使接触器 KM2 线圈通电，2 号泵电机起动运转，信号灯 H₃ 亮。

　　(2) 其它状态下的工作情况：如需手动强报时，将 SA 转至"手动"位置，按下 SB3 (SB4)，KM1 通电动作，1 号泵电机运转。如需 2 号泵运转时，按 SB7 (SB8) 即可。

　　当管网压力过高时，压力继电器 BP 闭合，使中间继电器 KM3 通电动作，信号灯 H₄ 亮，警铃 HA 响。

当低位水池水位低于设定水位时，水位继电器 SL 闭合，中间继电器 KA4 通电，同时信号灯 H₅ 亮，警铃 HA 响。

当需要检修时，将 QS3 至左位，中间继电器 KA5 通电动作，同时信号灯 H6 亮，警铃 HA 响。

3. 带备用电源自投的 Y—△降压启动的消火栓泵控制电路

两台互备自投消火栓给水泵星—三角降压启动控制电路如图 4-4 所示。

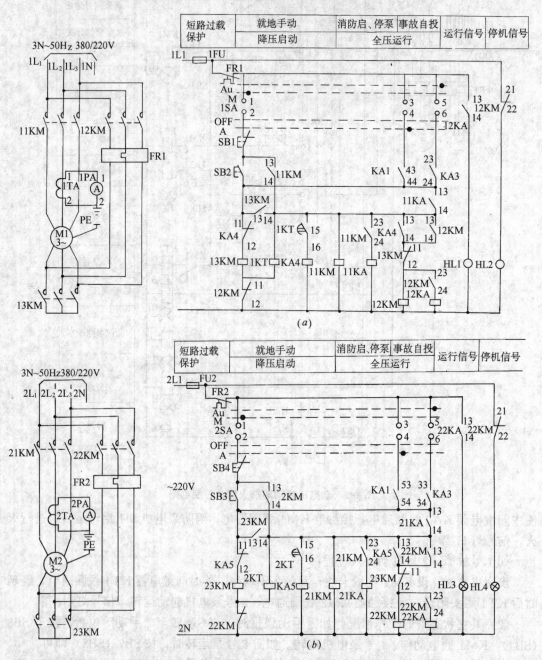

图 4-4　两台互备自投消火栓泵（1、2FP）星—三角降压启动电路（一）

湿式自动喷水系统的组成如图 4-5 所示。

二、自动喷淋消防泵控制电路（全电压启动）

1. 电气线路的构成

在高层建筑中，每座大厦的喷水系统所用的泵一般为 2～3 台。采用两台泵时，平时管网中压力水来自高位水池，当喷头喷水，管道里有消防水流动时，流水指示器启动消防泵，向管网补充压力水。平时一台工作，一台备用，当一台因故障停转，接触器断开时，备用泵立即投入运行，两台可以互为备用。电路如图 4-6 所示。图中 B1、B2、Bn 为各区流水指示器。如分区很多可有 n 个流水指示器及 n 个继电器与之配合。

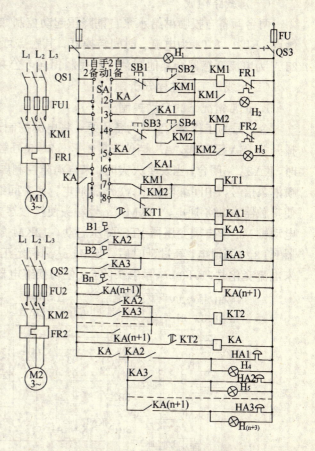

图 4-6 全电压启动的喷淋泵控制电路

采用三台消防泵的自动喷水系统也比较常见，三台泵中其中两台为压力泵，一台为恒压泵。恒压泵一般功率很小，在 5kW 左右，其作用是使消防管网中水压保持在一定范围内。此系统的管网不得与自来水或高位水池相连，管网消防用水来自消防贮水池，当管网中的水由于渗漏压力降到某一数值时，恒压泵启动补压。当达到一定压力后，所接压力开关断开恒压泵控制回路，恒压泵停止运行。

2. 电路的工作原理

图 4-6 所示的工作过程是：

若设第 n 层发生火灾并在温度达到一定值时，该层所有喷头便自动爆裂并喷出水流。平时将开关 QS1、QS2、QS3 合上，转换开关 SA 至左位（1 自、2 备）。当发生火灾喷头喷水时，由于喷水后压力降低，压力开关 Bn 动作（同时管道里有消防水流动时，水流指示器触头闭合），因而中间继电器 KA（n＋1）通电，时间继电器 KT2 通电，经延时其常开触头闭合，中间继电器 KA 通电，使接触器 KM1 闭合，1 号消防加压水泵电动机 M1 启动运转（同时警铃响，信号灯亮），向管网补充压力水。

当 1 号泵故障时，2 号泵的自动投入过程是：

当 KM1 机械卡住不动时，由于 KT1 通电，经延时后，备用中间继电器 KA1 线圈通电动作，使接触器 KM2 线圈通电，2 号消防水泵电动机 M2 启动运转，向管网补充压力水。

如将开关 SA 拨向"手动"位置，也可按 SB2 或 SB4 使 KM1 或 KM2 通电，使 1 号泵或 2 号泵电动机启动运转。

除此之外，水幕阻火对阻止火势扩大与蔓延有良好的作用，因此在高层建筑中，在超过有 800 个座位的剧院、礼堂的舞台口和设有防火卷帘、防火幕的部位，均宜设水幕设备。

其电气控制线路与自动喷水系统相似。

三、带备用电源自投的自动喷淋消防泵控制回路

(一) 线路构成

两台互备自投喷淋给水泵自耦降压起动控制如图4-7所示,本图中SP为电接点压力表触点,KT3、KT4为电流、时间转换器,其触点可延时动作,1PA、2PA为电流表,1TA、2TA为电流互感器,其他同消火栓控制相同,公共部分控制电源切换不再叙述。

(二) 线路工作过程分析

1. 正常情况下的自动控制

令1号为工作泵,2号为备用泵,将电源控制开关SA合上,引入1号电源$1L_2$,将选择开关1SA至工作"A"档位,其3—4、7—8号触头闭合,当消防水池水位不低于低水位时,$KA2_{21-22}$闭合,当发生火灾时,来自消防控制屏或控制模块的常开触点闭合即发来启动喷淋泵信号,中间继电器KA1线圈通电,使中间继电器1KA通电,$1KA_{23-24}$号触头闭合,使接触器13KM通电,$13KM_{13-14}$号触头使接触器12KM通电,其主触头闭合,1号喷淋泵电动机M1串自耦变压器1TC降压启动,12KM触头使中间继电器12KA、电流时间转换器KT3线圈通电,经过延时后,当M1达到额定工作电流时,即从主回路$KT3_{3-4}$号触点引来电流变化时,$KT3_{15-16}$号触头闭合,使切换继电器KA4通电,13KM失电释放,使11KM

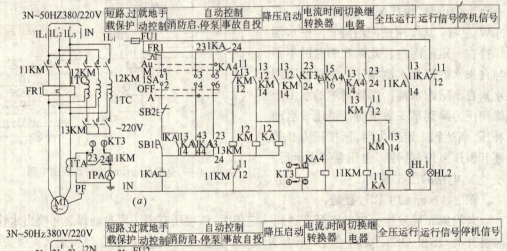

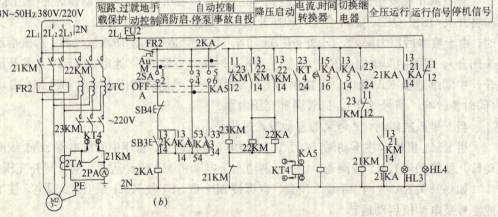

图4-7 带自备电源的两台互备自投喷淋给水泵(1、2SFP)
自耦变压器降压启动控制电路(一)

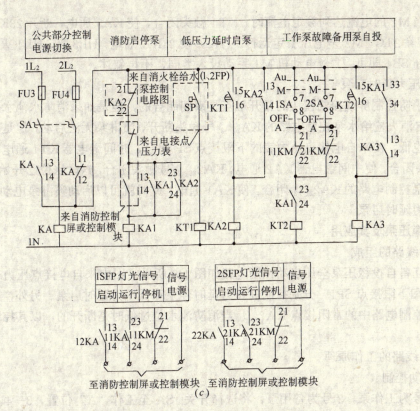

图 4-7　带自备电源的两台互备自投喷淋给水泵（1、2SFP）

自耦变压器降压启动控制电路（二）

(a) 1 号泵正常运行电路；(b) 2 号泵正常运行电路；(c) 故障控制电路

通电，1TC 被切除，M1 全电压稳定运行，并使中间继电器 11KA 通电，其触头使运行信号灯 HL1 亮，停泵信号灯 HL2 灭。另外，$11KM_{11-12}$ 号触头断开，使 12KM、12KA 失电，启动结束，加压喷淋灭火。

当火被扑灭后，来自消防控制屏或控制模块的触头断开，KA1 失电，1KA、KA4、11KM、11KA 均失电释放，M1 停止，HL1 灭，HL2 亮。

2. 故障时备用泵的自动投入

当出现故障时，11KM 不动作，时间继电器 KT2 通电，经延时中间继电器 KA3 通电，使中间继电器 2KA 通电，其触点使接触器 23KM 通电，接触器 22KM 随之通电，2 号备用泵电动机 M2 串自耦变压器 2TC 降压启动。22KM 触头使中间继电器 22KA 和电流时间转换器 KT4 通电经延时后，当 M2 达到额定电流时 KT4 触点闭合，使切换继电器 KA5 通电，23KM 失电，22KM 失电，接触器 21KM 通电，切除 2TC，电动机 M2 全电压稳定运行，中间继电器 21KA 通电，使运行信号灯 HL3 亮，停机信号灯 HL4 灭，加压喷淋灭火。

当火被扑灭后，来自消防控制屏或控制模块的触点断开，KA1 失电，KT2 失电，使 KA3 失电，2KA 失电，21KM、21KA 均失电，M2 停止，HL3 灭，HL4 亮。

3. 手动控制

将开关 1SA、2SA 至手动"M"档位，如启动 2 号电动机 M2，按下启动按钮 SB3，2KA 通电，使 23KM 通电，22KM 也通电，电机 M2 串 2TC 降压启动，22KA、KT4 通电，经过延时，当 M2 的电流达到额定电流时，KT4 触头闭合，使 KA5 通电，断开 23KM，接通 21KM，切除 2TC，M2 全电压稳定运行。21KM 使 21KA 通电，HL3 亮，HL4 灭。停时按下停止按钮 SB4 即可。1 号电动机 M1 手动投入类同，不再叙述。

4. 低压力延时启泵

来自消防控制屏或控制模块的常开触点是瞬间闭合的，但是如果消防水池水位低于低水位，来自消火栓给水泵控制电路的 KA_{21-22} 号触头断开，喷淋泵无法启动，但是由于水位低，压力也低，使来自电接点压力表的下限接点 SP 闭合，时间继电器 KT1 通电，经延时后，其触头闭合，使中间继电器 KA2 通电，$KA2_{23-24}$ 号触头闭合，这时水位已开始升高，来自消防水泵控制电路的 $KA2_{21-22}$ 闭合，使 KA1 通电，此时就可以启动喷淋泵电动机了，称之为低压力延时启泵。

四、稳压泵及其应用

（一）线路的组成

两台互备自投稳压泵全压启动控制电路如图 4-8 所示。图中来自电接点压力表的上限接点 SP2 和下限接点 SP1，分别控制高压力延时停泵和低压力延时启泵。另外，来自消火栓给水泵控制电路中的常闭接点 $KA2_{31-32}$ 当消防池水位过低时是断开的，以其控制低水位停泵。

（二）线路的工作原理

1. 自动控制

令 1 号为工作泵，2 号为备用泵，将选择开关 1SA 至工作"A"位置，3—4、7—8 号触头闭合，将 2SA 至自动"Au"档位，5—6 号触头闭合，做好准备。

稳压泵是用来稳定水的压力的，它将在电接点压力表的控制下启动和停止，以确保水的压力在设计规定的压力范围之内，达到正常供消防用水之目的。

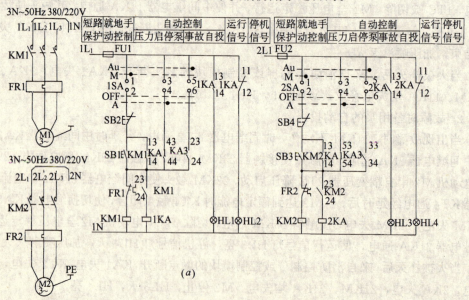

图 4-8 稳压泵全电压启动线路（一）

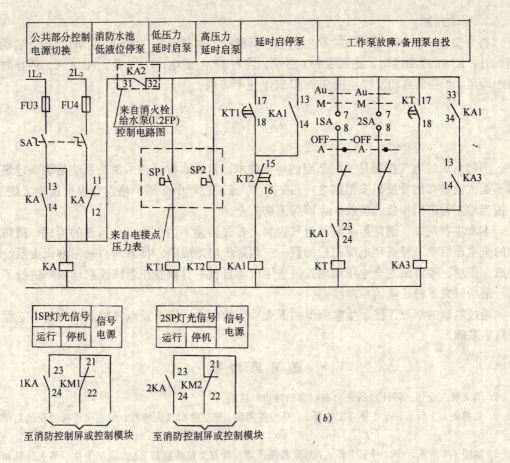

图 4-8　稳压泵全电压启动线路（二）

(a) 正常运行电路；(b) 故障控制电路

当消防水池压力降到电接点压力表下限值时,SP1 闭合,使时间继电器 KT1 线圈通电,经延时后其常开触头闭合,使中间继电器 KA1 线圈通电,KA1$_{43-44}$ 号触头闭合,接触器 KM1 线圈通电,1 号稳压泵电动机 M1 启动加压,同时中间继电器 1KA 线圈通电,运行信号灯 HL1 亮,停泵信号灯 HL2 灭。

随着稳压泵的运行,压力不断提高,当压力升为电接点压力表高压力值时,其上限电接点 SP2 闭合,使时间继电器 KT2 通电,其触头经延时断开,KA1 失电,使 KM1 失电,1KA 失电,稳压泵停止运行,HL1 灭,HL2 亮,如此在电接点压力表控制之下稳压泵间歇自动运行。

2. 故障时备用泵的投入

如由于某种原因 M1 不启动,接触器 KM1 不动作,使时间继电器 KT 通电,经过延时其触头闭合,使中间继电器 KA3 通电,其触点使接触器 KM2 通电,2 号备用稳压泵 M2 自动投入运行加压,同时 2KA 通电,运行信号灯 HL3 亮,停泵信号灯 HL4 灭。

随着 M2 运行压力升高,当压力达高压力值,SP2 闭合,KT2 通电,经延时后其触头断开,使 KA1 失电,KA1$_{23-24}$ 断开,KT 失电释放,KA3 失电,KM2、1KA 均失电,M2 停止,HL3 灭,HL4 亮。

3. 手动控制

将开关 1SA、2SA 至手动"M"档位,其触头 1—2 闭合,如需启动 M1,按下启动按钮 SB1,KM1 线圈通电,稳压泵 M1 启动,同时 1KA 通电,HL1 亮,HL2 灭。停止时按 SB2 即可。2 号泵启动及停止按 SB3 和 SB4 便可实现。

小　　结

消防系统的电气控制是一门新型的科学技术,发展非常迅速。消防系统是确保建筑群体不受火灾破坏的重要保安措施之一。在设计、施工过程中必须严格遵守设计及施工规范,并报当地主管部门审批及验收,以确保消防安全。

本章主要阐述了消防给水泵的电气控制,首先讲述了消火栓灭火系统的构成,消防水泵的全电压启动及带备用电源自投的星—三角降压启动线路,接着对自动喷淋灭火系统的构成、原理、喷淋泵的全电压启动及带备用电源自投的自耦变压器降压启动线路进行了分析,最后研究了稳压泵的控制线路。

通过本章的学习,使学生掌握湿式灭火系统的构成、原理及电气控制,为从事工程实践打下基础。

复习思考题

1. 消火栓泵全压、降压及所带自备电源的特点和区别。

2. 如前图 4-3 所示,令 2 号为工作泵,1 号为备用泵,当 2 楼出现火情时,试说明消火栓泵的启动过程。

3. 如图 4-4 所示,令 2 号泵工作,1 号泵备用,当 3 楼着火且接触器 KM2 机械卡住,消火栓泵如何启动。

4. 图 4-6 所示,令 2 号泵工作,1 号泵备用,应如何手动启动 2 号泵电动机?

5. 图 4-7 中,令 2 号泵为工作,1 号泵备用,火灾时如何启动喷淋泵?

6. 在图 4-8 中,稳压泵是怎样稳压的?

第五章 消防设施控制系统

第一节 概 述

随着我国现代化建设的发展，各类大型高层建筑不断增加，凡高层建筑均离不开消防设施。那么什么是高层建筑？层高多少为高层建筑？对此，不同国家、不同地区、不同时期有不同的含义和理解。在我国：按照《高层民用建筑设计防火规范》的规定，建筑总高度超过24m的非单层民用建筑和10层及10层以上的居住建筑（包括底层设置商业服务网点的住宅楼）称为高层建筑。根据高层建筑使用性质、火灾危险性、疏散和扑救难度进行分类的防火类别见表5-1所示。

防 火 类 别   表 5-1

名　　　称	一　　　类	二　　　类
居 住 建 筑	高级住宅 19层及以上的普通住宅	10至18层的普通住宅
公 共 建 筑	医　　院 百 货 楼 展 览 楼 财贸金融楼 电 信 楼 广 播 楼 省级邮政楼 高级旅馆 重要的办公楼、科研楼、图书楼、档案室 建筑高度超过50m的教学楼和普通的旅馆、办公楼、科研楼、图书楼、档案楼等	建筑高度不超过50m的教学楼和普通的旅馆、办公楼、科研楼、图书楼、档案楼、省级以下的邮政楼等

注：1. 高级旅馆系指建筑标准高、功能复杂、可燃装修多、设有空气调节系统的旅馆。

2. 高级住宅系指建筑标准高、可燃装修多、设有空气调节系统或空气调节设备的住宅。

3. 重要的办公楼、科研楼、图书楼、档案楼系指性质重要，建筑标准高，设备、图书、资料贵重、火灾危险性大、发生火灾后损失大、影响大的办公楼、科研楼、图书馆、档案楼。

高层建筑有如下特点：建筑面积大、高度高、有地下层、设备复杂、用电设备多，仅电气设备而言，按其功能可分为以下十类：

（1）电气照明设备：包括客房、办公室、餐厅、厨房、商场、娱乐场所、楼梯走道、庭院招牌广告灯、节日彩灯、安全疏散诱导照明等。

（2）电梯设备：包括客梯、货梯、消防电梯、观景电梯、自动扶梯等。

（3）给排水设备：生活给水泵、排水泵、排污泵、冷却水泵和消防水泵等。

（4）锅炉房用电设备：包括鼓风机、引风机、给水泵、上煤机、供油泵、补水泵等。

（5）洗衣房用电设备：包括洗衣机、甩干机、熨平机、电熨斗等。

（6）厨房用电设备：包括小冷库、冰箱、抽风机、排风机和各种炊事机械等。

（7）客房用电设备：包括电冰箱、电视机、电动美容工具等。

（8）空调制冷系统电气控制：包括送风机、风机盘管、冷冻机、冷却塔风机、冷却水泵、冷水泵等。

（9）消防设备：排烟风机、正压风机等。

（10）弱电设备：电话站、音响广播站、消防中心、电视监控室、电脑监控室等用电设备，可见耗电量之大。

由于高层建筑规模大、级别高、人员密集、功能要求复杂，因此建筑物自身存在着较大的火灾危险性；另一方面，有许多特殊场所如油库、较大的商业楼宇等虽然不属于高层建筑，但一旦着火都将造成重大损失，因此，对建筑消防提出了较高的要求。在工业和民用建筑、宾馆、图书馆、科研和商业部门，自动消防系统已成为必备的装备。

所谓消防系统主要由两大部分构成：一部分为感应机构即火灾自动报警系统；另一部分为消防联动控制系统。

火灾自动报警系统由探测器、手动报警开关、报警器、警报器等组成，其作用是准确地完成检测火情并及时报警。

联动系统包括：

（1）消防灭火系统：灭火方式分为液体（水或泡沫）灭火和气体灭火两种；

（2）火灾事故广播及通讯系统；

（3）火灾事故照明及疏散指示标志；

（4）防排烟设施控制：包括防烟（火）阀，送风口，排烟口，防火门，安全门，排烟窗，送、排烟风机，防火卷帘等。

消防系统的类型，如按报警和消防方式可分为两种：

1. 自动报警，人工消防

中等规模的旅馆在客房等处设置火灾探测器，当火灾发生时，在本层服务台处的火灾报警器发出信号，同时在总服务台显示出某一层（或某分区）发生火灾，消防人员根据报警情况采取消防措施。

2. 自动报警，自动消防

这种系统与上述不同点在于：在火灾发生处可自动喷洒水，进行消防。而且在消防中心的报警器附设有直接通往消防部门的电话。消防中心在接到火灾报警信号后，立即发出疏散通知（利用紧急广播系统），并启动消防泵、排烟机、电动安全门、排烟口、送风口，关闭空调、防火门，降下有关的防烟垂壁、防火卷帘等。消防系统的相互关系见图5-1所示。

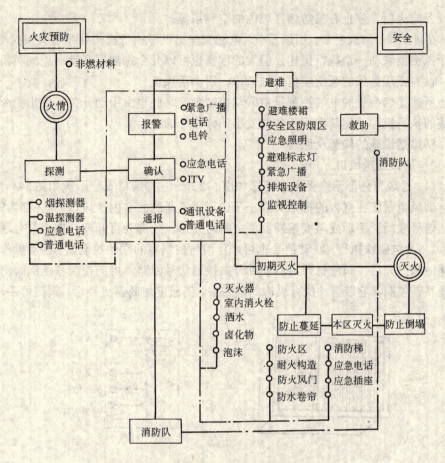

图 5-1　消防系统相互关系图

第二节　防排烟设施控制

一、防排烟设施的作用及类型

火灾时产生的烟的主要成分为一氧化碳,人在这种气体的窒息作用下,死亡率很高,约达 50%～70%。另外烟气遮挡人的视线,使人们在疏散时难以辨别方向。尤其是高层建筑,因其自身的"烟窗效应",使烟上升速率极快,如不及时排除,很快会垂直扩散到各处。因此,当发生火灾后,应立即使防排烟系统投入工作,将烟气迅速排出,并防止烟气窜入防烟楼梯、消防电梯及非火灾区内。

防排烟系统由建筑与设备专业确定,一般有自然排烟、机械排烟、自然与机械排烟并用或机械加压送风排烟等四种方式。一般应根据暖通专业的工艺要求进行电气控制设计。防排烟系统的电气控制视所确定的防排烟设施,由以下不同要求与内容组成:

(1) 消防中心控制室能显示各种电动防排烟设施的运行情况,并能进行联动遥控和就地手控;

(2) 根据火灾情况打开有关排烟道上的排烟口,启动排烟风机(有正压送风机时应同时启动)和降下有关防烟卷帘及防烟垂壁,打开安全出口的电动门。与此同时,关闭有关的防烟阀及防火门，停止有关防烟区域内的空调系统；

（3）在排烟口、防火卷帘、挡烟垂壁、电动安全出口等执行机构处布置火灾探测器，通常为一个探测器联动一个执行机构，但大的厅室也可以几个探测器联动一组同类机构；

（4）设有正压送风的系统应打开送风口，启动送风机。

以上所述排烟系统的电气控制是由联动控制盘（某些也由手动开关）发出指令给各防排烟设施的执行机构，使其进行工作并发出动作信号的。

二、防排烟设施的构造及原理

（一）排烟口或送风口

排烟口、送风口外形示意图及电路图如图5-2所示。排烟口安装示意如图5-3所示。图示用于排烟风道系统在室内的排烟口或正压送风风道系统的室内送风口。其内部为阀门，可通过感烟信号联动、手动或温度熔断器使之瞬时开启，外部为百叶窗。感烟信号联动是由DC24V、0.3A电磁铁执行，联动信号也可来自消防控制室的联动控制盘。手动操作为就地手动拉绳使阀门开启。阀门打开后其联动开关接通信号回路，可向控制室返回阀门已开启的信号或联锁控制其它装置。执行机构的电路中，当温度熔断器更换后，阀门可手动复位。

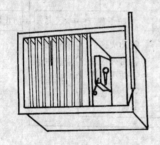
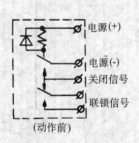

电源(+)
电源(-)
关闭信号
联锁信号
（动作前）

图5-2 排烟口、送风口外形示意及电路图

（二）防烟防火调节阀

排烟道
排烟口
按钮
900~1500

图5-3 排烟口安装示意图

如图5-4所示，防烟防火调节阀有方形和圆形两种，用于空调系统的风道中。其阀门可通过感烟信号联动、手动或温度熔断器使之瞬时关闭。感烟信号联动是由DC24V、0.3A电磁铁执行。联动信号也可来自消防控制室的联动控制盘。手动操作是就地拉动拉绳使阀门关闭。温度熔断器动作温度为70±2℃，熔断后阀门关闭。阀门可通过手柄调节开启程度，以调节风量。阀门关闭后其联动接点闭合，接通信号电路，可向控制室返回阀门已关闭的信号或对其它装置进行联锁控制。执行机构的电路中，熔断器更换后，阀门可手动复位。

（三）防烟垂壁

图5-5为防烟垂壁示意图，它由DC24V、0.9A电磁线圈及弹簧锁等组成的防烟垂壁锁，平时用它将防烟垂壁锁住、火灾时可通过自动控制或手柄操作使垂壁降下。自动控制时，从感烟探测器或联动控制盘发来指令信号，电磁线圈通电把弹簧锁的销子拉进去，开锁后防烟垂壁由于垂力的作用靠滚珠的滑动而落下。手动控制时，操作手动杆也可使弹簧锁的销子

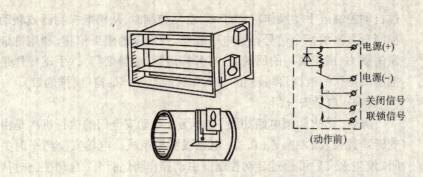

图 5-4　防烟、防火调节阀外形示意及电路图

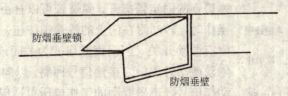

图 5-5　防烟垂壁示意图

拉回开锁,防烟垂壁落下。把防烟垂壁升回原来的位置即可复原,将防烟垂壁固定住。

（四）防火门

防火门如图 5-6 所示。防火门锁按门的固定方式可分为两种:一种是防火门被永久磁铁吸住处于开启状态,火灾时通过自动控制或手动关闭防火门,自动控制时由感烟探测器或联动控制盘发来指令信号,使 DC24V、0.6A 电磁线圈的吸力克服永久磁铁的吸着力,从而靠弹簧将门关闭;手动操作时只要把防火门或永久磁铁的吸着板拉开,门即关闭。另一种是防火门被电磁锁的固定销扣住呈开启状态,火灾时由感烟探测器或联动控制盘发出指令信号使电磁锁动作,或用手拉防火门使固定销掉下,门被关闭。

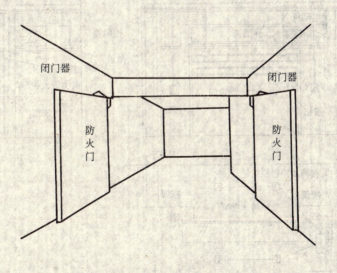

图 5-6　防火门示意

（五）排烟窗

排烟窗如图 5-7 所示,平时关闭,并用排烟窗锁(也可用于排烟门)锁住,在火灾时可通

排烟窗锁

排烟窗

图 5-7　排烟窗示意

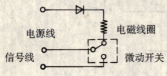

电源线　电磁线圈

信号线　微动开关

图 5-8　防烟、防火门锁电路

过自动控制或手动操作将窗打开。自动控制时,从感烟探测器或联动控制盘发来的指令信号接通电磁线圈,弹簧锁的锁头偏移,利用排烟窗的重力(或排烟门的回转力)打开排烟窗(或排烟门)。手动操作是把手动操作柄扳倒,弹簧锁的锁头偏移而打开排烟窗(或排烟口)。

（六）电动安全门

防烟、防火门锁电路如图 5-8 所示。电动安全门的执行机构是由旋转弹簧锁及 DC24V、0.3A 电磁线圈等组成。电动安全门平时关闭,发生火灾后可通过自动控制或手动操作将门打开。自动控制时从感烟探测器或联动控制盘发来的指令信号接通电磁线圈使其动作,弹簧锁的固定锁离开,弹簧锁可以自由旋转将门打开。手动操作时,转动附在门上的弹簧锁按钮,可将门打开。电磁锁附有微动开关,当门由开启变为关闭或由关闭变为升启时,触动微动开关使之接通信号回路,以向消防控制联动盘返回动作信号,电磁线圈的工作电压可适应较大的偏移。

（七）防火卷帘门

防火卷帘门设置于建筑物中防火分区通道口处,当火灾发生时可根据消防控制室、探测器的指令或就地手动操作使卷帘下降至一定点,水幕同步供水,接受关闭信号后经延时使卷帘降落至地面,以达到人员紧急疏散、灾区隔火、隔烟、控制火灾蔓延的目的。卷帘电动机的规格一般为三相380V,0.55～1.5kW,视门体大小而定。控制电路为直流24V。

1. 电动防火卷帘门组成

电动防火卷帘门安装示意如图 5-9 所示,防火卷帘门控制框图如图 5-10 所示,防水卷帘电气控制线路如图 5-11 所示。

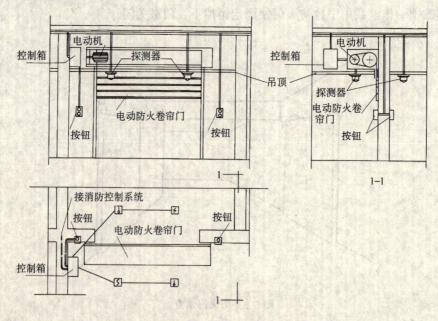

图 5-9　防火卷帘门安装示意

2. 防火卷帘门电气控制线路工作情况

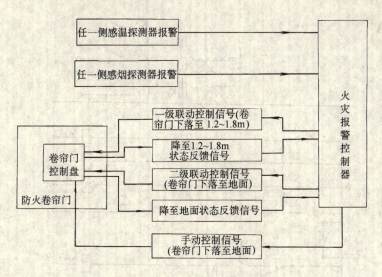

图 5-10　防火卷帘门控制框图

当发生火灾时，卷帘门分两步关闭：

第一步下放：当火灾产生烟时，来自消防中心的联锁信号（或直接与感烟探测器联锁）使触点 1KA 闭合，中间继电器 KA1 线圈通电动作：(1) 使信号灯 HL 亮，发出报警信号；(2) 电警笛 HA 响，发出报警信号；(3) KA1$_{11-12}$号触头闭合，给消防中心一个卷帘启动的信号（即 KA1$_{11-12}$号触头与消防中心信号灯相接）；(4) 将开关 QS1 的常开触头短接，全部电路通以直流电；(5) 电磁铁 YA 线圈通电，打开锁头，为卷帘门下降作准备；(6) 中间继电器 KA5 线圈通电，将接触器 KM2 接通，KM2 触头动作，门电机反转下降，当门降到 1.2～1.8m 定点时，位置开关 SQ2 受碰撞而动作，使 KA5 失电释放，KM2 失电，门电机停止。这样即可隔断火灾初期的烟，也有利于人员灭火和疏散。

第二步下放：当火灾较大，温度较高时，消防中心的联锁信号（或直接与感温探测器联锁）接点 2KA 闭合，中间继电器 KA2 线圈通电，其触头动作，使时间继电器 KT 线圈通电。经延时后（30s）其触点闭合，使 KA5 通电，KM2 又重新通电，门电机又反转，门继续下降，下降到完全关闭时，限位开关 QS3 受压而动作，使中间继电器 KA4 线圈通电，其常闭触点断开，使 KA5 失电释放，KM2 失电，门电机停止。同时 KA4$_{3-4}$号、KA4$_{5-6}$号触头将卷帘门完全关闭信号反馈给消防中心。

当火灾扑灭后，按下消防中心的卷起按钮 SB4 或现场就地卷起按钮 SB5，均可使中间继电器 KA6 线圈通电，又使接触器 KM1 线圈通电动作，门电机正转，门上升，当上升到设定的上限限位时，限位开关 SQ1 受压而动作，使 KA6 失电释放，KM1 失电，门电机停止。

开关 QS1 用于手动开门或关门，而按钮 SB6 则用于手动停止开门或关门。

（八）送风机及排烟机的电气控制

送风机及排烟机一般由三相异步电动机拖动。电气控制应按防排烟系统的要求进行设计，通常由消防控制中心、排烟口及就地控制组成。高层建筑中的送风机一般装在下技术层或 2～3 层，排烟机构均装在顶层或上技术层。

线路构成：通常情况下，送风机（排烟机）电气线路如图 5-12 所示，系统示意如图 5-

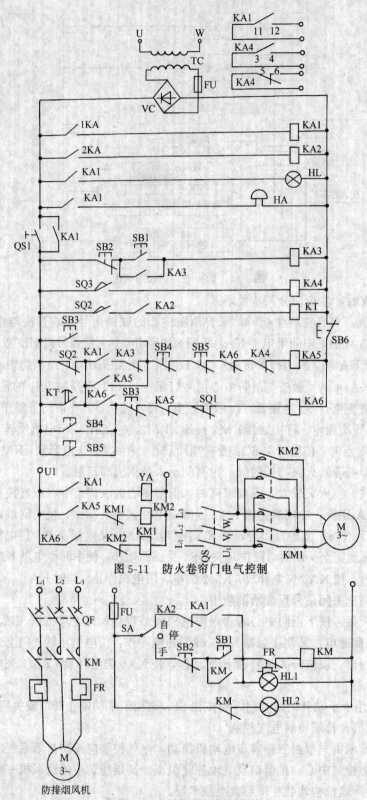

图 5-11 防火卷帘门电气控制

图 5-12 排烟风机控制电路

13 所示。

电气线路工作情况分析如下：

将转换开关 SA 转至"手动"位置，按下启动按钮 SB1，接触器 KM 线圈通电动作，使排烟风机启动运转。

按下停止按钮 SB2，KM 失电，排烟风机停止。这一控制作为平时维护巡视用。

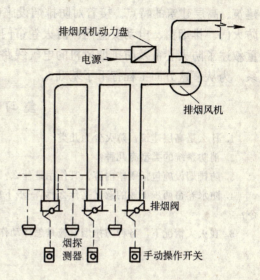

图 5-13 排烟系统示意

将转换开关 SA 转至"自动"位时，KA1、KA2 均为 DC24V 继电器的接点，继电器的线圈受控于排烟阀和防火阀，即当排烟阀开启后，DC24V 继电器的接点 KA1 动作，当防火阀关闭时，继电器的接点 KA2 动作。

排烟系统的控制，由任一个排烟口的排烟阀开启后，通过联锁接点 KA1 的闭合，即可使 KM1 通电，启动排烟风机。当排烟风道内温度超过 280℃时，防火阀自动关闭，其联锁接点 KA2 断开，使排烟风机停止。

综上所述为防排烟设施的控制，篇幅所限，关于各种设施的安装线路没进行讨论，在施工及设计中可参考产品样本及"火灾报警及消防控制"即 96SX501 标准图集。防排烟设施的相互关系，如图 5-14 所示。

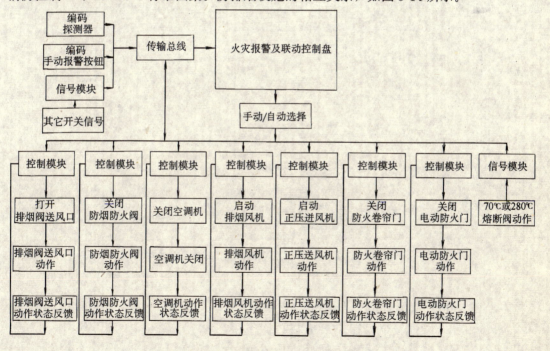

图 5-14 防排烟设施的相互关系

小 结

本章首先对消防系统进行了概述，从中可了解到消防系统的组成、类型、什么是高层建筑、高层建筑的特点。接着对防排烟设施中的排烟口、送风口、防烟防火阀、防烟垂壁、防火门、排烟窗、电动安全门、防火卷帘门、防排烟风机的构造及作用进行说明。尤其着重叙述了防火卷帘及防排烟风机的电气线路原理，并用图 5-14 阐明了防排烟设施的相互关系，为从事这方面工程打下了基础。

复习思考题

1. 什么是高层建筑？防火分为几类？

2. 消防系统的类型有几种？

3. 防排烟设施包括哪些内容？其作用是什么？

4. 防水卷帘两步下放的意义是什么？第一步下放、第二步下放分别由哪个设备发出下放指令和停止指令？

5. 在火灾情况下，各种防排烟设施是怎样动作的？

第六章　常用建筑机械的典型电路

在建筑工程的施工过程中，离不开机械设备的使用，为确保这些设备能在工程进程中起到应有的作用，就要对设备的构造、原理、应用及维修有所掌握，这里仅对工程中常用的混凝土搅拌机、散装水泥自动称量及塔式起重机等设备的电气线路进行研究，以更好地为建筑工程服务。

第一节　控制器及电磁抱闸

一、主令控制器

控制器是一种具有多种切换线路的控制器，它用以控制电动机的启动、调速、反转和制动，使各项操作按规定的顺序进行。在起重机中，目前应用最普遍的有凸轮控制器和主令控制器。本书仅介绍主令控制器。

主令控制器是用来频繁地换接多回路的控制电器。按一定顺序分合触头，达到发布指令或与其它控制线路联锁、转换的目的，从而实现远距离控制，因此称为主令控制器。

主令控制器由：手柄（手轮），与手柄相连的转轴，动、静触头，弹簧凸轮，辊轮，杠杆等组成。其原理是：当转动手柄时，转轴随之转动，凸轮的凸角将挤开装在杠杆上的辊轮，使杠杆克服弹簧作用，沿转轴转动，结果装在杠杆末端的动触头将离开静触头而使电路断开；反之，转到凹入部分时，在复位弹簧的作用下使触头闭合。不同形状的凸轮组合可使触头按一定顺序动作，而凸轮的转角是控制器的结构决定的，凸轮数量的多少取决于控制线路的要求，由于凸轮形状的不同，手柄放在不同位置可以使不同的触头断开或闭合。例如 LK-16-01 型主令控制器的闭合表中（表 6-1），用"×"表示触头闭合，用"—"表示断开，向前和向后表示被控制机构的运动方向，它是由操作手柄转动到相应的方位上来实现的。例如：当手柄转动到"0"位时，只有 S_1 触头接通，其它触头断开；手柄位于前进"1"时，则 S_2 和 S_3 触头接通，其它位置依此类推。

LK1-6/01 型主令控制器闭合表 表 6-1

触头标号	向　后			0	向　前		
	3	2	1		1	2	3
S_1	—	—	—	×	—	—	—
S_2	×	×	×	—	×	×	×
S_3	—	—	—	—	×	×	×
S_4	×	×	×	—	—	—	—
S_5	×	×	—	—	—	×	×
S_6	×	—	—	—	—	—	×

主令控制器型号意义为：

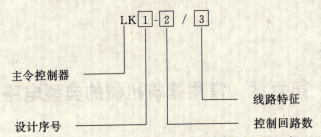

主令控制器 ——

设计序号 ——

—— 线路特征

—— 控制回路数

起重机上常用的主令控制器有 LK1 系列，主要技术数据列于表 6-2 中。

LK1 系列主令控制器技术数据　　　　　　　　　　　　表 6-2

型　　号	所控制的电路数	质　量 (kg)	型　　号	所控制的电路数	质　量 (kg)
LK1-6/01 LK1-6/03 LK1-6/07	6	8	LK1-12/51 LK1-12/57 LK1-12/59		
LK1-8/01 LK1-8/02 LK1-8/04 LK1-8/05 LK1-8/08	8	16	LK1-12/61 LK1-12/70 LK1-12/76 LK1-12/77 LK1-12/90	12	18
LK1-10/06 LK1-10/58 LK1-10/68	10	18	LK1-12/96 LK1-12/97		

注：额定电流 10A，每小时最多操作 600 次。

二、制动器与制动电磁铁

在起重机械中常应用（制动器）电磁抱闸以获得准确的停放位置，其原理图如图 6-1 所示。

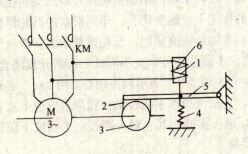

图 6-1　制动器原理图

1—电磁铁；2—闸瓦；3—制动轮；

4—弹簧；5—杠杆；6—线圈

工作原理：当电动机通电时，线圈 6 通电，使电磁铁 1 产生电磁吸力，向上拉动杠杆 5 和闸瓦 2，松开了电动机轴上的制动轮 3，电动机便可自由运转。当切断电动机电源时，电磁铁 1 的电磁力消失，在弹簧 4 的作用下，向下拉动杠杆 5 和闸瓦 2，抱住制动轮 3，使电动机迅速停止转动。

这里主要介绍制动器执行元件——电磁铁，即图 6-1 中通常采用单相制动电磁铁、电力液压推动器及三相制动电磁铁。

（一）长行程制动器

1. 单相弹簧式长行程电磁铁双闸瓦制动器

图 6-2 为其构造原理图。图中拉杆 4 两端分别联接于制动臂 5 和三角板 3 上，制动臂 5 和套板 6 联接，套板的外侧装有主弹簧 7。电磁铁通电时，抬起水平杠杆 1，推动主杆 2 向上运动，使三角板绕轴逆时针方向转动，弹簧 7 被压缩。在拉杆 4 与三角板 3 的作用下，两个制动臂分别左右运动，使闸瓦离开闸轮。当需要制动时，电磁线圈断电，靠主弹簧的张力，使闸瓦抱住制动轮。

这种制动器结构简单，能与电动机的操作电路联锁，工作时不会自振，制动力矩稳定，闭合动作较快，它的制动力矩可以通过调整弹簧的张力进行较为精确地调整，安全可靠，在起升机构中用得比较广泛，常用的JCZ型长行程电磁铁制动器，上面配用MZS1系列制动电磁铁作为驱动元件。

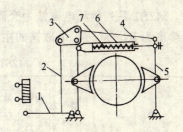

图 6-2 单相电磁铁制动器
1—水平杠杆；2—主杆；3—三角板；
4—拉杆；5—制动臂；6—套板；
7—主弹簧

2. 液压推杆式双闸瓦制动器

这种制动器是一种新型的长行程制动器，由制动臂、拉杆、三角板等件组成的杠杆系统与液压推动器组成。具有启动与制动平稳、无噪音、寿命长、接电次数多、结构紧凑和调整维修方便等优点。其结构原理图如图6-3示。

液压推动器由驱动电动机和离心泵组成。电动机带动叶轮旋转，在活塞内产生压力，迫使活塞迅速上升，固定在活塞上的推杆及横架同时上升，克服主弹簧作用力，并经杠杆作用将制动瓦松开。当断电时，叶轮减速直至停止，活塞在主弹簧及自重作用下迅速下降，使油重新流入活塞上部，通过杠杆将制动瓦抱紧在制动轮上，达到制动。常用液压推动器为YT1系列，配用制动器为YWZ系列，驱动电动机功率有60、120、250、400W几种。这种制动器性能良好，应用广泛。

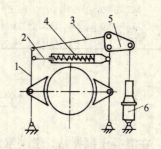

图 6-3 电力液压推动器
1—制动臂；2—推杆；3—拉杆；
4—主弹簧；5—三角板；6—液压推动器

（二）制动电磁铁

1. MZD1 系列制动电磁铁

MZD1系列制动电磁铁是交流单相转动式制动电磁铁。其额定电压有220V、380V、500V，接电持续率分别为JC＝100％、JC＝40％。技术数据及电磁铁线圈规格见表6-3。

MZD1 系列单相制动电磁铁的技术数据　　　　表 6-3

型式	磁铁的力矩值（N·m）		衔铁的重力转矩值（N·m）	吸持时电流值（A）	回转角度值（°）	额定回转角度下制动杆位置（mm）	备注
	JC％为40％	JC％为100％					
MZD1-100	5.5	3	0.5	0.8	7.5	3	1. 电磁铁力矩是在回转角度不超过所示之数值，电压不低于额定电压85％时之力矩数值
MZD1-200	40	20	3.5	3	5.5	3.8	2. 磁铁力矩，并不包括由衔铁重量所产生的力矩
MZD1-300	100	40	9.2	8	5.5	4.4	3. 当磁铁是根据重复短时工作制而设计时，即JC％值不超过40％，根据发热程度，每小时关合不允许超过300次，持续工作制每小时关合次数不超过20次

2. MZS1 系列制动电磁铁（三相）

MZS1 系列制动电磁铁为交流三相长行程制动电磁铁。其额定电压为 380/220V，接电持续率为 JC＝40％。电磁铁的主要技术数据见表 6-4。

MZS1 系列三相制动电磁铁的技术数据

表 6-4

型 式	牵引力（N）	衔铁重量（kg）	最大行程（mm）	磁铁重量（kg）	视在功率（VA）		铁芯吸入时实际输入功率（W）	每小时接电次数为 150、300、600 次时允许行程（mm）					
								JC％＝25％			JC％＝40％		
					接电时	铁心吸入时		150	300	600	150	300	600
MZS1-6	80	2	20	9	2700	330	70	20			20		
MZS1-7	100	2.8	40	14	7700	500	90	40	30	20	40	25	20
MZS1-15	200	4.5	50	22	14000	600	125	50	35	25	50	35	25
MZS1-25	350	9.7	50	36	23000	750	200	50	35	25	50	35	25
MZS1-45	700	19.8	50	67	44000	2500	600	50	35	25	50	35	25
MZS1-80	1150	33	60	183	96000	3500	750	60	45	30	60	40	30
MZS1-100	1400	42	80	213	120000	5500	1000	80	55	40	80	50	35

第二节　散装水泥自动控制电路

在混凝土搅拌站，散装水泥通常储存在水泥罐中。水泥从罐中出灰、运送，往料斗中给料、称量和计数其自动控制电路如图 6-4 所示。图中螺旋运输机由电动机 M1 驱动，振动给料器由电动机 M2 驱动。其工作情况是：

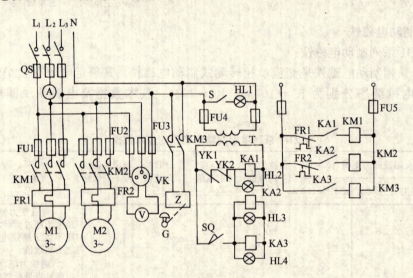

图 6-4　散装水泥控制电路

散装水泥是通过振动给料器从水泥罐中给出的，当电动机 M2 转动时，就会使散装水泥从罐中不断流出，进入螺旋运输机。当电动机 M1 转动时，可将水泥通过螺旋运输机称量斗。称量斗是利用杠杆原理工作的。它的一端是平衡重，另一端是装水泥的容器，在两端装有水银开关 YK1 和 YK2，以判断水泥的重量。只要水泥不够预定的重量，称量斗的两端达不到平衡，水银开关就呈倾斜状态。水银开关示意如图 6-5 示。水银开关是导体，它把水银开关的两个电极接通，水银开关 YK1 和 YK2 使图 6-4 中的继电器 KA1 线圈通电，其触头又使接触器 KM1 线圈通电，电动机 M1 转动，带动螺旋给料机不断地向称量斗给料；当水泥重量达到预定值时，水银开关呈水平状态，水银开关的两电极 YK1、YK2 断开，KA1、KM1 失电释放，电动机 M1 停止，螺旋给料机停止给料，使位置开关 SQ 断开，中间继电器 KA2、KA3 失电，使 KM2、KM3 也失电释放，电动机 M2 停转，振动给料器停止工作，同时电磁铁 YA 释放，带动计数器计数一次。

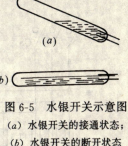

图 6-5　水银开关示意图
(a) 水银开关的接通状态；
(b) 水银开关的断开状态

第三节　混凝土搅拌机的控制

在建筑工地，混凝土搅拌是一项不可缺少的任务，分为几道工序：搅拌机滚筒正转搅拌混凝土，反转使搅拌好的混凝土出料，料斗电动机正转，牵引料斗起仰上升，将骨料和水泥倾入搅拌机滚筒，反转使料斗下降放平（以接受再一次的下料）；在混凝土搅拌过程中，还需要操作人员按动按钮，以控制给水电磁阀的启动，使水流入搅拌机的滚筒中，当加足水后，松开按钮，电磁阀断电，切断水源。

一、混凝土骨料上料和称量设备的控制电路

混凝土搅拌之前需要将水泥、黄砂和石子按比例称好上料，需要用拉铲将它们先后铲入料斗，而料斗和磅秤之间，用电磁铁 YA 控制料斗斗门的启闭，其原理如图 6-6 所示。

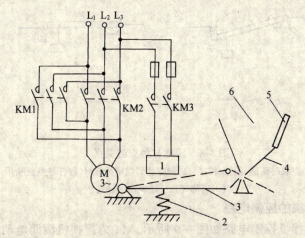

图 6-6　电磁铁控制料斗斗门
1—电磁铁；2—弹簧；3—杠杆；4—活动门；5—料斗；6—骨料

当电动机 M 通电时，电磁铁 YA 线圈得电产生电磁吸力，吸动（打开）下料斗的活动门，骨料落下；当电路断开时，电磁铁断电，在弹簧的作用下，通过杠杆关闭下料料斗的活动门。

上料和称量设备的电气控制如图 6-7 示。电路中共用 6 只接触器，KM1～KM4 接触器分别控制黄砂和石子拉铲电动机的正、反转，正转使拉铲拉着骨料上升，反转使拉铲回到原处，以备下一次拉料；KM5 和 KM6 两只接触器分别控制黄砂和石子料斗斗门电磁铁 YA1 和 YA2 的通断。

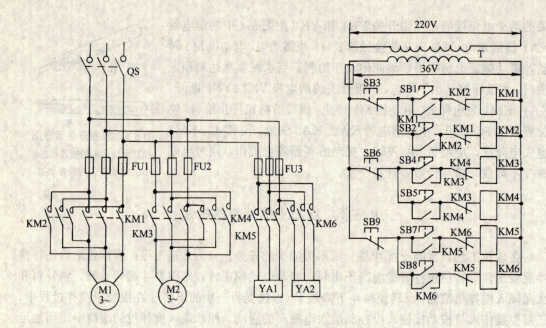

图 6-7　上料和称量设备的电气控制

应当注意的是：料斗斗门控制的常闭触头 KM5 和 KM6 常以磅称称杆的状态来实现。空载时，磅称称杆与触点相接，相当于触点常闭；一旦满了称量，磅称称杆平衡，与触点脱开，相当于触头常开，其关系如图 6-8 所示。

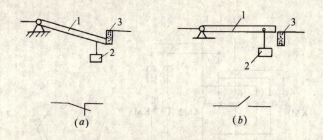

图 6-8　磅称与触点的关系

(a)空载时磅称与触点相接；(b)磅称达到规定荷载时，称杆与触点脱开

1—磅称杆；2—砝码；3—触点

二、混凝土搅拌机的控制电路

典型的混凝土搅拌机控制电路如图 6-9 所示。M1 为搅拌机滚筒电动机，可以正、反转，无特殊要求；M2 为料斗电动机，并联一个电磁铁线圈，称制动电磁铁。

其工作原理是：合上自动开关 QF，按下正向启动按钮 SB1，正向接触器 KM1 线圈通电，搅拌机滚筒电动机 M1 正转搅拌混凝土，拌好后按下停止按钮 SB3，KM1 失电释放，M1停止。按下反向启动按钮 SB2，反向接触器 KM2 线圈通电，M1 反转使搅拌好的混凝土出料；

当按下料斗正向启动按钮 SB4 时，正向接触器 KM3 线圈通电，料斗电动机 M2 通电，同时 YA 线圈通电，制动器松开 M2 的轴，使 M2 正转，牵引料斗起仰上升，将骨料和水泥倾入搅拌机滚筒。按下 SB6，KM3 失电释放，同时 YA 失电，制动器抱闸制动停止。按下

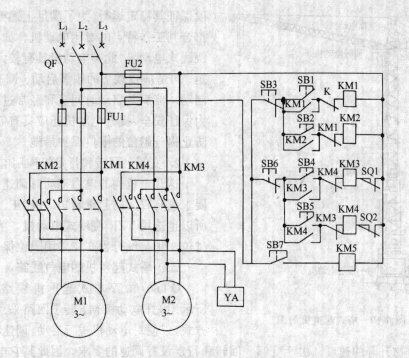

图 6-9　混凝土搅拌机电路图

反向启动按钮 SB5，反向接触器 KM4 线圈得电，同时 YA 得电松开，M2 反转使料斗下降放平（以接受再一次的下料）。位置开关 SQ1 和 SQ2 为料斗上、下极限保护。

需要注意：在混凝土搅拌过程中，应由操作者按按钮 SB7，使给水电磁阀启动，使水流入搅拌机的滚筒中，加足水后，松开 SB7，电磁阀断电，停止进水。

第四节　塔式起重机的电气控制

塔式起重机是目前国内建筑工地普遍应用的一种有轨道的起重机械，是一种用来起吊和放下重物，并使重物在短距离水平移动的机械设备，它的种类较多，这里仅以 QT60/80 型塔式起重机为例进行介绍。

一、塔式起重机的构造及电力拖动特点

（一）塔式起重机的构造及运动形式

QT60/80 型塔式起重机外形如图 6-10 所示。它是由底盘、塔身、臂架旋转机构、行走机构、变幅机构、提升机构，操纵室等组成，此外还具有塔身升高的液压顶升机构。它的运动形式有升降、行走、回转、变幅四种。

（二）塔式起重机的电力拖动特点及要求

1. 起重用电动机

它的工作属于间歇运行方式，且经常处于启动、制动、反转之中，负载经常变化，需承受较大的过载和机械冲击。所以，为了提高其生产效率并确保其安全性，要求升降电动机应具有合适的升降速度和一定的调速范围。保证空钩快速升降，有载时低速升降，并应确保提升重物开始或下降重物到预定位置附近采用低速。在高速向低速过渡时应逐渐减速，

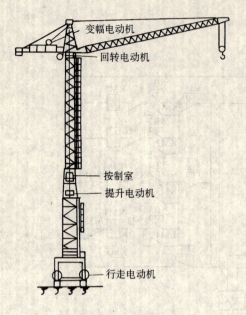

图 6-10　塔式起重机简图

以保证其稳定运行。为了满足上述要求应选用符合其工作特点的专用电动机，如 YZR 系列绕线式电动机，此类电动机具有较大的起重转矩，可适应重载下的频繁启动、调速、反转和制动，能满足启动时间短和经常过载的要求。为保证安全，提升电动机还应具有制动机构和防止提升越位的限位保护措施。

2. 变幅、回转和行走机构用电动机

这几个机构的电力拖动对调速无要求，但要求具有较大的起重转矩，并能正、反转运行，所以也选用 YZR 绕线式电动机，为了防止其越位，正、反行程亦应采用限位保护措施。

二、塔式起重机的电气线路

QT60/80 型塔式起重机线路如图 6-11 所示。提升电动机 M1 转子回路采用外接电阻方式，以便对电动机进行启动、调速和制动，控制吊钩上重物升降的速度。由于变幅、回转和行走没有调速的要求，因此其它电动机采用频敏变阻器启动，以限制启动电流，增大启动转矩。启动结束后，转子回路中的常开触头闭合，把频敏变阻器短接，以减少损耗，提高电动机运行的稳定性。

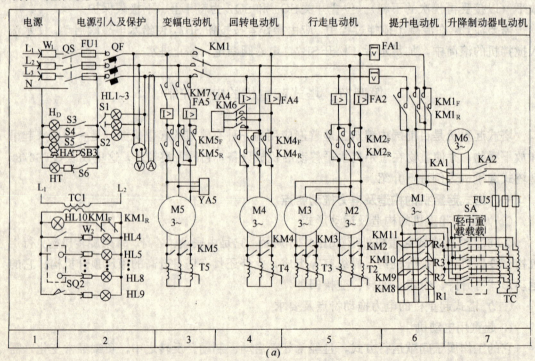

图 6-11　塔式起重机电气原理图（一）

变幅电动机 M5 的定子上，并联一个三相电磁铁 YA5，制动器的闸轮与电动机 M5 同

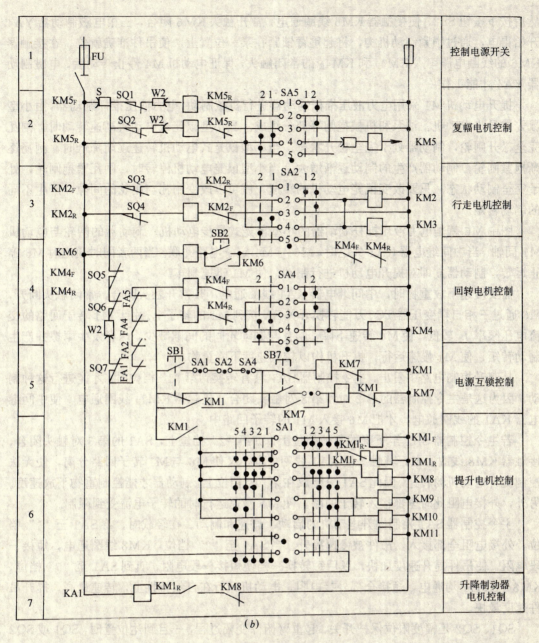

图 6-11　塔式起重机电气原理图（二）

(a) 主电路；(b) 控制电路

轴，一旦 M5 和 YA5 同时断电时，实现紧急制动，使起重臂准确地停在某一位置上。

　　回转电动机 M4 的主回路上也并有一个三相制动电磁铁 YA4，但它不是用来制动回转电动机 M4 的，而是用来控制回转锁紧制动机构，为了保证在有风的情况下，也能使吊钩上重物准确下放到预定位置上，M4 转轴的另一端上装有 1 套锁紧机；当三相电磁制动器通电时，带动这套制动机构锁紧回转机构，使它不能回转，固定在某一位置上。

　　回转机构的工作过程：操纵主令控制器 SA4 至"1"档位，电动机转速稳定后再转换到第"2"档位，使起重机向左或向右回转到某一位置时返回"0"位，电动机 M4 先停止转动，

133

然后按下按钮 SB2，使接触器 KM6 线圈通电，常开触头 KM6 闭合，三相电磁制动器 YA4 开始得电，通过锁紧制动机构，将起重臂锁紧在某一位置上，使吊件准确就位。在接触器 KM6 的线圈电路串入 KM4$_F$ 和 KM4$_R$ 的常闭触头，保证电动机 M4 停止转动后，电磁制动器 YA4 才能工作。

提升电动机 M1 采用电力液压推杆制动器进行机械制动。电力液压推杆制动器，由小型鼠笼式异步电动机、油泵和机械抱闸等部分组成。当小型鼠笼式电动机高速转动时，闸瓦完全松开闸轮，制动器处于完全松开状态。当小型鼠笼式电动机转速逐渐降低时，闸瓦逐渐抱紧闸轮，制动器产生的制动逐渐增大。当小型鼠笼电动机停转时，闸瓦紧抱闸轮，处于完全制动状态。只要改变鼠笼电动机的转速，就可以改变闸瓦与闸轮的间隙，产生不同的制动转矩。

图中 M6 就是电力液压推杆制动器的小型鼠笼式异步电动机。制动器的闸轮与电动机 M1 同轴。当中间继电器 KA1 失电时，M6 与 M1 定子电路并联。当两者同时通电时 M6 停止运转，制动器立即对提升电动机进行制动，使 M1 迅速刹车。

需要慢速下放重物时，中间继电器 KA1 线圈通电，其常开触头闭合，常闭触头断开，M6 通过三相自耦变压器 TC、万能转换开关 SA 接到 M1 的转子上。由于 M1 转子回路的交流电压频率 f_2 较低，使 M6 转速下降，闸瓦与制动轮间的间隙减少，两者发生摩擦并产生制动转矩，使 M1 慢速运行，提升机构以较低速度下降重物。

从起升控制电路中看出，主令控制器 SA1 只有转换到第"1"档位时，才能进行这种制动，因为这是主令控制器的第 2 对和第 8 对触头闭合，接触器 KM1$_R$ 线圈通电，使中间继电器 KA1 的线圈通电，才把 M6 接入 M1 的转子回路中。

若主令控制器 SA1 至下降的其他档位上，如第"2"档位上，SA1 的第 3 对触头闭合，接触器 KM8 线圈通电，其触头使 KA1 线圈失电，又使 M6 与 M1 转子回路分离，便无法控制提升电动机的转速。因此 SA1 只能放在第"1"档位上，制动器才能控制重物下放速度。另外，外接电阻此时全部接入转子回路，使 M1 慢速运行时的转子电流受到限制。

主令控制器 SA1 控制提升电动机的启动、调速和制动。在轻载时，将 SA1 至"1"档位，外接电阻全部接入，吊件被慢速提升。当 SA1 至"2"档位，KM8 线圈通电，短接一段电阻，使吊件提升速度加快，以后每转换一档便短接一段电阻，直到 SA1 至"5"档位，KM8～KM11 均通电，短接全部外接电阻，电动机运行在自然特性上，转速最高，提升吊件速度最快。

SQ1、SQ2 是幅度限位保护开关，起重臂俯仰变幅过程，一旦到达位置时，SQ1 或 SQ2 限位开关断开，使 KM5$_F$ 或 KM5$_R$ 失电释放，其触头断开切断电源，变幅电动机 M5 停止。

行走机构采用两台电动机 M2 和 M3 驱动，为保证行走安全，在行走架的前后各装 1 个行程开关 SQ3 和 SQ4，在钢轨两端各装 1 块撞块，起限位保护作用。当起重机往前或往后走到极限位置时，SQ3 或 SQ4 断开，使接触器 KM2$_F$ 或 KM2$_R$ 失电，切断 M2 或 M3，起重机停止行走，防止脱轨事故。

SQ5、SQ6 和 SQ7 分别是起重机的超高、钢丝绳脱槽和超重的保护开关。它们串联在接触器 KM1 和 KM7 的线圈电路中，在正常情况下它们是闭合的，一旦吊钩超高、提升重物超重或钢丝绳脱槽时，相应的限位开关断开，KM1 和 KM7 线圈失电，其主触头断开，切断电源，各台电动机停止运行，起到保护作用。

QT60/80 型塔式起重机电路中的电气设备符号和名称等，如表 6-5 所示。

QTZ60/80 型塔式起重机电气设备符号和名称   表 6-5

序号	符　　号	名　　称	型　号　规　格	数量
1	M1	提升电动机	JZR$_2$-51-8，22kW	1
2	M2　M3	行走电动机	JZR$_2$-31-8，7.5kW	2
3	M4	回转电动机	JZR$_2$-12-6，3.5kW	1
4	M5	变幅电动机	JZR$_2$-31-8，7.5kW	1
5	M6	电力液压推杆制动器	YT$_1$-90，250W	1
6	YA4	三相电磁制动器	MZS$_1$-7	1
7	YA5	三相电磁制动器	MZS$_1$-25	1
8	FA1	过电流继电器	JL$_5$-60	2
9	FA2	过电流继电器	JL$_5$-40	2
10	FA4	过电流继电器	JL$_5$-10	2
11	FA5	过电流继电器	JL$_5$-20	2
12	R1、4	提升附加电阻	RS-51-8/3	1
13	R2、3	行走频敏变阻器	BP$_1$-2	2
14	R4	回转频敏变阻器	BP$_1$-2	1
15	R5	变幅频敏变阻器	BP$_1$-2	1
16	KM1、KM1$_F$、KM1$_R$、KM2$_F$、KM2$_R$、KM10、KM11	交流接触器	CJ$_{10}$-100/3	3
17	KM6	交流接触器	CJ$_{10}$-60/3	4
18	KM7、KM4$_F$、KM4$_R$、KM5$_P$、KM5$_R$	交流接触器	CJ$_{10}$-20/3	1
19	KM8 KM9 KM2 KM3 KM4 KM5	交流接触器	CJ$_{10}$-40/3	11
20	KA1	中间继电器	JZ$_7$-44，380V	1
21	QS FU1	铁壳开关	HH-100	1
22	QF	自动开关	DZ$_{10}$-250/330，100A	1
23	S	事故开关	2×2，3A，钮子开关	1
24	SA1	主令控制器	LW$_5$-15-L6559/5	1
25	SA2、4、5	主令控制器	LW$_5$-15-F5871/3	3
26	SQ5	超高限位开关	LX$_3$-131 或 JLXK$_1$-111M	1
27	SQ6	脱槽保护开关	LX$_3$-11H 或 JLXK$_1$-411M	1
28	SQ7	起重保护开关	LX$_3$-11H 或 JLXK$_1$-411M	1
29	SQ3 SQ4	行走限位开关	LX$_4$-12	1
30	SQ1 SQ2	变幅限位开关	LX$_2$-131 成 JLXK$_1$-111M	2
31	S1 S2	钮子开关	2X2，220V，3A	2
32	S3 S4	钮子开关	2X2，220V，3A	2
33	S5 S6	组合开关	220V，10A	2
34	SA	万能转换开关	LW$_5$-15-D6370/5	1
35	SB1、2、3、7	按钮	LA$_2$	4
36	A	电流表	0～100A	1
37	V	电压表	0～500V	1
38	FU2	熔断器	RC$_{1A}$-15	2
39	FU3	熔断器	BLX	3
40	FU4 FU5	熔断器	RC$_1$A-10	5
41	TC1	信号变压器	50VA，380/6V	1
42	HL$_{1\sim3}$	电源指示灯	XD$_4$、～220V，2VA	3
43	HL$_{4\sim9}$	变幅信号灯	6V	6
44	HL10	提升零位指示灯	6V	1
45	H$_D$	吸顶灯	100W，220V	1
46	H$_T$	探照灯		1

小　结

本章从控制器及电磁抱闸入手（是为便于对后叙建筑机械电气线路分析），接着研究了散装水泥电路、混凝土搅拌机和塔式起重机的电路。

电磁抱闸，以单相电磁抱闸和电力液压推动器为主，简单说明了三相电磁抱闸，单、三相电磁抱闸只有抱闸和放松两种工作状态，而电力液压推动器有抱闸、放松和半松半紧三种状态，分别适用于不同的控制中。

控制器，这里仅对主令控制器的构造、原理及作用进行了介绍，便于对塔式起重机线路的分析。

散装水泥的电路中，主要阐述了称量及控制过程。

混凝土搅拌机是进行混凝土搅拌的设备，在搅拌之前需上料和称量，因此先对上料称量设备的电气控制进行分析，然后对混凝土搅拌机电路进行了详细的阐述。

塔式起重机是起重设备，本章对其结构、组成、运动方式及电气控制原理进行了叙述。

通过这些建筑机械的学习，可为较好从事建筑工程打下基础。

复习思考题

1. 主令控制器的作用？
2. 所学电磁抱闸有几种？各有何特点？有几种工作状态？
3. 散装水泥控制电路中，两台电动机作用是什么？
4. 混凝土搅拌有几道工序？
5. 骨料上料称量电路中是怎样完成上料和称量的？
6. 叙述混凝土搅拌过程的工作原理。
7. 塔式起重机电力拖动有何特点？
8. 叙述塔式起重机变幅及回转机构的工作过程。
9. 在轻载下，如何提升和下放重物？

第七章　电梯的电气控制

电梯是随着高层建筑的兴建而发展起来的一种垂直运输工具。在现代社会，电梯已象汽车、轮船一样，成为人类不可缺少的交通运输工具。电梯是机、电合一的大型复杂技术产品。本章电梯的机械部分，仅作简单介绍，重点是通过实例，介绍电梯电气控制的基本环节和系统分析。

第一节　电梯的分类和基本结构

一、电梯的分类

国产电梯一般按电梯用途、拖动方式、提升速度、控制方式等进行分类。

（一）按用途分类

1. 乘客电梯

为运送乘客而设计的电梯，主要用于宾馆、饭店、办公楼等客流量大的场合。这类电梯为了提高运送效率，其运行速度比较快，自动化程度比较高，轿厢的尺寸和结构形式多为宽度大于深度，使乘客能畅通地进出。而且安全设施齐全，装潢美观，乘坐舒适。

2. 载货电梯

为运送货物而设计的并通常有人伴随的电梯，主要用于两层楼以上的车间和各类仓库等场合。这类电梯的自动化程度和运行速度一般比较低，其装潢和舒适感不太讲究，而载重量和轿厢尺寸的变化范围则较大。

3. 客货两用电梯

主要用于运送乘客，但也可运送货物，它与乘客电梯的区别在于轿厢内部装饰结构不同。

4. 病床电梯

为运送病人、医疗器械等而设计的电梯。轿厢窄而深，有专职司机操纵，运行比较平稳。

5. 杂物电梯（服务电梯）

供图书馆、办公楼、饭店运送图书、文件、食品等。此类电梯的安全设施不齐全，禁止乘人，由门外按钮操纵。

除上述几种外，还有轿厢壁透明、装饰豪华的供乘客观光的观光电梯，专门用作运送车辆的车辆电梯，用于船舶上的船舶电梯等。

（二）按速度分类

（1）低速梯；速度 $v \leqslant 1\text{m/s}$ 的电梯。

（2）快速梯；速度 $1\text{m/s} < v < 2\text{m/s}$ 的电梯。

（3）高速梯；速度 $v \geqslant 2\text{m/s}$ 的电梯。

（三）按拖动方式分类：

1. 交流电梯

包括采用单速交流电机拖动、双速交流电机拖动、三速交流电机拖动、调速电机拖动的电梯。此类电梯多为低速梯和快速梯。

2. 直流电梯

包括采用直流发电机—电动机组拖动；直流晶闸管励磁拖动；晶闸管整流器供电的直流拖动的电梯。此类电梯多为快速梯和高速梯。

（四）按控制方式分类

1. 手柄操纵控制电梯

由电梯司机操纵轿厢内的手柄开关，实行轿厢运行控制的电梯。

司机用手柄开关操纵电梯的起动、上、下和停层。在停靠站楼板上、下 0.5～1m 之内有平层区域，停站时司机只需在到达该区域时，将手柄扳回零位，电梯就会以慢速自动到达楼层停止。有手动开、关门和自动门两种，自动门电梯停层后，门将自动打开。手柄操纵方式一般应用在低楼层的货梯控制。

2. 按钮控制电梯

操纵层门外侧按钮或轿厢内按钮，均可使轿厢停靠层站的控制。

（1）轿内按钮控制按钮箱安装在轿厢内，由司机进行操纵。电梯只接受轿内按钮的指令，厅门上的召唤按钮只能以燃亮轿厢内召唤指示灯的方式发出召唤信号，不能截停和操纵电梯，多用于客货两用梯。

（2）轿外按钮控制由安装在各楼层厅门口的按钮箱进行操纵。操纵内容通常为召唤电梯、指令运行方向和停靠楼层。电梯一旦接受了某一层的操纵指令，在完成前不接受其它楼层的操纵指令，一般用在杂物梯上。

3. 信号控制电梯

将层门外上下召唤信号、轿厢内选层信号和其它专用信号加以综合分析判断，由电梯司机操纵控制轿厢的运行。

电梯除了具有自动平层和自动门功能外，还具有轿厢命令登记、厅外召唤登记、自动停层、顺向截停和自动换向等功能。这种电梯司机操作简单，只需将需要停站的楼层按钮逐一按下，再按下启动按钮，电梯就能自动关门启动运行，并按预先登记的楼层逐一自动停靠、自动开门。在这中间，司机只需操纵启动按钮。当一个方向的预先登记指令完成后，司机只需再按下启动按钮，电梯就能自动换向，执行另一个方向的预先登记指令。在运行中，电梯能被符合运行方向的厅外召唤信号截停。采用这种控制方式的常为住宅梯和客梯。

4. 集选控制电梯

将各种信号加以综合分析，自动决定轿厢运行的无司机控制。

乘客在进入轿厢后，只需按一下层楼按钮，电梯在等到预定的停站时间时，便自动关门启动运行，并在运行中逐一登记各楼层召唤信号，对符合运行方向的召唤信号，逐一自动停靠应答，在完成全部顺向指令后，自动换向应答反向召唤信号。当无召唤信号时，电梯自动关门停机或自动驶回基站关门待命。当某一层有召唤信号时，再自动启动前往应答。由于是无司机操纵，轿厢需安装超载装置。采用这种控制方式的，常为宾馆、办公大楼中的客梯。

集选控制电梯一般都设有有/无司机操纵转换开关。实行有司机操纵时，与信号控制电梯功能相同。

5. 并联控制电梯

2～3 台集中排列的电梯，公用层门外召唤信号，按规定顺序自动调度，确定其运行状态的控制，电梯本身具有自选功能。

6. 群控电梯

对集中排列的多台电梯，公用层门外按钮，按规定程序的集中调度和控制，利用微机进行集中管理的电梯。

二、电梯的基本结构

电梯是机、电合一的大型复杂产品，机械部分相当于人的躯体，电气部分相当于人的神经，机与电的高度合一，使电梯成了现代科学技术的综合产品。下面简单介绍机械部分，见电梯结构图 7-1。

（一）曳引系统

功能：输出与传递动力，使电梯运行。

组成：主要由曳引机、曳引钢丝绳、导向轮、电磁制动器等组成。

1. 曳引机

它是电梯的动力源，由电动机、曳引轮等组成。以电动机与曳引轮之间有无减速箱曳引机又可分为无齿曳引机和有齿曳引机。

无齿曳引机由电动机直接驱动曳引轮，一般以直流电动机为动力。由于没有减速箱为中间传动环节，它具有传动效率高、噪声小、传动平稳等优点。但存在体积大、造价高等缺点，一般用于 2m/s 以上的高速电梯。

有齿曳引机的减速箱具有降低电动机输出转速，提高输出力矩的作用。减速箱多采用

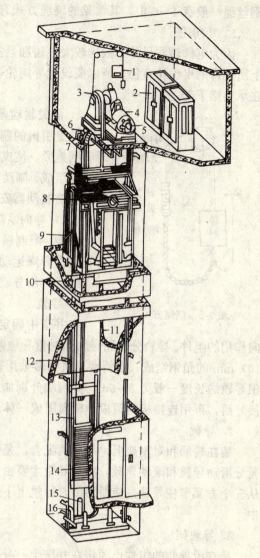

图 7-1 电梯的基本结构

1—极限开关；2—控制框；3—曳引轮；4—电动机；5—手轮；6—限速器；7—导向轮；8—开门机；9—轿厢；10—安全钳；11—控制电缆；12—导轨架；13—导轨；14—对重；15—缓冲器；16—钢绳张紧轮

蜗轮蜗杆传动减速，其特点是启动传动平稳、噪音小，运行停止时根据蜗杆头数不同起到不同程度的自锁作用。有齿曳引机一般用在速度不大于 2m/s 的电梯上。配用的电动机多为交流机。曳引机安装在机房中的承重梁上。

曳引轮是曳引机的工作部分，安装在曳引机的主轴上，轮缘上开有若干条绳槽，利用两端悬挂重物的钢丝绳与曳引轮槽间的静摩擦力，提高电梯上升、下降的牵引力。

2. 曳引钢丝绳

连接轿厢和对重（也称平衡重），靠与曳引轮间的摩擦力来传递动力，驱动轿厢升降。

钢丝绳一般有 4～6 根，其常见的绕绳方式有半绕式和全绕式，见图 7-2。

3. 导向轮

因为电梯轿厢尺寸一般比较大，轿厢悬挂中心和对重悬挂中心之间距离往往大于设计上所允许的曳引轮直径，所以要设置导向轮，使轿厢和对重相对运行时不互相碰撞。安装在承重梁下部。

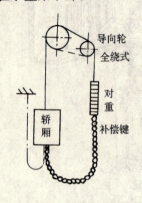

图 7-2　绕绳方式

4. 电磁制动器

是曳引机的制动用抱闸。当电动机通电时松闸，电动机断电时将闸抱紧，使曳引机制动停止，由制动电磁铁、制动臂、制动瓦块等组成。制动电磁铁一般采用结构简单、噪音小的直流电磁铁。电磁制动器安装在电动机轴与减速器相连的制动轮处。

（二）导向系统

功能：限制轿厢和对重的活动自由度，使轿厢和对重只能沿着导轨作升降运动。

组成：由导轨、导靴和导轨架组成。

1. 导轨

在井道中确定轿厢和对重的相互位置，并对它们的运动起导向作用的组件。导轨分轿厢导轨和对重导轨两种，对重导轨一般采用 75mm×75mm×（8～10）mm 的角钢制成，而轿厢导轨则多采用普通碳素钢轧制成 T 字形截面的专用导轨。每根导轨的长度一般为 3～5m，其两端分别加工成凹凸形状榫槽，安装时将凹凸榫槽互相对接好后，再用连接板将两根导轨紧固成一体。

2. 导靴

装在轿厢和对重架上，与导轨配合，是强制轿厢和对重的运动服从于导轨的部件。导靴分滑动导靴和滚动导靴。滚动导靴主要由两个侧面导轮和一个端面导轮构成。三个滚轮从三个方面卡住导轨，使轿厢沿着导轨上下运行，并能提高乘坐舒适感，多用在高速电梯中。

3. 导轨架

是支承导轨的组件，固定在井壁上。导轨在导轨架上的固定有螺栓固定法和压板固定法两种。

（三）轿厢

功能：用以运送乘客或货物的电梯组件，是电梯的工作部分。

组成：由轿厢架和轿厢体组成。

1. 轿厢架

是固定轿厢体的承重构架。由上梁、立柱、底梁等组成。底梁和上梁多采用 16～30 号槽钢制成，也可用 3～8mm 厚的钢板压制而成。立柱用槽钢或角钢制成。

2. 轿厢体

是轿厢的工作容体，具有与载重量和服务对象相适应的空间，由轿底、轿壁、轿顶等组成。

轿底用 6～10 号槽钢和角钢按设计要求尺寸焊接框架，然后在框架上铺设一层 3～4mm 厚的钢板或木板而成。轿壁多采用厚度为 1.2～1.5mm 的薄钢板制成槽钢形，壁板的两头分别焊一根角钢作头。轿壁间以及轿壁与轿顶、轿底间多采用螺钉紧固成一体。轿顶的结构与轿壁相仿。轿顶装有照明灯，电风扇等。除杂物电梯外，电梯的轿顶均设置安全窗，以便在发生事故或故障时，司机或检修人员上轿顶检修井道内的设备。必要时，乘用人员还可以通过安全窗撤离轿厢。

轿厢是乘用人员直接接触的电梯部件，各电梯制造厂对轿厢的装潢是比较重视的，一般均在轿壁上贴各种类别的装潢材料，在轿顶下面加装各种各样的吊顶等，给人以豪华舒适的感觉。

（四）门系统

功能：封住层站入口和轿厢入口。

组成：由轿厢门、层门、门锁装置、自动门施动装置等组成。

1. 轿门

设在轿厢入口的门，由门、门导轨架、轿厢地坎等组成。轿门按结构形式可分为封闭式轿门和栅栏式轿门两种。如按开门方向分，栅栏式轿门可分为左开门和右开门两种。封闭式轿门可分为左开门、右开门和中开门三种。除一般的货梯轿门采用栅栏门外，多数电梯均采用封闭式轿门。

2. 层门

层门也称厅门，设在各层停靠站通向井道入口处的门。由门、门导轨架、层门地坎、层门联动机构等组成。门扇的结构和运动方式与轿门相对应。

3. 门锁装置

设置在层门内侧，门关闭后，将门锁紧，同时接通门电联锁电路，使电梯方能启动运行的机电联锁安全装置。轿门应能在轿内及轿外手动打开，而层门只能在井道内人为解脱门锁后打开，厅外只能用专用钥匙打开。

4. 开关门机

使轿门、层门开启或关闭的装置。开关门电动机多采用直流分激式电动机作原动力，并利用改变电枢回路电阻的方法，来调节开、关门过程中的不同速度要求。轿门的启闭均由开关门机直接驱动，而厅门的启闭则由轿门间接带动。为此，厅门与轿门之间需有系合装置。

为了防止电梯在关门过程中将人夹住，带有自动门的电梯常设有关门安全装置，在关门过程中只要受到人或物的阻挡，便能自动退回，常见的是安全触板。

（五）重量平衡系统

功能：相对平衡轿厢重量，在电梯工作中能使轿厢与对重间的重量差保持在某一个限额之内，保证电梯的曳引传动正常。

组成：由对重和重量补偿装置组成。

1. 对重

由对重架和对重块组成，其重量与轿厢满载时的重量成一定比例，与轿厢间的重量差具有一个衡定的最大值，又称平衡重。

为了使对重装置能对轿厢起最佳的平衡作用，必须正确计算对重装置的总重量。对重装置的总重量与电梯轿厢本身的净重和轿厢的额定载重量有关，它们之间的关系常用下式来决定：

$$P = G + QK \tag{7-1}$$

式中　P——对重装置的总重量（kg）；

　　　G——轿厢净重（kg）；

　　　Q——电梯额定载重量（kg）；

　　　K——平衡系数（一般取 0.45～0.5）。

2. 重量补偿装置

在高层电梯中，补偿轿厢侧与对重侧曳引钢丝绳长度变化对电梯平衡设计影响的装置，分为补偿链和补偿钢丝绳两种形式。补偿装置的链条（或钢丝绳）一端悬挂在轿厢下面，另一端挂在对重下面，并安装有张紧轮及张紧行程开关。当轿厢蹾底时，张紧轮被提升，使行程开关动作，切断控制电源，使电梯停驶。

（六）安全保护系统

功能：保证电梯安全使用，防止一切危及人身安全的事故发生。

组成：分为机械安全保护系统和机电联锁安全保护系统两大类。机械部分主要有：限速装置、缓冲器等。机电联锁部分主要有终端保护装置和各种联锁开关等。

1. 限速装置

限速装置由安全钳和限速器组成。其主要作用是限制电梯轿厢运行速度。当轿厢超过设计的额定速度运行处于危险状态时，限速器就会立即动作，并通过其传动机构——钢丝绳、拉杆等，促使（提起）安全钳动作抱住（卡住）导轨，使轿厢停止运行，同时切断电气控制回路，达到及时停车，保证乘客安全的目的。

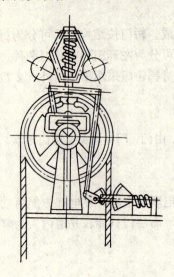

图 7-3　甩球式限速器

（1）限速器：限速器安装在电梯机房楼板上，其位置在曳引机的一侧。限速器的绳轮垂直于轿厢的侧面，绳轮上的钢丝绳引下井道与轿厢连接后再通过井道底坑的张紧绳轮返回到限速器绳轮上，这样限速器的绳轮就随轿厢运行而转动。

限速器有甩球限速器和甩块限速器两种。甩球限速器的球轴突出在限速器的顶部，并与拉杆弹簧连接，随轿厢运行而转动，利用离心力甩起球体控制限速器的动作，结构图见图 7-3。甩块限速器的块体装在心轴转盘上，原理与甩球相同。如果轿厢向下超速行驶时，超过了额定速度的 15%，限速器的甩球或甩块的离心力就会加大，通过拉杆和弹簧装置卡住钢丝绳，制止钢丝绳移动。但若轿厢仍向下移动，这时，钢丝绳就会通过传动装置把轿厢两侧的安全钳提起，将轿厢制停在导轨上。

（2）安全钳：安全钳安装在轿厢架的底梁上，即底梁两端各装一副，其位置和导靴相似，随轿厢沿导轨运行，见图 7-4。安全钳楔块由拉杆、弹簧等传动机构与轿厢侧限速器钢丝绳连接，组成一套限速装置。

当电梯轿厢超速，限速器钢丝绳被卡住时，轿厢再运行，安全钳将被提起。安全钳是有角度的斜形楔块并受斜形外套限制，所以向上提起时必然要向导轨夹靠而卡住导靴，制止轿厢向下滑动，同时安全钳开关动作，切断电梯的控制电路。

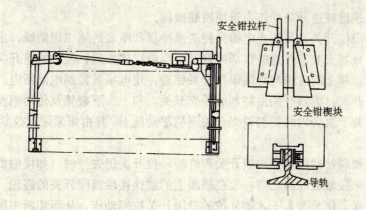

图 7-4　安全钳

2. 缓冲器

缓冲器安装在井道底坑的地面上。若由于某种原因，当轿厢或对重装置超越极限位置发生蹲底时，它是用来吸收轿厢或对重装置动能的制停装置。

缓冲器按结构分，有弹簧缓冲器和油压缓冲器两种。弹簧缓冲器是依靠弹簧的变形来吸收轿厢或对重装置的动能，多用在低速梯中。油压缓冲器是以油作为介质来吸收轿厢或对重的动能，多用在快速梯和高速梯中。

3. 端站保护装置

是一组防止电梯超越上、下端站的开关，能在轿厢或对重碰到缓冲器前，切断控制电路或总电源，使电梯被曳引机上电磁制动器所制动。常设有强迫减速开关、终端限位开关和极限开关，见图 7-5 所示。

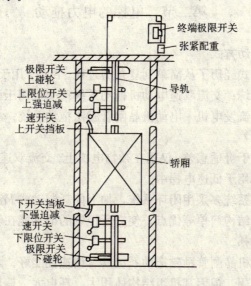

图 7-5　端站保护装置

（1）强迫减速开关：是防止电梯失控造成冲顶或蹲底的第一道防线，由上、下两个限位开关组成，一般安装在井道的顶端和底部。当电梯失控，轿厢行至顶层或底层而又不能换速停止时，轿厢首先要经过强迫减速开关，这时，装在轿厢上的碰块与强迫减速开关碰

143

轮相接触，使强迫减速开关动作，迫使轿厢减速。

（2）终端限位开关：是防止电梯失控造成冲顶和蹲底的第二道防线，由上、下两个限位开关组成，分别安装在井道的顶部或底部。当电梯失控后，经过减速开关而又未能使轿厢减速行驶，轿厢上的碰铁与终端限位开关相碰，使电梯的控制电路断电，轿厢停驶。

（3）极限开关：极限开关由特制的铁壳开关，和上、下碰轮及传动钢丝绳组成。钢丝绳的一端绕在装于机房内的特制铁壳开关闸柄驱动轮上，并由张紧配重拉紧。另一端与上、下碰轮架相接。

当轿厢超越端站碰撞强迫减速开关和终端限位开关仍失控时（如接触器断电不释放），在轿厢或对重未接触缓冲器之前，装在轿厢上的碰铁接触极限开关的碰轮，牵动与极限开关相连的钢丝绳，使只有人工才能复位的极限开关拉闸动作，从而切断主回路电源，迫使轿厢停止运动。

（4）钢丝绳张紧开关：电梯的限速装置、重量补偿装置、机械选层器等的钢绳或钢带都有张紧装置。如发生断绳或拉长变形等，其张紧开关将断开，切断电梯的控制电路等待检修。

（5）安全窗开关：轿厢的顶棚设有一个安全窗，便于轿顶检修和断电中途停梯而脱离轿厢的通道，电梯要运行时，必须将打开的安全窗关好后，安全窗开关才能使控制电路接通。

（6）手动盘车：当电梯运行在两层中间突然停电时，为了尽快解脱轿厢内乘坐人员的处境而设置的装置。手动盘轮安装在机房曳引电动机轴端部，停电时，人力打开电磁抱闸，用手转动盘轮，使轿厢移动。

第二节　电梯的电力拖动

一、电梯的电力拖动方式

电梯的电力拖动方式经历了从简单到复杂的过程。目前，用于电梯的拖动系统主要有：交流单速电动机拖动系统；交流双速电动机拖动系统；交流调压调速拖动系统；交流变频变压调速拖动系统；直流发电机—电动机晶闸管励磁拖动系统；晶闸管直流电动机拖动系统等。

交流单速电动机由于舒适感差，仅用在杂物电梯上。交流双速电动机具有结构紧凑，维护简单的特点，广泛应用于低速电梯中。

交流调压调速拖动系统多采用闭环系统，加上能耗制动或涡流制动等方式，具有舒适感好、平层准确度高、结构简单等优点，使它所控制的电梯能在快、低速范围内大量取代直流快速和交流双速电梯。

直流发电机—电动机晶闸管励磁拖动系统具有调速性能好、调速范围宽等优点，在70年代以前得到广泛的应用。但因其机组结构体积大、耗电大、造价高等缺点，已逐渐被性能与其相同的交流调速电梯所取代。

晶闸管直流电动机拖动系统在工业上早有应用，但用于电梯上却要解决低速时的舒适感问题，因此应用较晚，它几乎与微机同时应用在电梯上，目前世界上最高速度的（10m/s）电梯就是采用这种系统。

交流变频变压拖动系统可以包括上述各种拖动系统的所有优点,已成为世界上最新的电梯拖动系统,目前速度已达 6m/s。

从理论上讲,电梯是垂直运动的运输工具,无需旋转机构来拖动,更新的电梯拖动系统可能是直线电机拖动系统。

二、交流双速电动机拖动系统的主电路

1. 电梯用交流电动机

电梯能准确地停止于楼层平面上,就需要使停车前的速度愈低愈好。这就要求电动机有多种转速。交流双速电动机的变速是利用变极的方法实现的,变极调速只应用在鼠笼式电动机上。为了提高电动机的启动转矩,降低启动电流,其转子要有较大的电阻,这就出现了专用于电梯的 JTD 和 YTD 系列交流电动机。

双速电动机分双绕组双速和单绕组双速电动机。双绕组双速(JTD 系列)电动机是在定子内安放两套独立绕组,极数一般为 6 极和 24 极。单绕组双速(YTD 系列)电动机是通过改变定子绕组的接线来改变极数进行调速。根据电机学知识,变速时要注意相序的配合。

电梯用双速电动机,高速绕组用于起动、运行。为了限制启动电流,通常在定子回路中串入电抗或电阻来得到启动速度的变化。低速绕组用于电梯减速、平层过程和检修时的慢速运行。电梯减速时,由高速绕组切换成低速绕组,转换初始时电动机转速高于低速绕组的同步转速,电动机处于再生发电制动状态,转速将迅速下降,为了避免过大的减速度,在切换时应串入电抗或电阻并分级切除,直至以慢速绕组(速度)进行低速稳定运行到平层停车。

2. 交流双速电动机的主电路

图 7-6 是常见的低速电梯拖动电动机主电路,电动机为单绕组双速鼠笼式异步电机,与双绕组双速电动机的主要区别是增加了虚线部分和辅助接触器 KM_{FA}。

电路中的接触器 KM_U 和 KM_D 分别控制电动机的正、反转。接触器 KM_F 和 KM_S 分别控制电动机的快速和慢速接法。快速接法的启动电抗 L 由快速运行接触器 KM_{FR} 控制切除。慢速接法的启、制动电抗 L 和启、制动电阻 R 由接触器 KM_{B1} 和 KM_{B2} 分两次切除,均按时间原则控制。

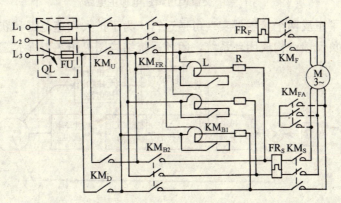

图 7-6 交流双速电梯的主电路

电动机正常工作的工艺过程是:接触器 KM_U 或 KM_D 通电吸合,选择好方向;快速接

触器 KM$_F$ 和快速辅助接触器 KM$_{FA}$ 通电吸合，电动机定子绕组接成 6 极接法，串入电抗 L 启动，经过延时，快速运行接触器 KM$_{FR}$ 通电吸合，短接电抗 L，电动机稳速运行，电梯运行到需停的层楼区时，由停层装置控制使 KM$_F$、KM$_{FA}$ 和 KM$_{FR}$ 失电，又使慢速接触器 KM$_S$ 通电吸合，电动机接成 24 极接法，串入电抗 L 和电阻 R 进入再生发电制动状态，电梯减速，经过延时，制动接触器 KM$_{B1}$ 通电吸合，切除电抗 L，电梯继续减速；又经延时，制动接触器 KM$_{B2}$ 通电吸合，切除电阻 R，电动机进入稳定的慢速运行；当电梯运行到平层时，由平层装置控制使 KM$_S$，KM$_{B1}$，KM$_{B2}$ 失电，电动机由电磁制动器制动停车。

三、交流调压调速电梯的主电路

交流调压调速电梯在快速梯中已广泛应用，但其主电路的控制方式差别较大，此处仅以天津奥梯斯快速梯为例进行简单介绍。

1. 系统组成特点

该系统采用双绕组双速鼠笼式电动机。高速绕组由三相对称反并联的晶闸管交流调压装置供电，以使电动机启动、稳速运行。低速绕组由单相半控桥式晶闸管整流电路供电，以使电梯停层时处于能耗制动状态，系统能按实际情况实现自动控制。主电路见图 7-7 所示。

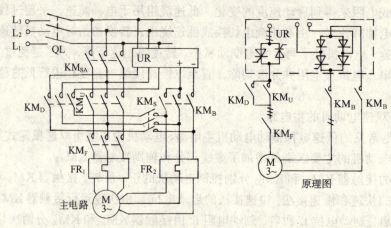

图 7-7　交流调压调速电梯主电路

该系统采用了正反两个接触器实现可逆运行。为了扩大调速范围和获得较好的机械特性，采用了速度负反馈，构成闭环系统，闭环系统结构图见图 7-8 所示。

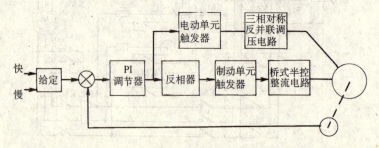

图 7-8　交流调压调速电梯闭环结构图

此速度负反馈是按给定与速度比较信号的正负差值来控制调节器输出的极性，或通过电动单元触发器控制三相反并联的晶闸管调节三相电动机定子上的高速绕组电压以获得电动工作状态；或经反相器通过制动单元触发器，控制单相半控桥式整流器调节该电动机定子上低速绕组的直流电压以获得制动工作状态。无需逻辑开关，也无需两组调节器，便可以依照轿厢内乘客多寡以及电梯的运行方向使电梯电机工作在不同状态。

2. 运行状态分析

以轿厢满载上升为例，此时电机负载最大，启动和稳定运行时，给定信号大于速度负反馈信号，比较信号极性为正，调节器输出为正，使电动单元触发器工作，而使反相器封锁制动单元触发器，于是电动机工作在电动状态。当需要停层时，由停层装置发出减速信号，其给定信号减小（慢速），但电动机速度来不及降低，调节器输出为负，将电动单元触发器关闭，经过反相器将制动单元触发器开启，电动机进入能耗制动进行减速。当速度降到平层给定速度时，给定信号大于速度反馈信号，电动机又进入电动状态。平层时，为了防止电磁制动器抱住电动机轴上的制动轮引起的不适，电机还需要按给定曲线减速，直至速度为零，电磁制动器释放为止。速度给定电压曲线见图 7-9 所示。

该系统无论交流调压电路，还是整流电路都受速度反馈系统控制和自动调节，如电梯满载向上运行时，系统处于电动状态，其负荷比半载时大，电动机速度要降低，速度反馈与给定的差值增大，调节器输出增大，脉冲前移，三相反并联的晶闸管的导通角变大，加在电动机高速绕组上的交流电压增加，电动机转速也相应增加，故可使电动机速度不因负荷的变化而变化。

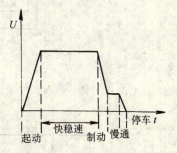

图 7-9　速度给定电压曲线

电梯检修运行时，该系统的慢速绕组通过接触器 KM_S 和慢速辅助接触器 KM_{SA} 直接接通三相交流电源实现慢速运行，方向由上升接触器 KM_U 或下降接触器 KM_D 控制实现。

第三节　按钮控制电梯

电梯的电气控制主要由下列基本环节组成：自动开关门电路；选层、定向电路；起动、运行电路；停层减速电路；平层停车电路；厅门召唤电路；位置、方向显示电路；安全保护电路等。用这些环节可以构成各种控制方式，根据控制方式和管理要求不同，其整体控制电路繁简差别较大，也无标准电路，各个环节又相互穿插，融为一体，单独画出对初学者难于理解，现以轿内按钮控制电梯为例，按运行工艺过程对各个环节进行介绍，参见图 7-10。

一、自动开关门电路

1. 对开关门电路的要求

（1）电梯关门停用时，应能在外面将厅门自动关好；启用时应能在外面将门自动打开；门关到位或开到位应能使门电机自动断电。

（2）为了使轿厢门能开闭迅速而又不产生撞击，开启过程应以较快速度开门，最后阶段应减速，直到开启完毕；在关门的初始阶段应快速，最后阶段分两次减速，直至轿门全部合拢。为了安全，应加设防止夹人安全装置。

2. 停梯关门的操作顺序

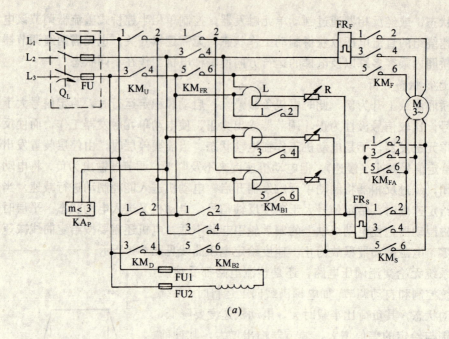

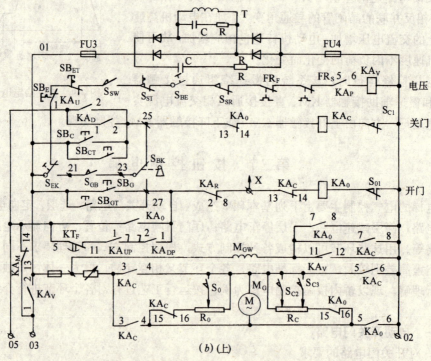

图 7-10 交流、轿内按钮控制电梯电路（一）

（1）把电梯开到基站，固定在轿厢架的限位开关打板碰压固定在轿厢导轨上的厅外开关门控制行程开关 S_{GB}，使 21 和 23 号线接通。

（2）关闭照明灯等。扳动电源控制开关 S_{EK}，使 01 和 21 接通，并切断电压继电器 KA_V 电路，KA_V 失电复位，被 KA_V 触点控制的电路失电。

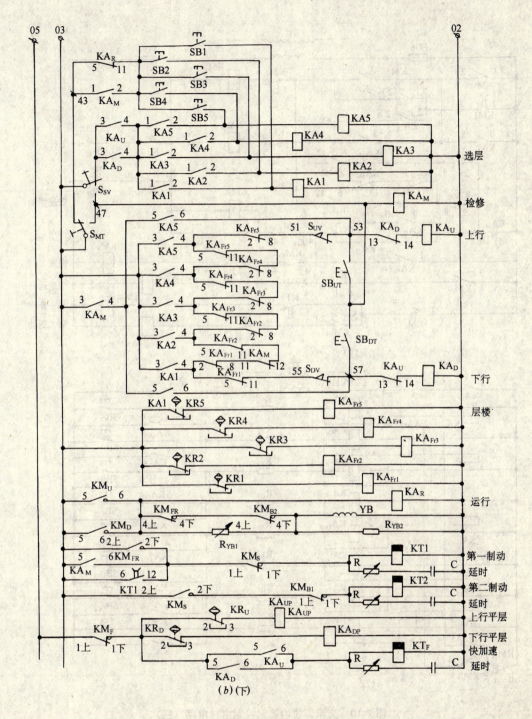

图 7-10　交流、轿内按钮控制电梯电路（二）

（3）司机离开轿厢，用专用钥匙扭动基站厅外召唤箱上的开关门钥匙开关 S_{BK}，使 23 和 25 接通，关门继电器 KA_C 通过 01 至 02 获得 110V 直流电源，KA_C 吸合（以下用↑表示继电器、接触器、限位开关等吸合或动作，用↓表示释放或复位）：

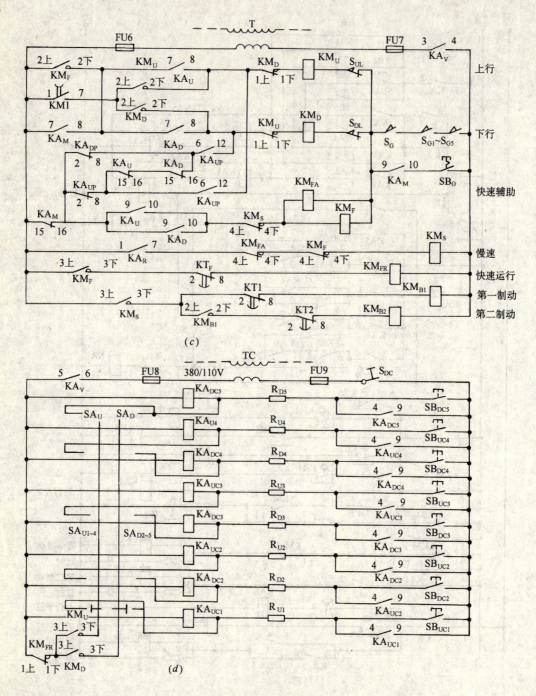

图 7-10 交流、轿内按钮控制电梯电路（三）

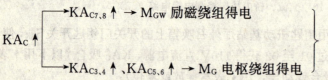

M_G 启动运行，开始快速关门，门关至 $75\%\sim80\%$ 时，压动关门行程开关 $S_{C3}\uparrow$，作关门过

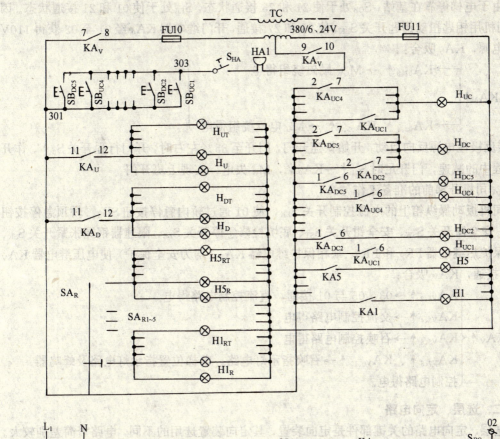

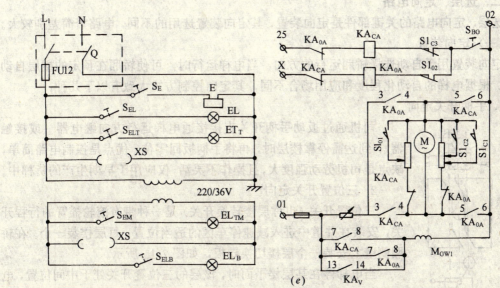

图 7-10 交流、轿内按钮控制电梯电路（四）

(a) 主电路；(b) 直流控制电路；(c) 交流控制电路；(d) 呼梯信号电路；(e) 其它电路

程中的第一次减速，门关至 90% 左右时，压动关门行程开关 S_{C2}↑，作关门过程中的第二次减速，门关好时，行程开关 S_{C1}↑→KA_C↓，M_G 失电，实现下班关门。

3. 司机开门的操作顺序

由于电梯停靠在基站，S_{GB}处于使 21 和 23 接通状态，S_{EK}处于使 01 和 21 接通状态。因此，司机用钥匙扭动钥匙开关S_{BK}，使 23 和 27 接通，开门继电器KA_0经 01 至 02 获得 110V 直流电源，KA_0吸合：

$$KA_0 \uparrow \begin{cases} \to KA_{07,8} \uparrow \to M_{GW} \text{ 励磁绕组得电} \\ \\ \to KA_{03,4} \uparrow \text{、} KA_{05,6} \to M_G \text{ 电枢绕组得电} \end{cases}$$

M_G接反极性电源反向启动，开始快速开门，门开至 85％左右时，开门行程开关$S_0 \uparrow$，作开门过程中的减速，门开足时$S_{01} \uparrow \to KA_0 \downarrow$，$M_G$失电，实现上班开门。

4. 司机开梯前的准备工作

司机扳动操纵箱上的电源控制开关S_{EK}，使 01 通过轿内急停按钮SB_E、轿顶急停按钮SB_{ET}、安全窗开关S_{SW}、安全钳开关S_{ST}、底坑检修急停开关SB_{BE}、限速器钢绳张紧开关S_{SR}、过载保护热继电器FR_F和FR_S、缺相保护继电器KA_P（均为安全保护）使电压继电器KA_V与 02 接通，KA_V吸合：

$$KA_V \uparrow \begin{cases} KA_{V1,2} \uparrow \to 03\text{、} 05 \text{ 与 01 接通，直流控制电路得电。} \\ KA_{V3,4} \uparrow \to \text{交流控制电路得电。} \\ KA_{V5,6} \uparrow \to \text{召唤控制电路得电。} \\ KA_{V7,8} \uparrow \text{、} KA_{V9,10} \uparrow \to \text{召唤指示灯电路，电梯位置指示灯电路及蜂鸣器} \\ \text{控制电路得电。} \end{cases}$$

二、选层、定向电路

选层、定向电路的关键部件是定向装置，其定向装置选用的不同，电路繁简差别较大。

（一）定向装置

定向装置用于自动选择轿厢运行的方向，当电梯运行时，可使轿厢在预定的楼层自动停层。根据电梯的自动化程度和应用场合不同，其定向控制方式大致有以下几种：

1. 手柄开关定向

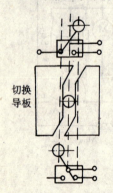

司机通过扳动手柄开关直接接通电梯运行方向继电器（或接触器），到达需停靠楼层时，再将手柄扳回零位。优点是控制电路简单，缺点是司机劳动强度大，且操作不灵活，仅应用于早期生产的货梯中。

2. 三位置开关定向

三位置开关（也称层楼转换开关）是一种带有滚轮摇臂的行程开关，安装在井道中进入减速停车区的适当位置，每层楼装一个。在轿厢侧壁上安装一个层楼切换导板，如图 7-11 所示。

当电梯停在某层楼平面时，该层的三位置开关处于中间位置，电梯上行时，其下方各层的三位置开关被导板切换成下向位置。电梯下行时，其上方各层的三位置开关被导板切换成上向位置。这样当电梯轿厢所在层楼上方出现运行指令时，就可使电梯定为上向运行，电梯

切换导板

图 7-11 三位置开关

运行到该层时，切换导板将三位置开关置于中间，发出停层减速信号；而在下方出现运行指令时则定为下向运行。

此种定向装置组成的控制电路简单，但在使用过程中有撞击现象，容易损坏，仅用在低层楼的杂物梯和货梯中。

3. 机械选层器定向

机械选层器实质上是按一定比例（如60∶1）缩小了的电梯井道，由定滑板、动滑板、钢架、传动齿轮箱等组成。动滑板由链条和变速链轮带动，链轮又和钢带轮相接，钢带轮的钢带（或链带）伸入井道，通过张紧轮张紧，钢带中间接头处固定在轿厢架上。电梯运行时，动滑板和轿厢作同步运动，如图7-12所示。

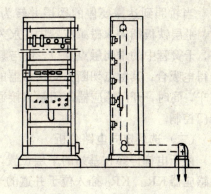

在选层器中，对应每层楼有一个定滑板，在定滑板上安装有多组静触头和微动开关（或干簧继电器），在动滑板上安装有多组动触头和碰块（或感应铁板）。当动滑板运行到对应楼层时，该层的定滑板上的静触头与动滑板上的动触头相接触，其微动开关也因碰块的碰撞发生相应的变化。当动滑板离开对应的楼层时，其触头组又恢复原状态。

利用选层器中的多组触头可实现定向、选层消号、位置显示、发出减速信号等，功能越多，其触头组越多，也可使继电线路结构简化，可靠性提高。但因其按电梯井道比例缩小，对选层器的机械制造

图7-12　机械选层器

精度要求较高，目前多用于快速电梯的控制，应用实例见本章第四节。近几年还生产有数字选层器、微机选层器等先进产品，主要用于微机控制的电梯。

4. 永磁感应器定向

永磁感应器（也称永磁传感器或干簧继电器）由U型永磁钢、干簧管、盒体组成。干簧管中装有既能导电，又能导磁的金属簧片制成的动触头，并装有两个静触头，一个由导磁材料制成，与动触头组成一对常开触点，另一个由非导磁材料制成，与动触头组成一对常闭触点（永磁感应器的图形符号就是按此状态画出的），结构图见图7-13所示。

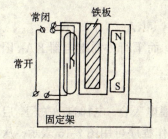

图7-13　永磁感应器

把干簧管和永磁钢安放在U形结构的盒体对侧上，中间一般相距20～40mm。在永磁钢磁场的吸引下，两个导磁材料触点被磁化，相互吸引而闭合，常闭触点断开，若有感应铁板插入U形盒体结构中时，永磁钢的磁场通过铁板而组成回路（称磁短路或旁路），金属簧片失去吸力而在本身的弹性作用下复位，其常闭触点恢复。

永磁感应器安装在井道中停层区适当位置，每层楼安装一个，并带动一个继电器，然后经继电器组成的逻辑电路，有顺序的反映出电梯的位置信号，再与各层楼的内外召唤信号进行比较而定出电梯运行方向。感应铁板固定在轿厢侧面，长约1.2m，当轿厢停层时，永磁感应器应处于感应铁板正中间。轿厢运行时，到达平层区停车位置前约0.6m处（开始减速区），感应铁板便进入永磁感应器的U形结构中起磁短路作用，永磁感应器的触点复位，与其组合的继电器通电吸合，发出层楼转换信号或停层减速信号。

由于永磁感应器的触点动作灵敏又无撞击，且可以进行多台电梯的综合控制，因此得到广泛的应用。缺点是需要配用的继电器较多。

另外，永磁感应器还广泛用于电梯的平层停车和自动开门控制，作为平层停车和自动开门控制的永磁感应器安装在轿厢顶部支架上。有上升平层感应器、开门感应器、下降平层感应器三个或二个（无开门感应器）。每层楼平层区井道中装有平层感应铁板，长度为600mm，当轿厢停靠在某层站时，平层铁板应全部插入三个永磁感应器的空隙中，见图7-14 所示。

当轿厢到达需要停的楼层并转为慢速运行进入平层区时，平层铁板插入永磁感应器中，永久磁钢的磁场被铁板短路，干簧管中的常闭触点复位，使与其串联的平层控制继电器得电吸合，其触点切断方向接触器的电源，使电动机失电停车，同时，开门感应器常闭触点接通开门电路，实现自动开门控制。

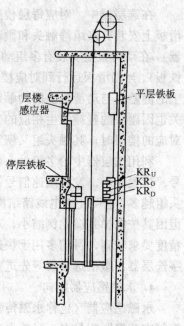

图中标注：层楼感应器、停层铁板、平层铁板、KR$_U$、KR$_G$、KR$_D$

图 7-14　电梯平层时示意图

（二）选层定向电路分析

由于电梯停靠在基站的平层位置，位于轿顶的上、下平层感应器 KR$_U$、KR$_D$ 插入位于井道的平层铁板中，感应器内永磁钢产生的磁场被平层铁板短路，KR$_U$ 和 KR$_D$ 触点复位，上升平层继电器 KA$_{UP}$ 和下降平层继电器 KA$_{DP}$ 均得电吸合。同时，位于轿顶实现换速的感应铁板插入位于井道的层楼感应器中，如果基站设在一楼，一楼层楼感应器 KR1 触点复位，层楼继电器 KA$_{Fr1}$ 通电吸合。除此之外，轿内外指层灯、位置指示灯均亮，电气控制系统处于启动运行前的正常状态。

当轿厢内有人（或货）要上三楼时，司机点按选层按钮 SB3，选层继电器 KA3 吸合：

KA3↑→KA3$_{3,4}$↑，通过定向电路中层楼继电器 KA$_{Fr3,2,8}$↓、KA$_{Fr4,5,11}$↓、KA$_{Fr4,2,8}$↓、KA$_{Fr5,5,11}$↓、KA$_{Fr5,2,8}$↓ 等触点使上行方向继电器 KA$_U$ 吸合。而下行方向继电器 KA$_D$ 因 KA$_{Fr1,2,8}$↑、KA$_{Fr1,5,11}$↑ 触点断开，不会得电，实现方向选择。

三、启动、运行电路

司机点按三楼的选层按钮 SB3 后，上行方向继电器 KA$_U$ 通电吸合，电梯自动关门，启动上行、加速、快速运行，电气控制系统有关电气元件先后动作程序可用图7-15 表示。从电气元件先后动作控制程序图，可以看出控制系统各电器的元件之间的相互控制关系，了解电梯启动运行时电路原理图的控制原理。

从启动、运行过程分析可知，曳引电动机与电磁制动器 YB 是同时得电的，因此，电磁制动器必须快速打开。一般对电磁制动器要进行强激，电磁制动器打开后，为了节约能耗，需串入经济电阻。图中 R$_{YB1}$ 就是起此作用的电阻。R$_{YB2}$ 的作用是：YB 断电时，通过 R$_{YB2}$ 放电，使电磁制动器不会徒然的抱紧，引起乘坐人员的不舒适感。

四、停层减速和平层停车电路

1. 停层减速

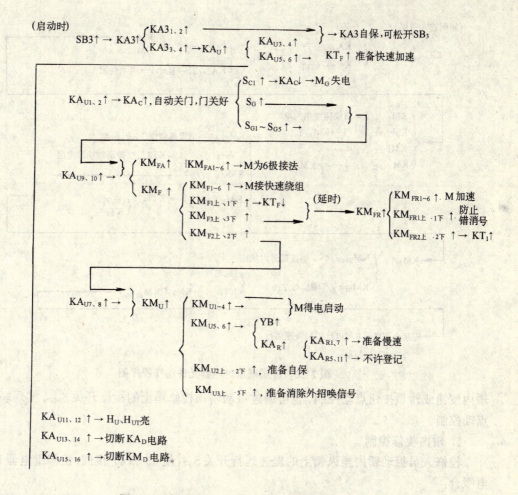

图 7-15 启动运行时电器元件动作程序图

当电梯以设计速度从一楼出发，到达具有内指令登记信号的三楼过程中，位于轿顶的层楼感应器铁板分别插进二、三楼井道里的层楼感应器，使 KR2、KR3 先后复位，KA_{Fr2}、KA_{Fr3} 先后吸合。由于二楼没有轿内指令信号，KA_{Fr2} 吸合，$KA_{Fr2、2、8}$ 和 $KA_{F2、5、11}$ 触点断开也不会切断 KA_U 的电路，当 KR3 复位，KA_{Fr3} 吸合，$KA_{Fr3、2、8}$ 和 $KA_{Fr3、5、11}$ 触点断开后，便切断了 KA_U 的电路，使电梯由快速运行切换为慢速运行。有关电器的元件先后动作程序可用图 7-16 表示。

2. 平层停车

电梯慢速上升，当电梯轿厢踏板与三楼的厅门踏板相平时，由于轿厢顶部的上、下平层感应器均进入三楼井道里的平层铁板，KR_U 和 KR_D 复位，KA_{UP} 和 KA_{DP} 吸合，电梯立即停靠停止，并自动开门。有关电器元件先后动作程序可用图 7-17 表示。

电梯轿厢停靠三楼，乘用人员进（或出）入轿厢，司机问明乘用人员准备前往楼层后，点按操纵箱的层楼选择按钮，电梯通过定向电路自动控制上、下运行。按钮控制电梯，每次只能选择一个楼层，如同一个方向按两个楼层按钮，电梯将停靠两个中较远的楼层。

五、检修运行控制

当电梯出现故障需要检修时，检修人员可通过扳动轿内操纵箱上的慢速开关 S_{SV}，实现

（轿厢进入三层）

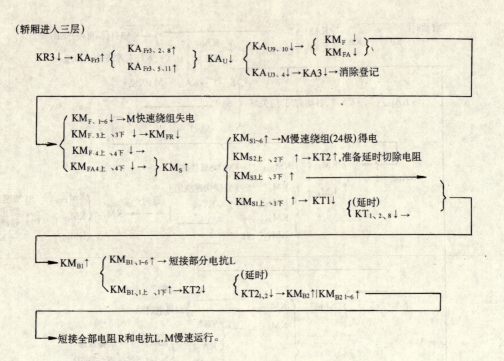

图 7-16　停层减速时电器元件动作程序图

轿内按钮或轿顶按钮点动控制,也可通过扳动轿顶检修箱上的检修开关S_{MT},实现轿顶按钮点动控制。

1. 轿内检修控制

检修人员扳动轿内操纵箱上的慢速运行开关S_{SV},使03和47接通,检修继电器KA_M得电吸合:

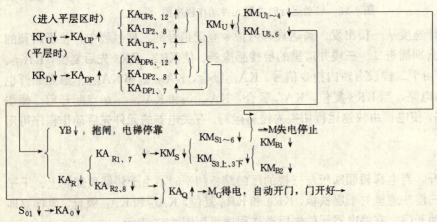

图 7-17　平层停车时电器元件动作程序图

此时,检修人员可通过轿内操纵箱上的选层按钮或轿顶检修箱上的慢上和慢下按钮SB_{UT}、SB_{DT}控制电梯作上或下慢速检修运行。

轿内检修时,需操纵最高或最低层选层按钮。若电梯在二楼停靠,准备到四楼检修电梯时，在一般情况下，检修人员应先按下操纵箱的关门按钮 SB_C，把门关好。如果需在开着门的情况下检修电梯时，需先按下操纵箱的门联锁按钮 SB_G，然后按下操纵箱的最高层按钮 $SB5$，电梯便能启动上行，加速、慢速、满速运行，这时电气控制系统各有关电器元件先后动作程序如图 7-18 所示。

$$KA_M \uparrow \begin{cases} KA_{M1,2} \uparrow \rightarrow 电梯只能点动运行。 \\ KA_{M3,4} \uparrow \rightarrow 自动定向环节有故障，不影响开梯。 \\ KA_{M5,6} \uparrow \rightarrow 准备慢速加速。 \\ KA_{M7,8} \uparrow \rightarrow 准备慢速起动。 \\ KA_{M9,10} \uparrow \rightarrow 准备检修时开着门开动电梯，利于检查。 \\ KA_{M11,12} \uparrow \rightarrow 防止 KA_U 和 KA_D 互相争抢动作。 \\ KA_{M13,14} \uparrow \rightarrow 切除与检修运行无关的电路。 \\ KA_{M15,16} \uparrow \rightarrow 切断快速接触器电路。 \end{cases}$$

电梯到达检修人员要求到达的位置时，检修人员只要把按钮 SB5 松开，电梯将立即停靠，这种情况叫点动开梯。采用点动开梯的目的，是为了便于检修人员方便，安全地检修。需要下行时，只需按下 SB1，电梯便能启动下行。

2. 轿顶检修控制

检修人员可以站在轿厢顶部进行检修，此时可以通过轿顶检修厢的慢上按钮 SB_{UT} 或慢下按钮 SB_{DT}，点动控制电梯作上或下慢速运行。

检修人员开梯前，需先扳动检修箱的检修开关 S_{MT} 或轿内慢速开关 S_{SV}，使 03 和 47 接通，KA_M 经 S_{MT} 或 S_{SV} 从 03 和 02 号线得电吸合，电气控制系统作好慢速检修运行准备。当按下 SB_{UT} 时，电气控制系统有关电气元件动作程序与图 7-18 相似。KA_U 通过开关 S_{MT} 或 S_{SV} 得电吸合，KM_U 得电吸合，电梯慢速向上运行。

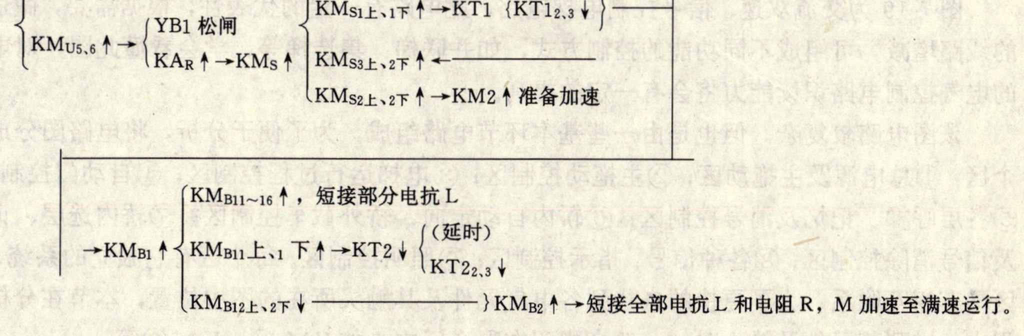

（慢上启动时）

$$SB5 \uparrow \rightarrow KA5 \uparrow \{KA_{5,6} \uparrow \rightarrow KA_U \uparrow \{KA_{U7,8} \uparrow \rightarrow KM_U \uparrow$$

$$\begin{cases} KM_{U1\sim4} \uparrow 准备接 M \\ KM_{U5,6} \uparrow \begin{cases} YB1 松闸 \\ KA_R \uparrow \rightarrow KM_S \uparrow \end{cases} \begin{cases} KM_{S1\sim6} \uparrow \rightarrow M 得电，减压启动 \\ KM_{S1上、1下} \uparrow \rightarrow KT1 \{KT1_{2,3} \downarrow \} \\ KM_{S3上、2下} \uparrow \leftarrow \\ KM_{S2上、2下} \uparrow \rightarrow KM2 \uparrow 准备加速 \end{cases} \end{cases}$$

$$\rightarrow KM_{B1} \begin{cases} KM_{B11\sim16} \uparrow, 短接部分电抗 L \\ KM_{B11上、1下} \uparrow \rightarrow KT2 \downarrow \begin{cases} （延时） \\ KT2_{2,3} \downarrow \end{cases} \\ KM_{B12上、2下} \downarrow \end{cases} \} KM_{B2} \uparrow \rightarrow 短接全部电抗 L 和电阻 R，M 加速至满速运行。$$

图 7-18 检修慢上有关电器元件动作程序图

检修人员控制电梯向下运行时，按下 SB_{DT}，KA_D 得电吸合，KM_D 得电吸合，电梯向下

157

运行。向下慢速运行时电气元件动作程序与上行基本相同。

六、召唤、信号及其它电路

1. 召唤、信号电路

在每层厅门旁装有向上和向下召唤按钮 $SB_{UC}SB_{DC}$，最高层和最低层各装一个。每个按钮有两对常开触头，一对配接对应的召唤继电器，另一对串在蜂鸣器回路中。

设二楼有人要向上，点按 SB_{UC2}，KA_{UC2} 得电吸合，轿内指示灯 H_{UC} 亮，说明有人呼梯向上（具体是哪层、该电路没能体现），厅指示灯 H_{UC2} 亮，说明召唤电路通。而 SB_{UC2} 的另一对触头使 HA 响。松开按钮，光信号保持，声信号消除。

层楼召唤信号的消除是利用层楼指示器的动、静触头实现的。

层楼指示器主要由代表轿厢运行位置的活动电刷组及与层楼数相对应的层楼触头盘组成。电刷组由三个滑动电刷组成，通过装在曳引机轴上的轮、链条及减速装置来带动。触头盘共有三圈，其中一圈用导线连成与层楼数相等的触头组，当轿厢位于任何一站时，指示灯电刷与相应的触头组接通，使轿内和厅外指层灯中相对应该站的数字灯点亮，指示出轿厢运行位置。触头盘上另两圈触头作为上、下召唤继电器复位用，其数量与位置各对应于层楼数和停站位置。当轿厢位于各层站位置时，复位电刷应与其相应的触头接触。

在轿厢整个行程中，电刷板旋转的角度应不大于 250°，在指示器上对应于轿厢上、下极限工作位置处各设有一挡板，以此限位。

2. 其它电路

(1) 照明电路：电梯照明电路由电源开关单独控制，不受极限开关控制，防止极限开关跳闸造成轿厢内黑暗。检修时需用手提灯，因此有 36V 供电。

(2) 轿厢后门自动门电路：如果电梯轿厢需要前后都有门（称串通门），为了后门也能自动开、关门而增设的电路。后门自动门与前门的控制线路相同，只是增加了一个后门开关 SB_G。如要求后门与前门同时开与关时，将后门开关 SB_G 合上就可实现。

(3) 保护电路：除与电压继电器 KA_V 串联的几种保护外，还设有终端三种限位保护、门联锁保护等。

第四节 交流双速、信号控制电梯

图 7-19 为交流双速、信号控制电梯电路，此电路有一定的代表性，根据需要，做适当的线路增减，可组成不同功能的控制方式，如并联梯、集选梯等。学会看懂此图，对电梯的电气控制电路识读能力将会有一定的提高。

该图电路较复杂，但也是由一些基本环节电路组成，为了便于分析，将电路图分成九个区：①总电源及主拖动区；②主拖动控制区；③电梯运行过程控制区；④自动门控制区；⑤各层呼梯、记忆及消号控制区；⑥轿内自动定向、轿外截车控制区；⑦轿内选层、记忆及信号消除控制区；⑧各种信号、指示控制区；⑨照明控制区。每个区有它独立的系统，各区又有相互联系。为了更快的查找到各电气元件及其触头所在的图中位置，本节在分析过程中，讲到某元件及触头时，一般会指明在哪个区内，如 KM_F②、KA_R③等。

该电梯是应用机械选层器控制定向、指示和消除登记信号、召唤信号。机械选层器的工作原理已在前节中介绍，在电路图中反映的元件主要有：安装在对应各层定滑板上起不

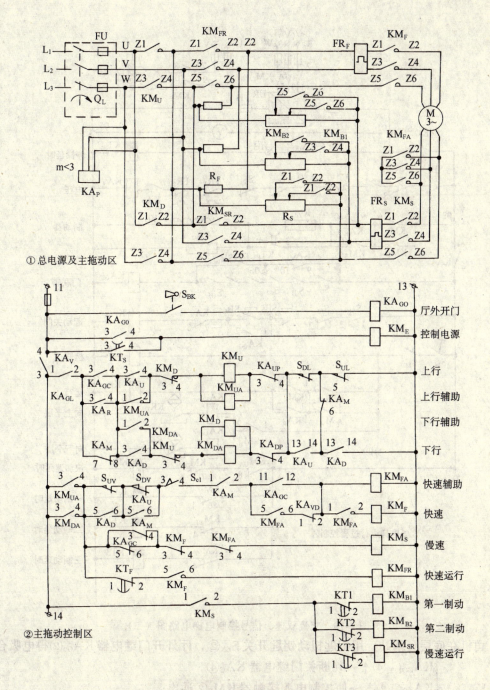

图 7-19 交流双速、信号控制电梯电路图（一）

同作用的微动开关、静触头及安装在对应轿厢运行的动滑板上各微动开关碰块、动触头等，主要分布在⑤、⑥、⑦、⑧四个区。

该电路图是以五层五站为例，电梯轿厢在底层，轿门、厅门关闭，各区均处在无电状态时的情况。下面按工作顺序分析其控制过程。

一、电梯运行准备

1. 司机上班开门

159

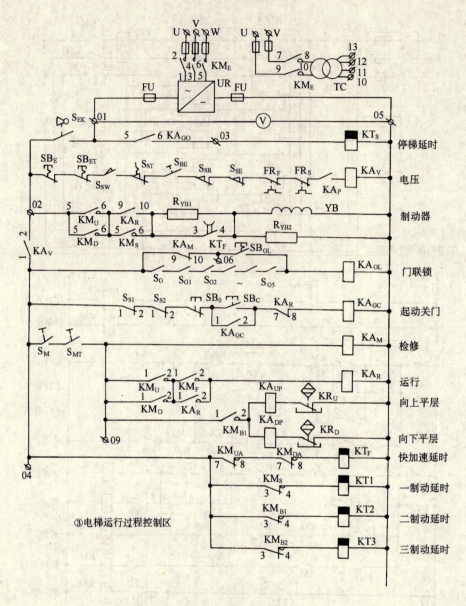

图 7-19　交流双速、信号控制电梯电路图（二）

司机在底层（基站）用钥匙扭动钥匙开关 S_{BK}②，厅外开门继电器 KA_{G0}②得电吸合：

$$KA_{G0}↑\begin{cases}KA_{G01,2}、④↑→切断关门继电器 KA_C④。\\ KA_{G03,4}②↑→使控制电源接触器 KM_E②通电。\\ KA_{G05,6}③↑→使 03 号线和停梯延时，继电器 KT_S③等待通电。\end{cases}$$

KM_E②得电吸合：

$$KM_E↑\begin{cases}KM_{E1～6}③↑→使直流控制电路接通电源。\\ KM_{E7～10}③↑→使交流控制电路等接通电源。\end{cases}$$

当直流控制电路接通电源后，经变压器变压，整流输出 110V 直流电。01、05、03 号线有电，KT_S③↑ $\{KT_{S3,4}$②↑→为停梯时关门延时停电作准备；同时，开门继电器 $KA_0$④

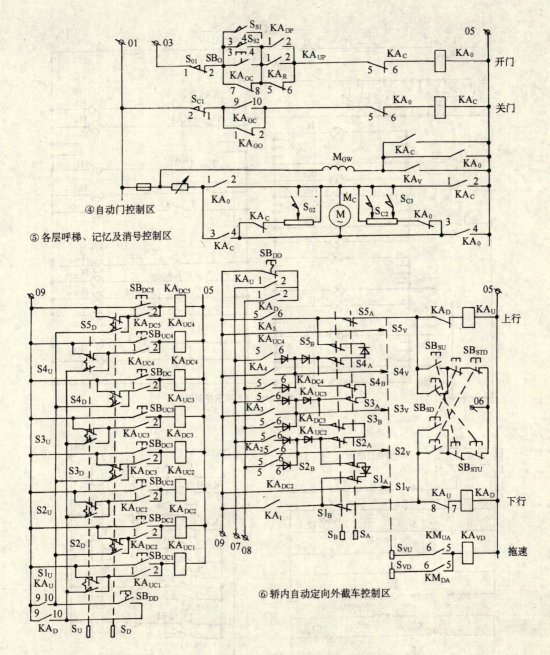

图 7-19 交流双速、信号控制电梯电路图（三）

得电吸合，门自动打开（运行过程与前节相同），门开好后，开门到位行程开关 S_{01}④ ↑，KA_0 失电。

2. 运行准备

司机进入轿厢，合上轿内照明开关 S_{EL}⑨，照明灯 EL 亮。用钥匙扭动电源钥匙开关（轿内）S_{KE}③，02 号线有电。在各安全开关（轿内急停按钮 SB_E、轿顶急停按钮 SB_{ET}、安全窗开关 S_{SW}、安全钳开关 S_{ST}、底坑检修急停开关 S_{BE}、限速器钢绳张紧开关 S_{SR}、过载保护热继电器 FR_F 和 FR_S、缺相保护继电器 KA_P、机械选层器钢绳张紧开关 S_{SE}）均为正常时，

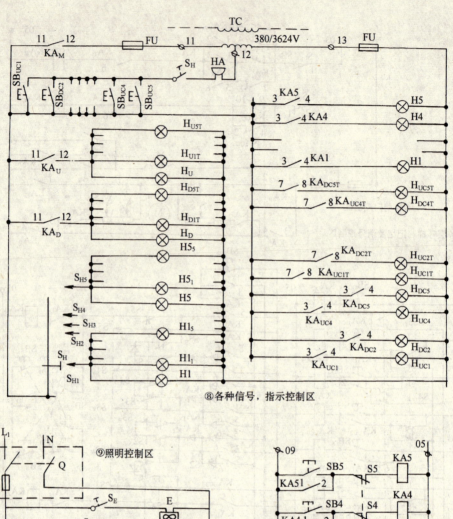

⑧各种信号，指示控制区

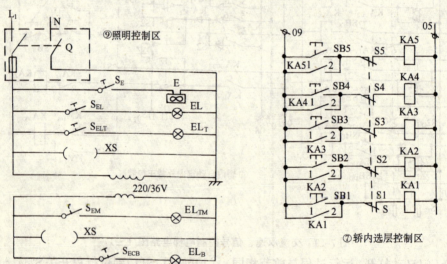

⑨照明控制区

⑦轿内选层控制区

图 7-19　交流双速、信号控制电梯电路图（四）

电压继电器 KA_V③通电吸合：

$$KA_V \uparrow \begin{cases} KA_{V1,2}③ \uparrow \rightarrow 使\,04\,号线有电。 \\ KA_{V3,4}② \uparrow \rightarrow 使\,14\,号线有电。 \end{cases}$$

04 线通电后，快速加速时间继电器 KT_F③、第一制动时间继电器 $KT_1$③、第二制动时间继电器KT2③、第三制动时间继电器KT3③均得电吸合，其触点瞬时动作，为电动机起动、制动减速过程中延时切除电阻作准备。

当电梯准备投入正常运行时，将轿内检修开关S_M③、轿顶检修开关S_{MT}③均放在不检修位置（合上），09号线有电，检修继电器KA_M③得电吸合：

$$KA_M \uparrow \begin{cases} KA_{M1,2}② \uparrow \to 为接通 KM_F②，KM_{FA}②作准备。 \\ KA_{M3,4}② \uparrow \to 正常运行时，不先接通 KM_S②。 \\ KA_{M5,6}② \uparrow \to 将终端限位开关串入方向接触器电路。 \\ KA_{M7,8}② \uparrow \to 不关门不能接通上下行方向接触器电路。 \\ KA_{M9,10}③ \uparrow \to 06 号线不能通电。 \\ KA_{M11,12}⑧ \uparrow \to 信号指示电路可以工作。 \end{cases}$$

二、电梯运行

信号控制电梯的功能在本章第一节中已介绍，具有轿内指令登记和顺向截停功能。但每次运行时，必须按一次启动关门按钮。因此，它的启动运行由关门按钮和选层按钮共同控制，可以是先选层，后启动关门，也可反之，两者互不影响，下面分别分析。

1. 选层、定向

乘用人员进入轿厢后，司机问明乘用人员准备到达的楼层并逐一点按选层按钮进行登记，当第一个选层按钮被按下后，电梯就自动定好方向，设选择四楼、五楼，分别按SB4⑦、SB5⑦，对应的层楼继电器得电吸合，并通过定向电路使方向继电器得电，选择好电梯的运行方向。各电气元件动作程序见图7-20所示。

2. 启动关门

乘用人员进入轿厢后（客满或无人进），司机按关门按钮SB_C③，启动关门继电器KA_{GC}③得电吸合：

$$KA_{GC} \uparrow \begin{cases} KA_{GC1,2}③ \uparrow \to 自保。 \\ KA_{GC3,4}② \uparrow \to 准备接通方向接触器 KM_U 或 KM_D。 \\ KA_{GC5,6}② \uparrow \to 切断慢速接触器 KM_S②通路。 \\ KA_{GC7,8}④ \uparrow \to 切断开门继电器 KA_0④通路。 \\ KA_{GC9,10}④ \uparrow \to 使关门继电器 KA_C 得电。 \\ KA_{GC11,12}② \uparrow \to 准备接通快速辅助接触器 KM_{FA}。 \end{cases}$$

关门继电器KA_C④得电吸合，进行自动关门（关门运行过程与前节相同），门关好后，压下关门到位行程开关S_{C1}，其常闭触点$S_{C11,2}$④↑，切断KA_C④通路，其常开触点$S_{C13,4}$②↑，准备接通快速回路。

如果在关门过程中，轿厢门安全触板先碰撞其它物体时，其关门安全触板开关$S_{S1,1,2}$③或$S_{S2,1,2}$③断开，使KA_{GC}③↓→KA_C④↓，停止关门，同时$S_{S1,3,4}$④↑或$S_{S2,3,4}$④↑，使KA_0↑，实现开门过程。如要关门，必须重新按关门按钮SB_C。

在各层厅门关好后，门开关S_G、S_{G1}～S_{G5}均受压，门联锁继电器KA_{GL}③得电吸合，$KA_{GL1,2}$②↑，为接通方向接触器作准备。

3. 电梯启动，加速运行

当电梯门关好，并选择好要到达的层楼，定好了方向，此时$KA_{GL1,2}$②↑，$KA_{GC3,4}$②↑，$KA_{V3,4}$②↑，使上行方向接触器KM_U和上行方向辅助接触器KM_{UA}得电吸合，电梯就自动启动和加速运行。各电器元件动作程序见图 7-21 所示。

4. 停层换速制动

当电梯的轿厢运行时，机械选层器上的动滑板也按比例移动，动滑板上的碰块和动触头与各层楼对应的定滑板上的微动开关和静触头相碰撞和接触，使微动开关触头发生变化和动静触头接触指示轿厢运行层楼。

当轿厢运行到四楼停层区时，动滑板上的动触头 S_{VU}⑥与定滑板上的静触头 S_{4V}⑥相接触，由于 S_{4V}⑥经 $KA4_{5,6}$⑥↑有电，换速继电器 KA_{VD}⑥得电吸合，电梯实现换速、制动及慢速停靠。各电器元件动作程序见图 7-22 所示。

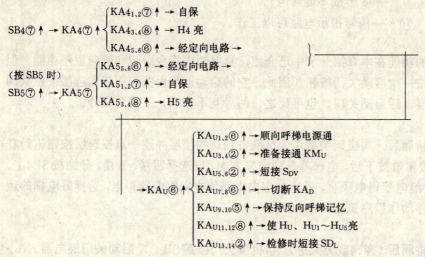

图 7-20　选层、定向时电气元件动作程序图

5. 平层停车，自动开门

当电梯慢速运行到平层时，井道中的平层铁板插入上平层感应器 U 型结构中，上平层感应器 KR_U③触点恢复，使上行平层继电器 KA_{UP}③得电吸合：

$$KA_{UP} \uparrow \begin{cases} KA_{UP1,2}④\uparrow \to KA_0\uparrow \to 实现自动开门过程。\\ KA_{UP3,4}②\uparrow \to KM_U②\downarrow \cdot KM_{UA}②\downarrow \to 电动机失电停止。 \end{cases}$$

当 KM_U、KM_{UA} 失电后，电磁制动器 YB 失电，通过 R_{YB2} 放电将电磁抱闸抱紧。同时，KA_R③、KM_S②、KM_{B1}②、KM_{B2}②、KM_{SR}②、KA_{UP}③，相继失电。KT_F③、KT1③、KT2③、KT3③ 又重新得电，为下次启动运行串入电阻延时切除作准备。

平层后，门是自动打开的。开门过程与前节相同，当门开好后，压下行程开关 S_{01}④，开门继电器 $KA_0$④失电。

当电梯进入平层时，机械选层器上动滑板碰块 S⑦碰开 S4，KA4 失电消号；碰块 S_A、S_B 碰开 S_{4A} 和 S_{4B}，但上行方向继电器 KA_U 由 $KA5_{5,6}$ 通电而继续吸合，乘客进出轿厢后，司机只需再按启动关门按钮 SB_C③，启动关门继电器 KA_{GC}③得电，实现关门过程。门关好后，由于上行方向继电器 KA_U 还继续吸合，电梯将保持原方向，启动过程与前相同。

三、电梯的其它功能工作过程

1. 顺向呼梯和反向呼梯

电梯底层厅门旁装有一个向上呼梯按钮，顶层厅门旁装有一个向下呼梯按钮，中间层

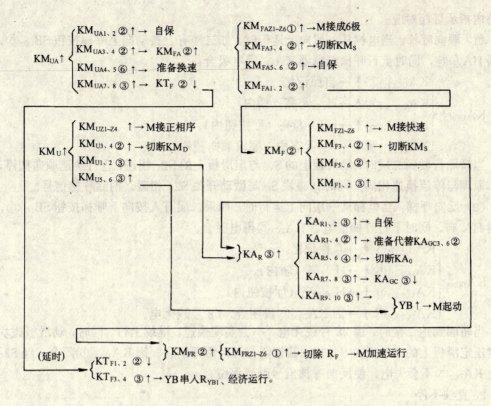

图 7-21 电梯启动、加速运行电器元件动作程序图

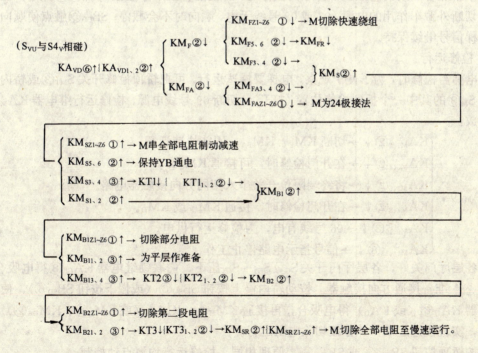

图 7-22 减速时电器元件动作程序图

站厅门旁都装有向上和向下呼梯按钮，各层厅门上方装有电梯运行方向及位置指示灯，它

与轿内指示灯相对应。

（1）顺向呼梯：当电梯从一层向上运行时，如二楼有人按动向上呼梯按钮 SB_{UC2}⑤，蜂鸣器 HA⑧响，同时上行呼梯继电器 KA_{UC2} 得电吸合：

$$KA_{UC2}\uparrow\begin{cases}KA_{UC2\ 1,2}⑤\uparrow\to 自保记忆。\\KA_{UC2\ 3,4}⑧\uparrow\to H_{UC2}⑧亮（轿内）。\\KA_{UC2\ 7,8}⑧\uparrow\to H_{UC2T}⑧亮（厅按钮内）。\\KA_{UC2\ 5,6}⑥\uparrow\to S2_V⑥有电，要求顺向截停。\end{cases}$$

当轿厢行驶到二层时，动滑板上的 S_{VU} 与定滑板上的 $S2_V$ 相碰，进行换速顺向截停，其工作原理与停层换速相同。同时，碰块 S_U 与微动开关 $S2_U$ 相碰，消除呼梯信号。

（2）反向呼梯：当电梯从一层向上运行时，如果二层有人按向下呼梯按钮 SB_{DC2}⑤，蜂鸣器 HA 响，同时下行呼梯继电器 KA_{DC2}⑤得电吸合：

$$KA_{DC2}\begin{cases}KA_{DC2\ 1,2}⑤\uparrow\to 自保记忆。\\KA_{DC2\ 3,4}⑧\uparrow\to H_{DC2}亮（轿内）。\\KA_{DC2\ 7,8}⑧\uparrow\to H_{DC2T}亮（厅按钮内）。\\KA_{DC2\ 5,6}⑥\uparrow\to 因 KA_{D1,2}⑥没闭合，08 号线无电。\end{cases}$$

当轿厢到达二楼时，因 08 号线无电，不会实现换速，继续上行。同时，动滑板碰块 S_D 将碰压定滑板上的微动开关 $S2_D$⑤，其常闭打开，常开闭合。因 $KA_{U9,10}$⑤闭合，经 $S2_D$ 常开使 KA_{DC2}⑤不会失电，使反向呼梯信号继续保留。

2. 直驶不停

如果轿厢客满或其它原因不许顺向截停时，司机按直驶不停按钮 SB_{DD}⑥⑤，其中 SD_{DD}⑥触点切断外截车作用的电源，07 或 08 号线无电，顺向时不会截停；SB_{DD}⑤触点使顺向及反向呼梯信号继续保持。

3. 检修运行

当电梯需检修时，为了便于观察，电梯要慢速运行，可把轿顶检修开关 S_{MT}③或轿内检修开关 S_M③的其中一个扳到检修位置（打开），切断 09 号线电源，检修运行继电器 KA_M③失电释放：

$$KA_M③\downarrow\begin{cases}KA_{M1,2}②\downarrow\to 切断 KM_F、KM_{FA}，不能快速运行。\\KA_{M3,4}②\downarrow\to 在开门检修时，可接通 KM_S②。\\KA_{M5,6}②\downarrow\to 将终端限位开关串入相同方向接触器电路。\\KA_{M7,8}②\downarrow\to 在开门检修时，接通 KM_U 或 KM_D。\\KA_{M9,10}③\downarrow\to 06 号线有电，为检修运行供电。\\KA_{M11,12}⑧\downarrow\to 信号指示电路停止工作。\end{cases}$$

当各层厅门关好，各层厅门开关 S_G，S_{G1}～S_{G5} 压下，门联锁继电器 KA_{GL}③得电吸合，$KA_{GL1,2}$②↑准备接通方向接触器。按动轿内慢上按钮 SB_{SU}⑥（或慢下按钮 SB_{SD}⑥），使方向继电器 KA_U⑥（或 KA_D）得电吸合，再接通 KM_U②、KM_{UA}（或 KM_D②、KM_{DA}②）及 KM_S②，实现慢速起动，并分级切除电阻运行。

如按轿顶按钮 SB_{STU}⑥或 SB_{STD}⑥，原理相同。检修运行均属点动控制。

如需开门检修运行时，按门联锁按钮 SB_{GL}③可短接门开关 S_G，S_{G1}～S_{G5}，使 KA_{GL}③得电吸合。其它与关门检修运行相同。

4. 停梯下班关门

电梯停在底层，司机在轿厢内断开电源钥匙开关 S_{EK}③，出轿厢在厅门旁断开底层钥匙开关 S_{BK}②，厅外开门继电器失电释放：

$$KA_{GO} \downarrow \begin{cases} KA_{GO\,1,2}④\downarrow \rightarrow KA_C\uparrow \text{ 实现自动关门。} \\ KA_{GO\,3,4}②\downarrow \rightarrow KM_E \text{ 由 } KT_{S3,4} \text{ 延时，为关门供电。} \\ KA_{GO\,5,6}③\downarrow \rightarrow KT_S③ \text{ 延时动作，为关门供电。} \end{cases}$$

当门关好后，压下关门到位行程开关 S_{C1}，KA_C 失电。当 KT_S③ 延时完毕，KM_E② 失电，信号及控制电源断电。

5. 轿厢运行指示及其它

轿厢运行到几楼，是利用选层器中动滑板上的动触头 S_H 与对应各层定滑板上的静触头 $S_{H1} \sim S_{H5}$ 接触，使各层厅和轿内指示灯 H1～H5 亮，显示出轿厢运行到哪一层的指示。

轿厢在关门过程中，按 $SB_0$③④可实现强行开门，$SB_0$③断开 KA_{GC}，$SB_0$④接通 KA_O。

轿厢中的照明电源由电源开关 Q 单独控制，不受极限开关 Q_L 的控制。为了检修时安全使用手提灯，手提灯的电压为 36V 安全电压。

电梯电路中的安全保护可分为电气保护和机电联锁保护两类。

电气保护主要有：欠电压保护 KA_V③，缺相保护 KA_P①，过载保护 FR③，短路保护 FU 等。

机电联锁保护主要有：上下行强迫减速开关 S_{UV} 和 S_{DV}②，上下行终端限位开关 S_{UL} 和 S_{DL}②，极限开关 Q_L①，安全窗开关 S_{SW}③，安全钳开关 S_{ST}，限速器钢绳张紧开关 S_{SR}③，选层器钢带张紧开关 S_{SE}③，安全触板开关 S_{S1}④③和 S_{S2}④③，门关好联锁开关 S_G、$S_{G1} \sim S_{G5}$ 等。机电联锁保护应与机械联系起来理解。

小　结

本章从电梯的分类和基本构造入手，叙述了电梯中的专用设备、相关知识及电梯的电力拖动，最后以按钮控制电梯和信号控制电梯两个应用实例对电梯的控制进行了详细的分析，为从事电梯工程打下了基础。

电梯是由六个系统组成的，即：曳引系统、导向系统、轿厢系统、门系统、重量平衡系统和安全保卫系统。本书电梯实例中，电动机构采用交流双速拖动。层楼转换开关、平层感应器等均为电梯的专用设备，前者实现层楼转换，后者准确发出平层停车信号。

书中实例采用了两种不同的分析方法，即前例采用一般分析法，后例则采用分区式箭头分析法，即分析前先规定：触头动作"↑"，触头复位"↓"，线圈通电"↑"，线圈断电"↓"，分析时，在这个基础上排出动作过程程序图，这种方法，对分析复杂线路较为适用。

复习思考题

1. 曳引系统主要有哪几部分组成？曳引轮、导向轮各起什么作用？

2. 门系统主要有哪几部分组成？门锁装置的主要作用？

3. 限速器与安全钳是怎样配合对电梯实现超速保护的？

4. 端站保护装置有哪三道防线？

5. 有一台电梯的额定载重量为 1000kg，轿厢净重为 1200kg，若取平衡系数为 0.5，求对重装置的总重量 P 为多少？

6. 电梯用双速鼠笼式电动机的快速绕组和慢速绕组各起什么作用？串入的电阻或电感各起什么作用？

7. 试画出单绕组双速电动机两种速度时的绕组接法？为什么要注意相序的配合？

8. 自动门电路：关门时，KA_C 得电，关好门后怎样失电的？开门时，KA_o 得电，门开好后怎样失电的？

9. 电梯的选层定向方法有哪几种？各安装在什么位置及怎样工作的？

10. 电磁制动器 YB 控制回路，接入 R_{YB1} 和 R_{YB2}，各起什么作用？

11. 按钮控制电梯，当电梯在一层时，同时按下 SB3 和 SB4，电梯运行到几层，为什么？

12. 电梯的平层装置安装在什么位置？怎样工作的？

13. 按钮控制电梯，轿内检修时，如电梯在一层，按 SB4，电梯能否运行？如电梯在五层，按 SB4，电梯能否运行？

14. 按钮控制电梯，电梯在五层，试分析电梯下行轿顶检修运行工作过程（用程序图表示）。

15. 信号控制电梯，当电梯在最高层，要下降到二层，到达二层时是怎样实现换速及平层的？

16. 电梯下行，如三层有人呼梯下行，是怎样实现截停的？如果轿厢客满怎样办？

17. 电梯下行时，反向呼梯信号是怎样保留的（以三层呼梯上行为例分析）？

18. 电梯检修时，试分析慢速上升启动运行？

19. 图 7-10 电梯电路，厅外有人呼梯时，轿内司机不知是哪层有人呼梯，应怎样进行改进？

20. 图 7-10 电梯电路和图 7-10 电梯电路中的检修继电器 KA_M 的控制方式有什么不同？哪一种电路控制方式好？

第八章　锅炉房设备的电气控制

锅炉及锅炉房设备的任务,在于安全可靠、经济有效地把燃料的化学能转化为热能,进而将热能传递给水,以生产热水或蒸汽。蒸汽不仅用作将热能转变成机械能的工质以产生动力,蒸汽(或热水)还广泛地作为工业生产和采暖通风等方面所需热量的载热体。通常,我们把用于动力、发电方面的锅炉叫做动力锅炉;把用于工业及采暖方面的锅炉,称为供热锅炉,又称为工业锅炉。本章仅以工业锅炉及锅炉房设备为例,介绍锅炉房设备的组成、自动控制任务和实例分析。

第一节　锅炉房设备的组成和工作过程

一、锅炉房设备的组成

锅炉本体和它的辅助设备,总称为锅炉房设备(简称锅炉),根据使用的燃料不同,又可分为燃煤锅炉、燃油锅炉、燃气锅炉等。它们的区别只是燃料供给方式不同,其它结构大致相同。图 8-1 为 SHL 型(即双锅筒横置式链条炉)燃煤锅炉及锅炉房设备简图,简介如下:

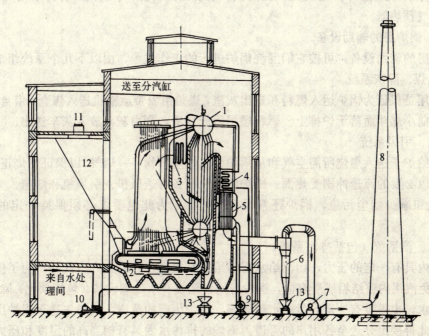

图 8-1　锅炉房设备简图

1—锅筒;2—链条炉排;3—蒸汽过热器;4—省煤器;5—空气预热器;6—除尘器;7—引风机;
8—烟囱;9—送风机,10—给水泵;11—运煤皮带运输机;12—煤仓;13—灰车

（一）锅炉本体

锅炉本体一般由汽锅、炉子、蒸汽过热器、省煤器和空气预热器五部分组成。

1. 汽锅（汽包）

汽锅由上下锅筒和三簇沸水管组成。水在管内受管外烟气加热，因而管簇内发生自然的循环流动，并逐渐汽化，产生的饱和蒸汽集聚在上锅筒里面。为了得到干度比较大的饱和蒸汽，在上锅筒中还应装设汽水分离设备。下锅筒系作为连接沸水管之用，同时储存水和水垢。

2. 炉子

炉子是使燃料充分燃烧并放出热能的设备。燃料（煤）由煤斗落在转动的链条炉箅上，进入炉内燃烧。所需的空气由炉箅下面的风箱送入，燃尽的灰渣被炉箅带到除灰口，落入灰斗中。得到的高温烟气依次经过各个受热面，将热量传递给水以后，由烟窗排至大气。

3. 过热器

过热器是将汽锅所产生的饱和蒸汽继续加热为过热蒸汽的换热器，由联箱和蛇形管所组成，一般布置在烟气温度较高的地方。动力锅炉和较大的工业锅炉才有过热器。

4. 省煤器

省煤器是利用烟气余热加热锅炉给水，以降低排出烟气温度的换热器。省煤器由蛇形管组成。小型锅炉中常采用具有肋片的铸铁管式省煤器或不装省煤器。

5. 空气预热器

空气预热器是继续利用离开省煤器后的烟气余热，加热燃料燃烧所需要的空气的换热器。热空气可以强化炉内燃烧过程，提高锅炉燃烧的经济性。小型锅炉为力求结构简单，一般不设空气预热器。

（二）锅炉房的辅助设备

锅炉房的辅助设备，可按它们围绕锅炉进行的工作过程，由以下几个系统组成：

1. 运煤、除灰系统

其作用是保证为锅炉运入燃料和送出灰渣，煤是由胶带运输机送入煤仓，借自重下落，再通过炉前小煤斗而落于炉排上。燃料燃尽后的灰渣，则由灰斗放入灰车送出。

2. 送、引风系统

为了给炉子送入燃烧所需空气和从锅炉引出燃烧产物——烟气，以保证燃烧正常进行，并使烟气以必要的流速冲刷受热面。锅炉的通风设备有送风机、引风机和烟窗。为了改善环境卫生和减少烟尘污染，锅炉还常设有除尘器，为此也要求必须保持一定的烟窗高度。

3. 水、汽系统（包括排污系统）

汽锅内具有一定的压力，因而给水需借给水泵提高压力后送入。此外，为了保证给水质量，避免汽锅内壁结垢或受腐蚀，锅炉房通常还设有水处理设备（包括软化、除氧）；为了储存给水，也得设有一定容量的水箱等等。锅炉生产的蒸汽，一般先送至锅炉房内的分汽缸，由此再接出分送至各用户的管道。锅炉的排污水因具有相当高的温度和压力，因此需排入排污减温池或专设的扩容器，进行膨胀减温和减压。

4. 仪表及控制系统

除了锅炉本体上装有的仪表外，为监督锅炉设备安全和经济运行，还常设有一系列的仪表和控制设备，如蒸汽流量计、水量表、烟温计、风压计、排烟含氧量指示等常用仪表。需要自动调节的锅炉还设置有给水自动调节装置，烟、风闸门远距离操纵或遥控装置，以至更现代化的自动控制系统，以便更科学地监督锅炉运行。

二、锅炉的工作过程

锅炉的工作包括三个同时进行着的过程：燃料的燃烧过程、烟气向水的传热过程和水的受热汽化过程（蒸汽的生产过程）。

（一）燃料的燃烧过程

燃煤锅炉的燃烧过程为：燃烧煤加到煤斗中，借助于自重下落在炉排上，炉排借助电动机通过变速齿轮箱变速后由链轮来带动，将燃料煤带入炉内。燃料一面燃烧，一面向炉后移动。燃烧所需要的空气是由风机送入炉排腹中风仓后，向上通过炉排到达燃烧燃料层，风量和燃料量要成比例，进行充分燃烧形成高温烟气。燃料燃烧剩下的灰渣，在炉排末端翻过除渣板后排入灰斗，这整个过程称为燃烧过程。

燃烧过程进行得完善与否，是锅炉正常工作的根本条件。要使燃料量、空气量和负荷蒸汽量有一定的对应关系，这就要根据所需要的负荷蒸汽量，来控制燃料量和送风量，同时还要通过引风设备控制炉膛负压。

（二）烟气向水（汽等工质）的传热过程

由于燃料的燃烧放热，炉内温度很高。在炉膛的四周墙面上，都布置一排水管，俗称水冷壁。高温烟气与水冷壁进行强烈的辐射换热，将热量传递给管内工质。继而烟气受引风机、烟窗的引力而向炉膛上方流动。烟气由出烟窗口（炉膛出口）并掠过防渣管后，就冲刷蒸汽过热器（一组垂直放置的蛇形管受热面），使汽锅中产生的饱和蒸汽在其中受烟气加热而得到过热。烟气流经过热器后又掠过胀接在上、下锅筒间的对流管簇，在管簇间设置了折烟墙使烟气呈"S"形曲折地横向冲刷，再次以对流换热方式将热量传递给管簇内的工质。沿途降低温度的烟气最后进入尾部烟道，与省煤器和空气预热器内的工质进行热交换后，以经济的较低烟温排出锅炉。

（三）水的受热和汽化过程

水的汽化过程就是蒸汽的产生过程，主要包括水循环和汽水分离过程。经过处理的水由泵加压，先经省煤器而得到预热，然后进入汽锅。

1. 水循环

锅炉工作时，汽锅中的工质是处于饱和状态下的汽水混合物。位于烟温较低区段的对流管束，因受热较弱，汽水工质的密度较大；而位于烟气高温区的水冷壁和对流管束，因受热较强，相应地工质的密度较小；从而密度大的工质往下流入下锅筒，而密度小的工质则向上流入上锅筒，形成了锅水的自然循环。此外，为了组织水循环和进行输导分配的需要，一般还设有置于炉墙外的不受热的下降管，借以将工质引入水冷壁的下集箱，而通过上集箱上的汽水引出管将汽水混和物导入上锅筒。

2. 汽水分离过程

借助上锅筒内装设的汽水分离设备，以及在锅筒本身空间中的重力分离作用，使汽水混和物得到了分离；蒸汽在上锅筒顶部引出后进入蒸汽过热器中去，而分离下来的水仍回落到上锅筒下半部的水空间。

汽锅中的水循环保证了与高温烟气相接触的金属受热面得以冷却而不会烧坏，是锅炉

171

能长期安全运行的必要条件。而汽水混合物的分离设备则是保证蒸汽品质和蒸汽过热器可靠工作的必要设备。

第二节　锅炉的自动控制任务

一、锅炉的自动控制概况

锅炉是工业生产或生活采暖的供热源。锅炉的生产任务是根据负荷设备的要求，生产具有一定参数（压力和温度）的蒸汽。为了满足负荷设备的要求，并保证锅炉的安全、经济运行，锅炉房内必须装设一定数量和类型的自动检测和控制仪表（通常称热工检测和控制）。

目前，工业锅炉产品以链条炉排锅炉使用得最为广泛，表8-1为原机电部电工总局批准的"链条炉排工业锅炉仪器仪表自控装备表"。从表中，我们可以了解到锅炉的自动控制概况。随着节能工作日益被人们重视，仪表的装设将日趋完善。由于热工检测和控制仪表是一门专门的学科，有着极为丰富的专业内容，因此，我们仅对控制部分进行介绍。

链条炉排工业锅炉仪表自控装备表　　　　　　　　　　　　表8-1

蒸发量 （t/h）	检　测	调　节	报警和保护	其　它
1～4	A：1. 锅筒水位，2. 蒸汽压力，3. 给水压力，4. 排烟温度，5. 炉膛负压，6. 省煤器进出口水温 B：7. 煤量积算，8. 排烟含氧量测定，9. 蒸汽流量指示积算，10. 给水流量积算	A. 位式或连续给水自控。其它辅机配开关控制 B：鼓风、引风风门挡板摇控。炉排位式或无级调速	A. 水位过低、过高指示报警和极限水位过低保护。蒸汽超压指示报警和保护	A：鼓风、引风机和炉排启、停顺控和联锁 B：如调节用推荐栏，应设鼓风、引风风门开度指示
6～10	A：1、2、3、4、5、6同上，并增加B中的9、10及11. 除尘器进出口负压。对过热锅炉增加12. 过热蒸汽温度指示 B：7、8、同上，增加13、炉膛出口烟温	连续给水自控。鼓风、引风风门挡板遥控。炉排无级调速。过热锅炉增加减温水调节 B：燃烧自控	A：同上。增加炉排事故停转指示和报警，过热锅炉增加过热蒸汽温度过高、过低指示	A：同上A B：过热锅炉增加减温水阀位开度指示

注：A为必备，B为推荐选用。

工业锅炉房中需要进行自动控制的项目主要有：锅炉给水系统的自动调节；锅炉燃烧系统的自动调节；过热蒸汽锅炉过热温度的自动调节等。

二、锅炉给水系统的自动调节

锅炉汽包水位的高度，关系着汽水分离的速度和生产蒸汽的质量，也是确保安全生产的重要参数。因此，汽包水位是一个十分重要的被调参数，锅炉的自动控制都是从给水自动调节开始的。

（一）汽包水位自动调节的任务

随着科学技术的飞速发展，现代的锅炉要向蒸发量大、汽包容积相对减小的方向发展。这样，要使锅炉的蒸发量随时适应负荷设备的需要量，汽包水位的变化速度必然很快，稍不注意就容易造成汽包满水，影响汽包的汽水分离效果，产生蒸汽带水的现象，影响动力负荷的正常工作；或者造成干锅、烧坏锅壁或管壁，甚至发生爆炸事故。在现代锅炉操作中，即使是缺水事故，也是非常危险的，这是因为水位过低，就会影响自然循环的正常进行，严重时会使个别上水管形成自由水面，产生流动停滞，致使金属管壁局部过热而爆管。无论满水或缺水都会造成事故。因此，必须对汽包水位进行自动调节，使给水量跟踪锅炉的蒸发量并维持汽包水位在工艺允许的范围内。

（二）给水系统自动调节类型

工业锅炉房常用的给水自动调节有位式调节和连续调节两种方式。

位式调节是指调节系统对锅筒水位的高水位和低水位两个位置进行控制，即低水位时，调节系统接通水泵电源，向锅炉上水，达到高水位时，调节系统切断水泵电源，停止上水。随着水的蒸发，锅筒水位逐渐下降，当水位降至低水位时重复上述工作。常用的位式调节有电极式和浮子式两种，一般随锅炉配套供应（可参考第六章）。

连续调节是指调节系统连续调节锅炉的上水量，以保持锅筒水位始终在正常水位的位置。调节装置动作的冲量可以是锅筒水位、蒸汽流量和给水流量，根据取用的冲量不同，可分为单冲量、双冲量和三冲量调节三种类型。简述如下：

1. 单冲量给水调节

单冲量给水调节原理图见图8-2，是以汽包水位为唯一的调节信号。系统由汽包水位变送器（水位检测信号）、调节器和电动给水调节阀组成。当汽包水位发生变化时，水位变送器发出信号并输入给调节器，调节器根据水位信号与给定值的偏差，经过放大后输出调节信号，去控制电动给水调节阀的开度，改变给水量来保持汽包水位在允许范围内。

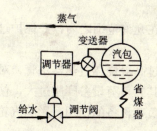

图8-2　单冲量给水调节原理图

单冲量给水调节的优点：系统结构简单。常用在汽包容量相对较大，蒸汽负荷变化较小的锅炉中。

单冲量给水调节的缺点：

（1）不能克服"虚假水位"现象。"虚假水位"产生的原因主要是：蒸汽流量增加，汽包内的汽压下降，炉水的沸点降低，使炉管和汽包内的汽水混合物中的汽容积增加，体积膨大，引起汽包水位上升。如调节器只根据此项水位信号作为调节依据，就去关小阀门减少给水量，这个动作对锅炉流量平衡是错误的，它在调节过程一开始就扩大了蒸汽流量和给水流量的波动幅度，扩大了进出流量的不平衡。

（2）不能及时地反应给水母管方面的扰动。当给水母管压力变化大时，将影响给水量的变化，调节器要等到汽包水位变化后才开始动作，而在调节器动作后，又要经过一段滞后时间才能对汽包水位发生影响，将导致汽包水位波动幅度大，调节时间长。

2. 双冲量给水调节

双冲量给水调节原理图见图8-3，是以锅炉汽包水位信号作为主调节信号，以蒸汽流量信号作为前馈信号，组成锅炉汽包水位双冲量给水调节。

系统的优点是：引入蒸汽流量前馈信号，可以消除因"虚假水位"现象引起的水位波动。例如：当蒸汽流量变化时，就有一个给水量与蒸汽量同方向变化的信号，可以减少或抵消由于"虚假水位"现象而使给水量向相反方向变化的错误动作，使调节阀一开始就向正确的方向动作，减小了水位的波动，缩短了过渡过程的时间。

系统存在的缺点是：不能及时反应给水母管方面的扰动。因此，如果给水母管压力经常有波动，给水调节阀前后压差不能保持正常时，不宜采用双冲量调节系统。

3. 三冲量给水调节

三冲量给水自动调节原理图见图8-4。系统是以汽包水位为主调节信号，蒸汽流量为调节器的前馈信号，给水流量为调节器的反馈信号组成的调节系统。系统抗干扰能力强，改善了调节系统的调节品质，因此，在要求较高的锅炉给水调节系统中得到广泛的应用。

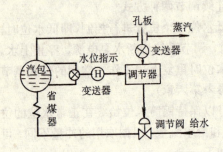

图 8-3 双冲量给水调节原理图

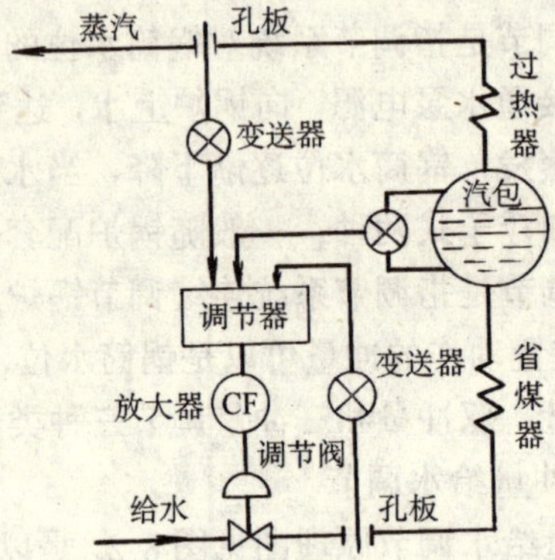

图 8-4 三冲量给水调节原理图

以上分析的三种类型的给水调节系统可采用电动单元组合仪表组成，也可采用气动单元组合仪表组成，目前均有定型产品。

三、锅炉蒸汽过热系统的自动调节

（一）蒸汽过热系统自动调节的任务

蒸汽过热系统自动调节的任务是维持过热器出口蒸汽温度在允许范围之内，并保护过热器，使过热器管壁温度不超过允许的工作温度。

过热蒸汽的温度是按生产工艺确定的重要参数，蒸汽温度过高会烧坏过热器水管，对负荷设备的安全运行也是不利因素。如超温严重会使汽轮机或其它负荷设备膨胀过大，使汽轮机的轴向位移增大而发生事故。蒸汽温度过低会直接影响负荷设备的使用，影响汽轮机的效率。因此要稳定蒸汽的温度。

（二）过热蒸汽温度调节类型

过热蒸汽温度调节类型主要有两种：改变烟气量（或烟气温度）的调节；改变减温水量的调节。其中，改变减温水量的调节应用较多，现介绍如下：

调节减温水流量控制过热器出口蒸汽温度的调节系统原理图见图8-5。减温器有表面式和喷水式两种，安装在过热器管道中。系统由温度变送器检测过热器出口蒸汽温度，将温度信号输入给温度调节器，调节器经与给定信号比较，去调节减温水调节阀的开度，使减温水量改变，也就改变了过热蒸汽温度。由于设备简单，其应用较广泛。

四、锅炉燃烧系统的自动调节

（一）锅炉燃烧系统自动调节的任务

锅炉燃烧系统自动调节的基本任务，是使燃料燃烧所产生的热量适应蒸汽负荷的需要，同时还要保证经济燃烧和锅炉的安全运行。具体调节任务可概括为以下三个方面：

1. 维持蒸汽母管压力不变

维持蒸汽母管压力不变，这是燃烧过程自动调节的主要任务。如果蒸汽压力变了，就表示锅炉的蒸汽生产量与负荷设备的蒸汽消耗量不相一致，因此，必须改变燃料的供应量，以改变锅炉的燃烧发热量，从而改变锅炉的蒸发量，恢复蒸汽母管压力为额定值。此外，保持蒸汽压力在一定范围内，也是保证锅炉和各个负荷设备正常工作的必要条件。

2. 保持锅炉燃烧的经济性

据统计，工业锅炉的平均热效率仅为60％左右，所以人们都把锅炉称做煤老虎。因此，锅炉燃烧的经济性问题也是非常重要的。

锅炉燃烧的经济性指标难于直接测量，常用烟气中的含氧量，或者燃烧量与送风量的比值来表示。图8-6是过剩空气损失和不完全燃烧损失示意图。如果能够恰当地保持燃料量与空气量的正确比值，就能达到最小的热量损失和最大的燃烧效率。反之，如果比值不当，空气不足，结果导致燃料的不完全燃烧，当大部分燃料不能完全燃烧时，热量损失直线上升；如果空气过多，就会使大量的热量损失在烟气之中，使燃烧效率降低。

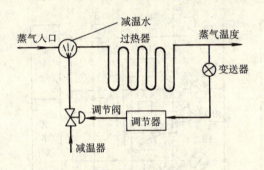

图 8-5　过热蒸汽温度调节原理图

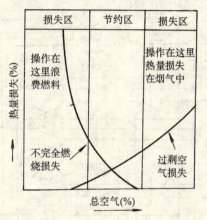

图 8-6　过剩空气损失和不完全燃烧损失示意图

3. 维持炉膛负压在一定范围内

炉膛负压的变化，反映了引风量与送风量的不相适应。通常要求炉膛负压保持在一定的范围内。这时燃烧工况，锅炉房工作条件，炉子的维护及安全运行都最有利。如果炉膛负压小，炉膛容易向外喷火，既影响环境卫生，又可能危及设备与操作人员的安全。负压太大，炉膛漏风量增大，增加引风机的电耗和烟气带走的热量损失。因此，需要维持炉膛压在一定的范围内。

（二）燃煤锅炉燃烧过程自动调节

以上三项调节任务是相互关联的，它们可以通过调节燃料量、送风量和引风量来实现。对于燃烧过程自动调节系统的要求是：在负荷稳定时，应使燃烧量、送风量和引风量各自保持不变，及时地补偿系统的内部扰动。这些内容扰动包括燃烧质量的变化以及由于电网频率变化、电压变化引起燃料量、送风量和引风量的变化等。在负荷变化引起外扰作用时，则应使燃料量、送风量、引风量成比例地改变，既要适应负荷的要求，又要使三个被调量：蒸汽压力、炉膛负压和燃烧经济性指标保持在允许范围内。

燃煤锅炉自动调节的关键问题是燃料量的测量，在目前条件下，要实现准确测量进入炉膛的燃料量（质量、水分、数量等）还很困难，为此，目前常采用按"燃料——空气"比值信号的自动调节、氧量信号的自动调节、热量信号的自动调节等类型。

燃烧过程的自动调节一般在大、中型锅炉中应用。在小型锅炉中，常根据检测仪表的指示值，由司炉工通过操作器件分别调节燃料炉排的进给速度和送风风门挡板、引风风门挡板的开度等，通常称为摇控。

第三节　锅炉电气控制实例

　　为了了解锅炉电气控制内容，下面我们以某锅炉厂制造的型号为 SHL10-2.45/400℃-AⅢ锅炉为例，对电气控制电路及仪表控制情况进行分析。图 8-7 是该锅炉的动力设备电气控制电路图，图 8-8 是该锅炉仪表控制方框图。此处省略了一些简单的环节。

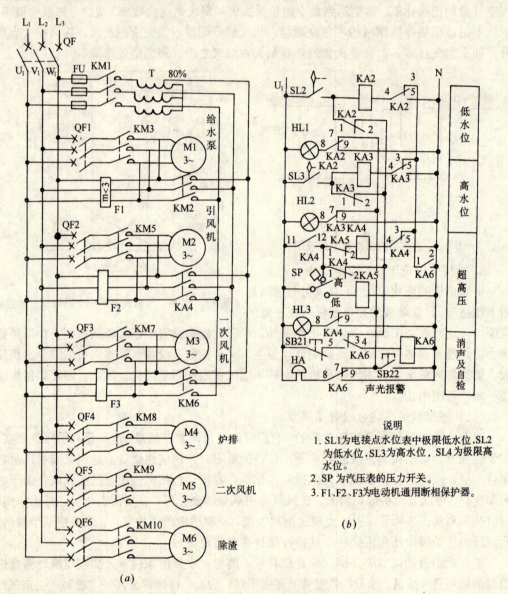

说明

1. SL1 为电接点水位表中极限低水位，SL2 为低水位，SL3 为高水位，SL4 为极限高水位。
2. SP 为汽压表的压力开关。
3. F1、F2、F3 为电动机通用断相保护器。

(b)

(a)

图 8-7　SHL10 锅炉电气控制电路图（一）

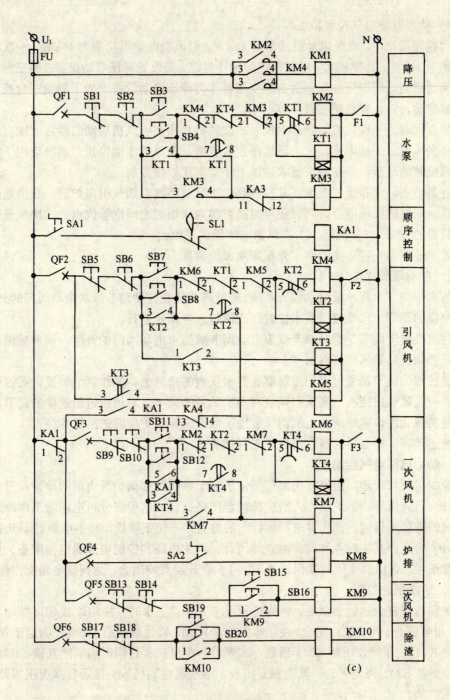

图 8-7　SHL10 锅炉电气控制电路图（二）

(a) 主电路；(b) 声光报警电路；(c) 控制电路

一、系统简介

（一）型号意义

SHL10-2.45/400℃-AⅢ 表示：双锅筒、横置式、链条炉排，蒸发量为 10t/h，出口蒸汽压力为 2.45MPa、出口过热蒸汽温度为 400℃；适用三类烟煤。

（二）动力电路电气控制特点

动力控制系统中，水泵电动机功率为 45kW，引风机电动机功率为 45kW，一次风机电动机功率为 30kW，功率较大，根据锅炉房设计规范，需设置降压启动设备。因三台电动机不需要同时启动，所以可共用一台自耦变压器作为降压启动设备。为了避免三台或二台电动机同时启动，需设置启动互锁环节。

锅炉点火时，一次风机、炉排电机、二次风机必须在引风机启动数秒后才能启动；停炉时，一次风机、炉排电机、二次风机停止数秒后，引风机才能停止。系统应用了按顺序规律实现控制的环节，并在极限低水位以上才能实现顺序控制。

在链条炉中，常布设二次风，其目的是二次风能将高温烟气引向炉前，帮助新燃料着火，加强对烟气的扰动混合，同时还可提高炉膛内火焰的充满度等优点。二次风量一般控制在总风量的 5%～15% 之间，二次风由二次风机供给。

另外，还需要一些必要的声、光报警及保护装置。

（三）自动调节特点

汽包水位调节为双冲量给水调节系统。通过调节仪表自动调节给水电动阀门的开度，实现汽包水位的调节。水位超过高水位时，应使给水泵停止运行。

过热蒸汽温度调节是通过调节仪表自动调节减温水电动阀门的开度，调节减温水的流量，实现控制过热器出口蒸汽温度。

燃烧过程的调节是通过司炉工观察各显示仪表的指示值，操作调节装置，遥控引风风门挡板和一次风风门挡板，实现引风量和一次风量的调节。对炉排进给速度的调节，是通过操作能实现无级调速的滑差电机调节装置，以改变链条炉排的进给速度。

系统还装有一些必要的显示仪表和观察仪表。

二、动力电路电气控制分析

锅炉的运行与管理，国家有关部门制定了若干条例，如锅炉升火前的检查；升火前的准备；升火与升压等。锅炉操作人员应按规定严格执行，这里仅分析电路的工作原理。

当锅炉需要运行时，首先要进行运行前的检查，一切正常后，将各电源自动开关 QF、QF1～QF6 合上，其主触点和辅助触点均闭合，为主电路和控制电路通电作准备。如果电源相序均正常，电动机通用断相保护器 F1～F3 常开触点均闭合，为控制电路操作作准备。

（一）给水泵的控制

锅炉经检查符合运行要求后，才能进行上水工作。上水时，按 SB3 或 SB4 按钮，接触器 KM2 得电吸合，其主触点闭合，使给水泵电动机 M1 接通降压启动线路，为启动作准备；辅助触点 $KM2_{1,2}$ 断开，切断 KM6 通路，实现对一次风机不许同时启动的互锁；$KM2_{3,4}$ 闭合，使接触器 KM1 得电吸合；其主触点闭合，给水泵电动机 M1 接通自耦变压器及电源，实现降压启动。

同时，时间继电器 KT1 线圈也得电吸合，其触点：$KT1_{1,2}$ 瞬时断开，切断 KM4 通路，实现对引风电机不许同时启动的互锁；$KT1_{3,4}$ 瞬时闭合，实现启动时自锁；$KT1_{5,6}$ 延时断开，使 KM2 失电，KM1 也失电，其触点复位，电动机 M1 及自耦变压器均切除电源；$KT1_{7,8}$ 延时闭合，接触器 KM3 得电吸合；其主触点闭合，使电动机 M1 接上全压电源稳定运行；$KM3_{1,2}$ 断开，KT1 失电，触点复位；$KM3_{3,4}$ 闭合，实现运行时自锁。

当汽包水位达到一定高度，需将给水泵停止，做升火前的其它准备工作。

如锅炉正常运行，水泵也需长期运行时，将重复上述启动过程。高水位停泵触点 KA3$_{11、12}$ 的作用，将在声光报警电路中分析。

（二）引风机的控制

锅炉升火时，需启动引风机，按 SB7 或 SB8，接触器 KM4 得电吸合，其主触点闭合，使引风机电动机 M2 接通降压启动线路，为启动作准备；辅助触点 KM4$_{1、2}$ 断开，切断 KM2，实现对水泵电机不许同时启动的互锁；KM4$_{3、4}$ 闭合，使接触器 KM1 得电吸合，其主触点闭合，M2 接通自耦变压器及电源，引风电机实现降压启动。

同时，时间继电器 KT2 也得电吸合，其触点：KT2$_{1、2}$ 瞬时断开，切断 KM6 通路，实现对一次风机不许同时启动的互锁；KT2$_{3、4}$ 瞬时闭合，实现自锁；KT2$_{5、6}$ 延时断开，KM4 失电，KM1 也失电，其触点复位，电动机 M2 及自耦变压器均切除电源；KT2$_{7、8}$ 延时闭合，时间继电器 KT3 得电吸合，其触点：KT3$_{1、2}$ 闭合自锁；KT3$_{3、4}$ 瞬时闭合，接触器 KM5 得电吸合；其主触点闭合，使 M2 接上全压电源稳定运行；KM5$_{1、2}$ 断开，KT2 失电复位。

（三）一次风机的控制

系统按顺序控制时，需合上转换开关 SA1，只要汽包水位高于极限低水位，水位表中极限低水位电接点 SL1 闭合，中间继电器 KA1 得电吸合，其触点 KA1$_{1、2}$ 断开，使一次风机、炉排电机、二次风机必须按引风电机先启动的顺序实现控制；KA1$_{3、4}$ 闭合，为顺序启动作准备；KA1$_{5、6}$ 闭合，使一次风机在引风机启动结束后自行启动。

触点 KA4$_{13、14}$ 为锅炉出现高压时，自动停止一次风机、炉排风机、二次风机的继电器 KA4 触点，正常时不动作，其原理在声光报警电路中分析。

当引风电机 M2 降压启动结束时，KT3$_{1、2}$ 闭合，只要 KA4$_{13、14}$ 闭合、KA1$_{3、4}$ 闭合、KA1$_{5、6}$ 闭合，接触器 KM6 得电吸合，其主触点闭合，使一次风机电动机 M3 接通降压启动线路，为启动作准备；辅助触点 KM6$_{1、2}$ 断开，实现对引风电机不许同时启动的互锁；KM6$_{3、4}$ 闭合，接触器 KM1 得电吸合；其主触点闭合，M3 接通自耦变压器及电源，一次风机实现降压启动。

同时，时间继电器 KT4 也得电吸合，其触点 KT4$_{1、2}$ 瞬时断开，实现对水泵电机不许同时启动的互锁；KT4$_{3、4}$ 瞬时闭合，实现自锁（按钮起动时用）；KT4$_{5、6}$ 延时断开，KM6 失电，KM1 也失电，其触点复位，电动机 M3 及自耦变压器切除电源；KT4$_{7、8}$ 延时闭合，接触器 KM7 得电吸合—其主触点闭合，M3 接全压电源稳定运行；辅助触点 KM7$_{1、2}$ 断开，KT4 失电触点复位；KM7$_{3、4}$ 闭合，实现自锁。

（四）炉排电机和二次风机的控制

引风机启动结束后，就可启动炉排电机和二次风机。

炉排电机功率为 1.1kW，可直接启动，用转换开关 SA2 直接控制接触器 KM8 线圈通电吸合，其主触点闭合，使炉排电机 M4 接通电源，直接启动。

二次风机电机功率为 7.5kW，可直接启动。启动时，按 SB15 或 SB16 按钮，使接触器 KM9 得电吸合—其主触点闭合，二次风机电机 M5 接通电源，直接启动；辅助触点 KM9$_{1、2}$ 闭合，实现自锁。

（五）锅炉停炉的控制

锅炉停炉有三种情况：暂时停炉、正常停炉和紧急停炉（事故停炉）。暂时停炉为负荷短时间停止用汽时，炉排用压火的方式停止运行，同时停止送风机和引风机，重新运行时可免去升火的准备工作；正常停炉为负荷停止用汽及检修时有计划停炉，需熄火和放水；紧急停炉为锅炉运行中发生事故，如不立即停炉，就有扩大事故的可能，需停止供煤、送风，减少引风，其具体工艺操作按规定执行。

正常停炉和暂时停炉的控制：按下 SB5 或 SB6 按钮，时间继电器 KT3 失电，其触点 $KT3_{1,2}$ 瞬时复位，使接触器 KM7、KM8、KM9 线圈都失电，其触点复位，一次风机 M3、炉排电机 M4、二次风机 M5 都断电停止运行；$KT3_{3,4}$ 延时恢复，接触器 KM5 失电，其主触点复位，引风机电机 M2 断电停止。实现了停止时，一次风机、炉排电机、二次风机先停数秒后，再停引风机电机的顺序控制要求。

（六）声光报警及保护

系统装设有汽包水位的低水位报警和高水位报警及保护，蒸汽压力超高压报警及保护等环节，见图 7-7（b）声光报警电路，图中 KA2～KA6 均为灵敏继电器。

（1）水位报警：汽包水位的显示为电接点水位表，该水位表有极限低水位继电器接点 SL1、低水位电接点 SL2、高水位电接点 SL3、极限高水位电接点 SL4。当汽包水位正常时，SL1 为闭合的，SL2、SL3 为打开的，SL4 在系统中没有使用。

当汽包水位低于低水位时，电接点 SL2 闭合，继电器 KA6 得电吸合，其触点 $KA6_{4,5}$ 闭合并自锁；$KA6_{8,9}$ 闭合，蜂鸣器 HA 响，发声报警；$KA6_{1,2}$ 闭合，使 KA2 得电吸合，$KA2_{4,5}$ 闭合并自锁；$KA2_{8,9}$ 闭合，指示灯 HL1 亮，光报警。$KA2_{1,2}$ 断开，为消声作准备。当值班人员听到声响后，观察指示灯，知道发生低水位时，可按 SB21 按钮，使 KA6 失电，其触点复位，HA 失电不再响，实现消声，并去排除故障。水位上升后，SL2 复位，KA2 失电，HL1 不亮。

如汽包水位下降低于极限低水位时，电接点 SL1 断开，KA1 失电，一次风机、二次风机均失电停止。

当汽包水位超过高水位时，电接点 SL3 闭合，KA6 得电吸合，其触点 $KA6_{4,5}$ 闭合并自锁；$KA6_{8,9}$ 闭合，HA 响报警；$KA6_{1,2}$ 闭合，使 KA3 得电吸合：其触点 $KA3_{4,5}$ 闭合自锁；$KA3_{8,9}$ 闭合，HL2 亮，发光报警；$KA3_{1,2}$ 断开，准备消声；$KA3_{11,12}$ 断开，使接触器 KM3 失电，其触点恢复，给水泵电动机 M1 停止运行。消声与前同。

（2）超高压报警：当蒸汽压力超过设计整定值时，其蒸汽压力表中的压力开关 SP 高压端接通，使继电器 KA6 得电吸合，其触点 $KA6_{4,5}$ 闭合自锁；$KA6_{8,9}$ 闭合，HA 响报警；$KA6_{1,2}$ 闭合，使 KA4 得电吸合，$KA4_{11,12}$、$KA4_{4,5}$ 均闭合自锁；$KA4_{8,9}$ 闭合，HL3 亮报警；$KA4_{13,14}$ 断开，使一次风机、二次风机和炉排电机均停止运行。

当值班人员知道并处理后，蒸汽压力下降，到蒸汽压力表中的压力开关 SP 低压端接通时，使继电器 KA5 得电吸合，其触点 $KA5_{1,2}$ 断开，使继电器 KA4 失电，$KA4_{13,14}$ 复位，一次风机和炉排电机将自行启动，二次风机需用按钮操作。

按钮 SB22 为自检按钮，自检的目的是检查声、光器件是否能正常工作。自检时，HA 及各光器件均应能动作。

（3）断相保护：F1、F2、F3 为电动机通用断相保护器，各作用于 M1、M2 和 M3 电动机启动和正常运行时的断相保护（缺相保护）。如相序不正确也能保护。

（4）过载保护：各台电动机的电源开关都用自动开关控制，自动开关一般具有过载自动跳闸功能，也可有欠压保护和过流保护等功能。

锅炉要正常运行，锅炉房还需有其它设备，如水处理设备、除渣设备、运煤设备、燃料粉碎设备等。各设备中均以电动机为动力，但其控制电路一般较简单。

三、自动调节环节分析

图 8-8 为该型号锅炉的自控方框图。此处只画出与自动调节有关的环节，其它各种检测及指示等环节没有画出。由于自动调节过程中采用的仪表种类较多，此处仅作简单的定性分析。

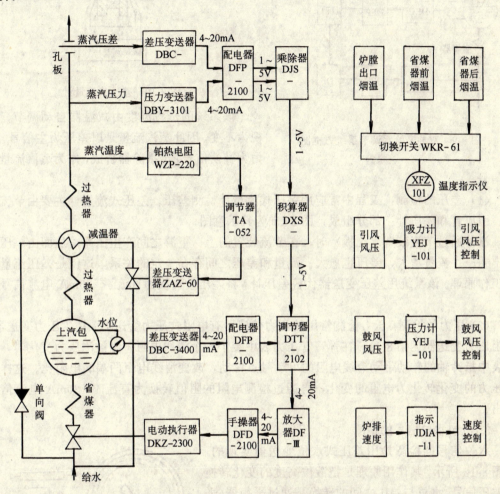

图 8-8　SHL10 锅炉仪表控制方框图

（一）汽包水位的自动调节

1．调节类型

根据方框图可知，该型锅炉汽包水位的自动调节为双冲量给水调节系统，见简画图 8-9。系统以汽包水位信号作为主调节信号，以蒸汽流量信号作为前馈信号，可克服因负荷变化频繁而引起的"虚假水位"现象，减小水位波动的幅度。

2．蒸汽流量信号的检测

系统是通过蒸汽差压信号与蒸汽压力信号的合成。气体的流量不仅与差压有关，还与温度和压力有关。

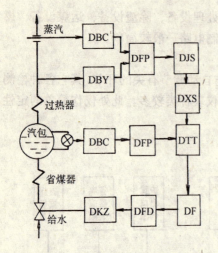

图 8-9　双冲量给水调节系统方框图

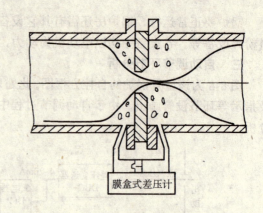

膜盒式差压计

图 8-10　差压式流量计

该系统的蒸汽温度由减温器自动调节,可视为不变。因此蒸汽流量是以差压为主信号,压力为补偿信号,经乘除器合成,作为蒸汽流量输出信号。

(1) 差压的检测:工程中常应用差压式流量计检测差压。差压式流量计主要由节流装置、引压管和差压计三部分组成,图 8-10 为其示意图。

流体通过节流装置(孔板)时,在节流装置的上、下游之间产生压差,从而由差压计测出差压。流量愈大,差压也愈大。流量和差压之间存在一定的关系,这就是差压流量计的工作原理。该系统用差压变送器代替差压计,将差压量转换为直流 4～20mA 电流信号送出。

(2) 压力的检测:压力检测常用的压力传感器有电阻式压力变送器、霍尔压力变送器。电阻压力变送器见图 8-11,在弹簧管压力表中装了一个滑线电阻,当被测压力变化时,压力表中指针轴的转动带动滑线电阻的可动触点移动,改变滑线电阻两端的电阻比。这样就把压力的变化转化为电阻的变化,再通过检测电阻的阻值转换为直流 4～20mA 电流信号输出。

3. 汽包水位信号的检测

水位信号的检测是用差压式水位变送器实现的,如图 8-12 所示。其作用原理是把液位高度的变化转换成差压信号,水位与差压之间的转换是通过平衡器(平衡缸)实现的。图示为双室平衡器,正压头从平衡器内室(汽包水侧连通管)中取得。平衡器外室中水面高度是一定的,当水面要增高时,水便通过汽侧连通管溢流入汽包;水要降低时,由蒸汽凝结水来补充。因此当平衡器中水的密度一定时,正压头为定值。负压管与汽包是相连的,因此,负压管中输出压头的变化反映了汽包水位的变化。

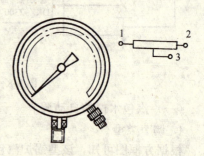

图 8-11　弹簧管电阻式压力变送器

按流体静力学原理,当汽包水位在正常水位 H_0 时,平衡器的差压输出 Δp_0 为:

$$\Delta p_0 = H\rho_1 g - H_0\rho_2 g - \Delta H\rho_s g \qquad (7\text{-}1)$$

式中 g——为重力加速度。

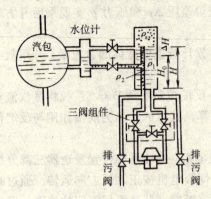

图 8-12 差压式水位平衡器
ρ_s—饱和蒸汽密度；ρ_1—水的密度；
ρ_2—饱和水的密度；H_0—正常水位高度；
H—外室水面高度；$\Delta H = H - H_0$。

当汽包水位偏离正常水位 H_0 而 ΔH 变化时，平衡器的差压输出 Δp 为：

$$\Delta p = \Delta p_0 - \Delta H(\rho_2 g - \rho_s g) \qquad (7\text{-}2)$$

H、H_0 为确定值，ρ_1、ρ_2 和 ρ_s 均为已知的确定值，故正常水位时的差压输出 Δp 就是常数，也就是说差压式水位计的基准水位差压是稳定的，而平衡器的输出差压 Δp 则是汽包水位变化 ΔH 的单值函数。水位增高，输出差压减小。

图中的三阀组件是为了调校差压变送器而配用的。

4. 系统中应用的仪表简介

汽包水位自动调节系统，主要采用 DDZ-Ⅲ 型仪表。DDZ 为电动单元组合型仪表，Ⅲ 型仪表是用线性集成电路作为主要放大元件，现场传输信号为 $4\sim20$mA 直流电流；控制室联络信号为 $1\sim5$V 直流电压；信号传递采用并联传输方式；各单元统一由电源箱供给 24V 直流电源。也有应用 Ⅱ 型仪表的，Ⅱ 型仪表是以晶体管作为主要放大元件。表 8-2 为 DDZ-Ⅲ 型与 DDZ-Ⅲ 型仪表比较。

DDZ-Ⅲ 型与 DDZ-Ⅱ 型仪表比较 表 8-2

系列	信号、电源与联接方式				主要元件		结构特点		
	信号	电源	现场变送器	接受仪表	主要运算元件	主要测量膜盒	现场变送器	盘装仪表	盘后架装
DDZ-Ⅱ	$0\sim10$ mADC	220V AC	四线制	串联	晶体管	四氟环型保护膜盒	一般力平衡	小表头单台安装	端子板接线式
DDZ-Ⅲ	$4\sim20$ mADC	24V DC	二线制	并联	集成电路	基座波纹保护膜盒	矢量机构力平衡	大表头高密度安装	端子板加插件连接式

Ⅲ 型仪表可分为现场安装仪表和控制室安装仪表两大部分，共有八大类。按仪表在系统中所起的不同作用，现场安装仪表可分为变送单元类和执行单元类。控制室内安装仪表又可分为调节单元类、转换单元类、运算单元类、显示单元类、给定单元和辅助单元类等。每一类又有若干种，该系统采用的仪表主要有：

(1) 变送器（变送单元）：有差压变送器 DBC 和压力变送器 DBY。主要用在自动调节系统中作为测量部分，将液体、汽体等工艺参数，转换成 $4\sim20$mA 的直流电流，作为指示、运算和调节单元的输人信号，以实现生产过程的连续检测和调节。

(2) 配电器 DFP（辅助单元）：也称为分电盘，主要作用是对来自现场变送器的 $4\sim20$mA 电流信号进行隔离，将其转换成 $1\sim5$V 直流电压信号，传递给运算器或调节器，并对设置在现场的二线制变送器供电。

(3) 乘除器 DJS（运算单元）：主要用于气体流量测量时的温度和压力补偿。可对三个

1～5V 直流信号进行乘除运算或对两个 1～5V 直流信号进行乘后开方运算。运算结果以 1～5V 直流电压或 4～20mA 直流电流输出。在该系统对差压 Δp 和压力 p 实现乘后开方运算。

(4) 积算器 DXS（显示单元）：与开方器配合，可累计管道中流体的总流量，并用数字显示出被测流体的总量。

(5) 前馈调节器 DTT（调节单元）：实现前馈——反馈控制的调节器。系统将蒸汽流量信号进行比例运算；对汽包水位信号进行比例积分运算，其总的输出为前馈作用与反馈作用之和。

(6) 电动执行器 DKZ（执行单元）：执行器由伺服电机、减速器和位置发送器三部分组成。它接受伺服放大器或手动操作器的信号，使两相伺服电机按正、反方向运转。通过减速器减速后，变成输出力矩去带动阀门。与此同时，位置发送器又根据阀门的位置，发出相应数值的直流电流信号反馈到前置（伺服）放大器，与来自调节器的输出电流相平衡。

(7) 伺服放大器 DF（辅助单元）：将调节器的输出信号与位置反馈信号比较，得一偏差信号，此偏差信号经功率放大后，驱动二相伺服电动机运转。当反馈信号与输入信号相等时，两相伺服电动机停止转动，输出轴就稳定在与输入信号相对应的位置上。

(8) 手动操作器 DFD（辅助单元）：主要功能是以手动方式向电动执行器提供 4～20mA 的直流电流，对其进行手动遥控，是带有反馈指示的可以观察到操作端进行手动调节效果的仪表。

(二) 过热蒸汽温度的自动调节

过热蒸汽温度的调节是通过控制减温器中的减温水流量，实现降温调节的。

过热蒸汽温度是用安装在过热器出口管路中的测温探头检测的，该探头用铂热电阻制成感温元件，外加保护套管和接线端子，通过导线接在电子调节器 TA 的输入端。

TA 系列基地式仪表是一种简易的电子式自动检测、调节仪表，适用于生产过程中单参数自动调节，其放大元件采用了集成电路与分立元件兼用的组合方式，主要由输入回路、放大回路和调节部件三部分组成。其输出为 0～10mA 直流电流信号。根据型号不同，有不同的输入信号和输出规律。例如 TA-052 为偏差指示、三位 PI（D）输出，输入信号为热电阻阻值。

当过热蒸汽温度超过要求值时，测温探头中的铂热电阻阻值增大，与给定电阻阻值比较后，转换为直流偏差信号，该偏差信号经放大器放大后送至调节部件中，调节部件输出相应的信号给电动执行器，电动执行器将减温水阀门打开，向减温器提供减温水，使过热蒸汽降温。

当过热蒸汽温度降到整定值时，铂热电阻阻值减小，经调节器比较放大后，发出关闭减温水调节阀的信号，电动执行器将调节阀关闭。

(三) 锅炉燃烧系统的自动调节

随着用户热负荷的变化，必须调整燃煤量，否则，蒸汽锅炉锅筒压力就要波动。维持锅筒压力稳定，就能满足用户热量的需要。工业锅炉燃烧系统的自动调节是以维持锅筒压力稳定为依据，调节燃煤供给量，以适应热负荷的变化。为了保证锅炉的经济和安全运行，随着燃煤量的变化，必须调整锅炉的送风量，保持一定的风煤比例，即保持一定的过剩空气系数，同时还要保持一定的炉膛负压。因此，燃烧系统调节参数有：锅筒压力、燃煤供给量、送风量、烟气含氧量和炉膛负压等。

装设完整的燃烧自动调节系统的锅炉，其热效率约可提高 15% 左右，但需花费一定的投资，自动调节系统越完善，花费的投资也越高。对于蒸发量为 6～10t/h 的蒸汽锅炉，一般不设计燃烧自动调节系统，司炉工可根据热负荷的变化、炉膛负压指示、过剩空气系数等参数，人工调节给煤量和送、引风风量，以保持一定的风煤比和炉膛负压。

本书所述系统的炉排电机是采用滑差电动机调速，根据蒸汽压力仪表指示的压力值，由司炉工通过手动操作给定装置，人工遥控炉排电动机转速，调节给煤量。并配有炉排进给速度指示仪表。

锅炉系统的一次风机进口和引风机进口均安装有电动执行机构驱动的风门挡板，根据炉膛负压指示值和测氧指示值，由司炉工通过手动操作给定装置遥控送、引风风门挡板开度，实现风量调节，并配有各风门挡板开度指示仪表。

系统中因需检测的测温点较多，为了节省指示仪表，在测温仪表前配有切换装置，扳动切换开关，可观察各测温点的温度。如果用温度巡回检测仪，则不仅能自动切换检测显示，且能指出并记忆故障点的位置，发出报警信号。

小　结

本章介绍了锅炉房设备的组成及自动控制的任务，着重阐述了锅炉房设备的应用实例。

锅炉由锅炉本体和锅炉房辅助设备组成，其自动控制的任务是：给水系统的自动调节、锅炉蒸汽过热系统的自动调节及锅炉燃烧系统的自动调节。

本章以链条炉排小型快装锅炉为例，讨论了锅炉动力部分的自动控制线路。主要放在鼓风机、引风机的联锁以及声光报警部分，其它部分进行了简单的说明，从而为较好地从事锅炉安装及调试打下了基础。

复习思考题

1. 锅炉本体和锅炉房辅助设备各有哪些设备组成？
2. 锅炉的工作过程有哪三个同时进行的过程？并简单叙述。
3. 锅炉给水系统自动调节任务是什么？自动调节有哪几种类型？
4. 蒸汽过热系统自动调节任务是什么？自动调节有哪几种类型？
5. 锅炉燃烧过程自动调节的任务是什么？燃煤锅炉自动调节有哪几种类型？
6. 什么是位式调节？什么是遥控？
7. SHL 10-2.45/400℃-AⅢ型号意义是什么？
8. 该型号锅炉动力电路控制特点？
9. 该型号锅炉自动调节特点？
10. 该型号锅炉是怎样实现按顺序启动和停止的？
11. 该型号锅炉有哪几项声光报警？由哪几个触点动作实现？
12. 自动开关可有哪几项保护？并画出示意图。
13. 该型号锅炉的蒸汽流量信号是通过什么方法检测的？
14. 该型号锅炉的汽包水位信号是通过什么方法检测的？
15. DDZ-Ⅲ型仪表有哪八大类？系统中应用了哪几类中的哪些仪表？
16. 过热蒸汽温度自动调节是怎样实现的？

第九章　空调与制冷系统的电气控制

空气调节是一门维持室内良好热环境的技术。良好的热环境是指能满足实际需要的室内空气温度、相对湿度、流动速度、洁净度等。空气调节（简称空调）系统的任务就是根据使用对象的具体要求，使上述参数部分或全部达到规定的指标。空气调节离不开冷、热源，因而制冷装置是空调系统中的主要设备。

空气调节是一门专门的学科，有着极为丰富的专业内容。由于篇幅所限，本章仅以部分实例，介绍空调与制冷系统电气控制的基本内容和系统分析。

第一节　概　　述

一、空调系统的分类
空调系统的分类方法并不完全统一，这里仅介绍按空气处理设备的设置情况进行分类。

1. 集中式系统

将空气处理设备（过滤、冷却、加热、加湿设备和风机等）集中设置在空调机房内，空气处理后，由风管送入各房间的系统。这种空调系统应设置集中控制室。图 9-1 为其中的一种类型，广泛应用于需要空调的车间、科研所、影剧院、火车站、百货大楼等不需要单独调节的公共建筑中。

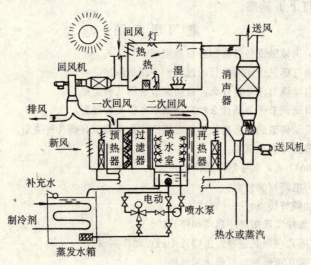

图 9-1　集中式空调系统示意

2. 分散式系统（也称局部系统）

将整体组装的空调器（带冷冻机的空调机组、热泵机组等）直接放在空调房间内或放在空调房间附近，每个机组只供一个或几个小房间，或者一个房间内放几个机组的系统。广泛应用于医院、宾馆等需要局部调节空气的房间及民用住宅。

3. 半集中式系统

集中处理部分或全部风量，然后送往各房间（或各区），在各房间（或各区）再进行处理的系统。广泛应用于医院宾馆等大范围需要空调、但又需局部调节的建筑中，在高层建筑中应用最为广泛。

二、空调系统的设备组成

典型的空调方法是将经过空调设备处理而得到一定参数的空气送入室内（送风），同时从室内排除相应量的空气（排风）。在送排风的同时作用下，就能使室内空气保持要求的状态。以图 9-1 为例，空调系统一般由以下几个组成部分：

1. 空气处理设备

其作用是将送风空气处理到一定的状态。主要由空气过滤器、表面式冷却器（或喷水冷却室）、加热器、加湿器等设备组成。

2. 冷源和热源

这是空气处理过程中所必须的。热源是用来提供"热能"来加热送风空气的。常用的热源有提供蒸汽（或热水）的锅炉或直接加热空气的电热设备。一般，向空调建筑物（或建筑群）供热的锅炉房，同时也向生产工艺设备和生活设施供热，所以它不是专为空调配套的。冷源则是用来提供"冷能"来冷却送风空气的，目前用得较多的是蒸汽压缩式制冷装置，而这些制冷装置往往是专为空调的需要而设置的，所以制冷与空调常常是不可分的。

3. 空调风系统

其作用是将送风从空气处理设备通过风管送到空调房间内，同时将相应量的排风从室内通过另一风管送至空气处理设备作重复使用。或者排至室外。输送空气的动力设备是通风机。

4. 空调水系统

它包括将冷冻水从制冷系统输送至空气处理设备的水管系统和制冷系统的冷却水系统（包括冷却塔和冷却水水管系统）。输送水的动力设备是水泵。

5. 控制、调节装置

由于空调、制冷系统的工况应随室外空气状态和室内情况的变化而变化，所以要经常对它们的有关装置进行调节。这一调节过程可以是人工进行的，也可以是自动控制的，不论是哪一种方式，都要配备一定的设备和调节装置。

只有通过正确的设计、安装和调试上述五个部分的装置，而且能科学地进行运行管理，这一空调、制冷系统才能取得满意的工作效果。

第二节　空调系统常用的调节装置

空调系统的运行需要进行自动控制和调节时，一般由自动调节装置实现。自动调节装置由敏感元件、调节器、执行调节机构等组成。但各种器件种类很多，本节仅介绍与电气控制实例有联系的几种。

一、敏感元件（检测元件）

用来检测被调节参数大小并输出信号的部件叫做敏感元件，又称检测元件或一次仪表。敏感元件装在被调房间内，它可以把感受到的房间温度（或相对湿度）信号经导线输送给调节器，由调节器与给定信号比较发出是否调节指令，该指令由执行调节机构执行，达到房间温度、湿度能够进行调节的目的。

1. 电接点水银温度计（干球温度计）

电接点水银温度计有两种类型：

固定接点式：其接点温度值是固定的，结构简单；

可调接点式：其接点位置可通过给定机构在表的量限内调整。

可调接点式水银温度计外形见图 9-2，它和一般水银温度计不同处在于毛细管上部有扁形玻璃管，玻璃管内装一根螺丝杆，丝杆顶端固定着一块扁铁，丝杆上装有一只扁形螺母，螺母上焊有一根细钨丝通到毛细管里，温度计顶端装有永久磁铁调节帽，有两根导线从顶端引出，一根导线与水银相连，另一根导线与钨丝相连。它的刻度分上下两段，上段用作调整整定值，由扁形螺母指示；下段为水银柱的实际读数。进行调整时，可转动调节帽，则固定扁铁被吸引而旋转，丝杆也随着转动，扁形螺母因为受到扁形玻璃管的约束不能转动，只能沿着丝杆上下移动。扁形螺母在上段刻度指示的位置即是所需整定的温度值，此时钨丝下端在毛细管中的位置刚好与扁形螺母指示位置对应。当温包受热时，水银柱上升，与钨丝接触后，即电接点接通。

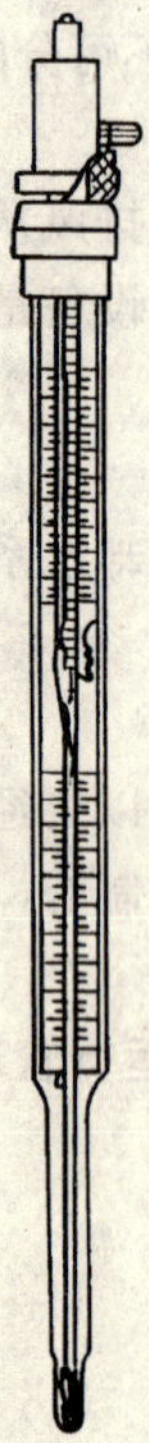

电接点若通过稍大电流时，不仅水银柱本身发热影响到测温、调温的准确性，而且在接点断开时所产生的电弧，将烧坏水银柱面和玻璃管内壁。因此，为了降低水银柱的电流负荷，将其电接点接在晶体三极管的基极回路，利用晶体三极管的电流放大作用来解决上述问题。

2. 湿球温度计

将电接点水银温度计的温包包上细纱布，纱布的末端浸在水里，由于毛细管的作用，纱布将水吸上来，使温包周围经常处于湿润状态，此种温度计称为湿球温度计。

当使用干、湿球温度计同时去测空调房间空气状态时，在两支温度计的指示值稳定以后，同时读出干球温度计和湿球温度计的读数。由于湿球上水分蒸发吸收热量，湿球表面空气层的温度下降，因此，湿球温度一般总是低于干球温度。干球温度与湿球温度之差叫做干湿球温度差，它的大小与被测空气的相对湿度有关，空气越干燥，干、湿球温度差就越大；反之，相对湿度越大，干、湿球温度差就越小。若处于饱和空气中，则干、湿球温度差等于零。所以，在某一温度下，干、湿球温度差也就对应了被测房间的相对湿度。

3. 热敏电阻

半导体热敏电阻是由某些金属（如镁、镍、铜、钴等）的氧化物的混合物烧结而成的。它具有很高的负电阻温度系数，即当温度升高时，其阻值急剧减小。其优点是温度系数比铂、铜等电阻大 10～15 倍。一个热敏电阻元件的阻值也较大，达数千欧，故可产生较大的信号。

热敏电阻具有体积小、热惯性小、坚固等优点。目前 RC-4 型热敏电阻较

图 9-2 电接点水银温度计

稳定，广泛应用于室温的测定。

4. 湿敏电阻

湿敏电阻从机理上可分为两类：第一类是随着吸湿、放湿的过程，其本身的离子发生变化而使其阻值发生变化，属于这类的有吸湿性盐（如氯化锂）、半导体等；第二类是依靠吸附在物质表面的水分子改变其表面的能量状态，从而使内部电子的传导状态发生变化，最终也反映在电阻阻值变化上，属于这一类的有镍铁以及高分子化合物等。

下面着重介绍氯化锂湿敏电阻。它是目前应用较多的一种高灵敏的感湿元件，具有很强的吸湿性能，而且吸湿后的导电性与空气湿度之间存在着一定的函数关系。

湿敏电阻可制成柱状和梳状（板状），见图9-3所示。柱状是利用两根直径0.1mm的铂丝，平行绕在玻璃骨架上形成的。梳状是用印刷电路板制成两个梳状电极，将吸湿剂氯化锂均匀地混和在水溶性粘合剂中，组成感湿物质，并把它均匀地涂敷在柱状（或梳状）电极体的骨架（或基板）上，做成一个氯化锂湿敏电阻测头。

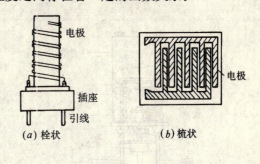

(a) 栓状　　　　(b) 梳状

图9-3　湿敏电阻外形

将测头置于被测空气中，当空气的相对湿度发生变化时，柱状电极体上的平行铂丝（或梳状电极）间氯化锂电阻随之发生改变。用测量电阻的调节器测出其变化值就可以反应其湿度值。

二、执行调节机构

凡是接受调节器输出信号而动作，再控制风门或阀门的部件称为执行机构。如接触器、电动阀门的电动机等部件。而对于管道上的阀门、风道上的风门等称为调节机构。执行机构与调节机构组装在一起，成为一个设备，这种设备可称为执行调节机构。如电磁阀、电动阀等。

1. 电动执行机构

电动执行机构接受调节器送来的信号，并去改变调节机构的位置。电动执行机构不但可实现远距离操纵，还可以利用反馈电位器实现比例调节和位置（开度）指示。

电动执行机构的型号虽有数种，但其结构大同小异，现以 SM_2-120 型为例：由电容式两相异步电动机、减速箱、终断开关和反馈电位器组成。电路见图9-4，图中1、2、3接点接反馈电位器，如采用简单位式调节时，则可不用此电位器。4、5、6与调节器有关点相接，当4、5两点间加220V交流电时，电动机正转，当5、6两点加220V交流电时，电动机反转。电

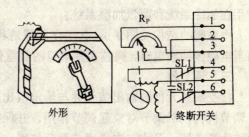

图9-4　SM_2-120电动执行机构

动机转动后，由减速箱减速并带动调节机构（如调节风门等），另外还能带动反馈电位器中间臂移动，将调节机构移动的角度用阻值反馈回去。同时，在减速箱的输出轴上装有两个凸轮用来操纵终断开关（位置可调），限制输出轴转动的角度。即在达到要求的转角时，凸轮拨动终断开关，使电动机自动停下来，这样，既可保护电动机，又可以在风门转动的范

围内，任意确定风门的终端位置。

2. 电动调节阀

电动调节阀有电动三通阀和电动两通阀两种，三通阀结构见图 9-5。与电动执行机构不同点是本身具有阀门部分，相同点是都有电容式两相异步电动机、减速器、终断开关等。

当接通电源后，电动机通过减速机构、传动机构将电动机的转动变成阀芯的直线运动，随着电动机转向的改变，使阀门向开启或关闭方向运动。当阀芯处于全开或全闭位置时，通过终断开关自动切断执行电动机的电源，同时接通指示灯以显示阀门的极端位置。

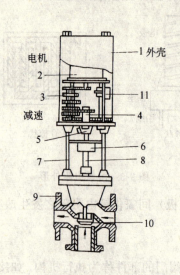

图 9-5　电动三通阀

1—机壳；2—电动机；3—传动机构；4—主轴螺母；
5—主轴；6—弹簧联轴节；7—支柱；8—阀主体；
9—阀体；10—阀芯；11—终断开关

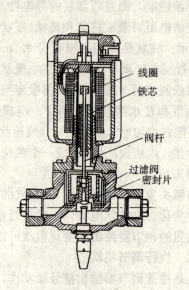

图 9-6　电磁阀

3. 电磁阀

电磁阀与电动调节阀不同点是，它的阀门只有开和关两种状态，没有中间状态。一般应用在制冷系统和蒸汽加湿系统。

电磁阀的结构见图 9-6，其工作原理是利用电磁线圈通电产生的电磁吸力将阀芯提起，而当电磁线圈断电时，阀芯在其本身的自重作用下自行关闭。因此，电磁阀只能垂直安装。

三、调节器

接受敏感元件的输出信号并与给定值比较，然后将测出的偏差变为输出信号，指挥执行调节机构，对调节对象起调节作用，并保持调节参数不变或在给定范围内变化的这种装置称为调节器，又称二次仪表或调节仪表。

（一）SY-105 型晶体管式调节器

SY-105 型晶体管位式调节器由两组电子继电器组成，由同一电源变压器供电，其电路见图 9-7。上部为第一组，电接点水银温度计接在 1、2 两点上。当被测温度等于或超过给定温度时，敏感元件的电接点水银温度计接通 1、2 两点，V1 处于饱和导通状态，使集电极电位提高，故 V2 管处于截止状态，继电器 KE2（灵敏继电器）释放；而当温度低于给定值时，1、2两点于断开，V1管处于截止状态，V2管基极电位较低，V2管工作在导通状态，继电器 KE1 吸合，利用继电器 KE2 的触点去控制执行调节机构（如电加热管或电磁阀），就可实现温度的自动调节。

图中下面部分为第二组，8、9两点间接湿球电接点温球计，其工作原理与上部相同。两组配合，可在恒温恒湿机组中实现恒温恒湿控制。

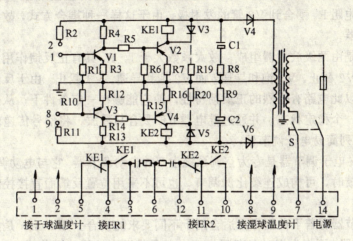

图 9-7 SY-105 调节器电路图

（二）RS 型室温调节器

RS 型室温调节器可用于控制风机盘管、诱导器等空调末端装置，按双位调节规律控制恒温。

调节器电路见图 9-8。由晶体三极管 V1 构成测量放大电路，V2、V3 组成典型的双稳态触发电路。

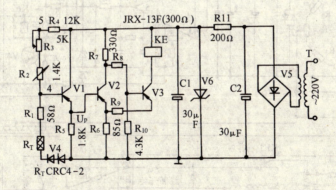

图 9-8 RS 调节器

1. 测量放大电路

敏感元件是热敏电阻 R_T，它与电阻 R_1、R_2、R_3、R_4 组成 V1 的分压式偏置电路。当室温变化时，R_T 阻值就发生变化，因而可改变 V1 基极电位，进而使 V1 发射极电位 U_P 发生变化，U_P 用来控制下面的双稳态触发器。R_2 是改变温度给定值的电位器，改变其阻值可使调节器的动作温度改变。

【例】 当 R_T 处温度降低时，R_T 阻值增加，V1 管基极电流 I_{b1} 增加，使 V1 管发射极电流增加，则电阻 R_5 电压降增加，发射极电位 U_P 降低。反之，当 R_T 处温度增加时，R_T 阻值减小，V1 基极电流小，发射极电流也减小，使 U_P 上升。

2. 双稳态触发电路

V2 管的集电极电位通过 R_8、R_{10} 分压支路耦合到 V3 管的基极，而 V3 管的发射极经 R_9 和共用发射极电阻 R_6 耦合到 V2 管的发射极。由于这样一种耦合方式，故称为发射极耦合的双稳态触发器。

触发电路是由两级放大器组成，放大系数大于 1，R_6 具有正反馈作用。电路具有两个稳定状态：即 V2 截止、V3 饱和导通，而 V2 饱和导通、V3 截止。由于反馈回路有一定的放大系数，所以此电路有强烈的正反馈特性，使它能够在一定条件下，从一个稳定状态迅速地转换到另一个稳定状态，并通过继电器 KE 吸合与释放，将信号传递出去。

（三）P 系列简易电子调节器

P 系列简易电子调节器是专为空调系统生产的自动调节器。它与电动调节阀配套使用，在取得位置反馈时，可构成连续比例调节，也可不采用位置反馈而直接控制接触器或电磁阀等。

该系列调节器有若干种型号，适合用于不同要求的场合。如 P-4A$_1$ 是温度调节器，P-4B 是温差调节器，可作为相对湿度调节；P-5A 是带温度补偿的调节器。P 系列各型调节器除测量电桥稍有不同外，其它大体相同。故下面仅对图 9-9 所示 P-4A$_1$ 型调节器电路进行分析。

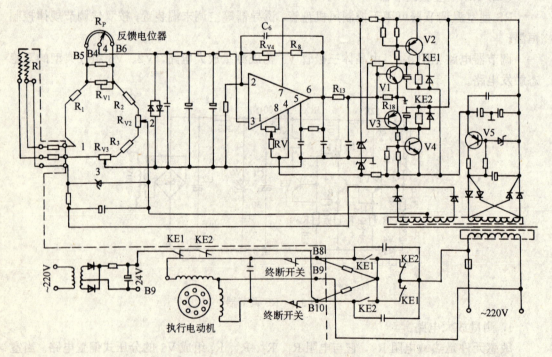

图 9-9 P-4A$_1$ 型调节器电路

192

1. 直流测量电桥

电桥 1、2 两点的电源是由整流器供给的直流电，电桥的作用是：(a) 通过电位器 R_{V_3} 完成调整温度给定值。由于采用了同时改变两相邻臂电阻的方法，所以可减少因滑动点接触电阻的不稳定对给定值带来的误差。R_{V_3} 安装在仪表板上，其上刻有给定的温度，比如 12～32℃ 量限，可在 12～32℃ 之间任意给定。(b) 通过镍电阻 R_t（敏感元件）与给定电阻相比较测量偏差信号（约 $200\mu V/0.07℃$）。这是由于当不能满足相对臂乘积相等的条件，使电桥成为不平衡工作状态时，就会输出一偏差信号。此信号由电桥 3、4 两点输出，再经阻容滤波滤去交流干扰信号后送入运算放大电路放大。(c) 在电桥上接入了位置反馈，可完成比例调节作用，以加强调节系统的稳定性。位置反馈信号是由 R_P 完成的，而反馈量的大小，可由电位器 R_{V_1} 来调整。R_P 与执行机构联动，因此两者位置相对应，当电桥不平衡时，执行机构动作，对被测量进行调节，同时带动 R_P，令电桥处于新的平衡状态，执行机构电动机于是停止转动，不致于过调。

此外，镍电阻是采用三线接法使联接线路的电阻属于电桥的两个臂，以消除线路电阻随温度变化而造成的测量误差。

2. 运算放大电路

运算放大电路采用集成电路，不但可以缩小体积，减轻重量，同时由于电路连线缩短，焊点减少，从而提高了仪表的可靠性。

该放大电路利用 R_8 和 R_{V_4} 构成负反馈式比例放大器，放大倍数虽然降低了，但却增大了调节器的稳定性，同时通过改变放大倍数可以改变调节器的灵敏度，电容 C_6 可提高系统的抗干扰能力，这是因为交流干扰信号易通过 C_6 反馈到原端，最大限度地压低了干扰。电位器 R_V 为放大器的校零电位器。

3. 输出电路

输出电路由晶体三极管 V1、V2、V3、V4 组成，它将直流放大器输出渐变的电压信号，转变为一个跳变的电压信号，使两个灵敏继电器工作在开关状态。其工作过程是前级输出电压加在 R_{18} 上，其电压极性和数值大小由直流放大器的输出决定，即是由温度偏差的方向和大小来决定。

当 R_{18} 上的电压具有一定的极性又具有一定数值时，就会使 V1 或 V3 处于导通状态。例如，被测温度低于给定值时，R_{18} 上电压使 V1 的基极和发射极处于正向导通状态，V1 管导通，通过电阻 R_{21} 使 V2 基极电位下降，V2 管也处于导通状态，此时灵敏继电器 KE1 吸合，并通过其触点使电动执行机构向某一方向转动进行调节。若被测温度高于给定值时，R_{18} 上电压使 V3 管处于导通状态，V3 管发射集与集电极间电压降减少，使 V4 管处于导通状态，灵敏继电器 KE2 吸合，并通过其触点 KE2 使电动执行机构向与前述相反的方向转动，以进行相应的调节。

第三节　分散式空调系统的电气控制实例

在空调工程的实践中，并不是任何时候都需要采用集中式空调系统。例如，在一个大建筑物中，只有少数房间需要有空调，或者要求空调的房间虽然多，但却很分散，彼此相距较远，如果仍然采用集中式空调系统，不仅经济上不合算，而且给运行管理带来很多不方便，这时若采用分散式空调系统就可满足使用要求。

一、分散式空调机组的种类

目前我国生产的空调机组种类较多，如按冷凝器的冷却方式分：有水冷式和风冷式两种。如按外型结构分：有立柜式和窗式两种。立柜式还可分为整体式、分体式及专门用途等。如按电源相数分：有单相电源和三相电源两种。如按加热方式分：有电加热器式和热泵型两种。如按用途不同来分，大体有以下几种：

（1）冷风专用空调器　作为一般空调房间夏季降温减湿用，其电气设备主要有风机和压缩机。其电动机电源有单相和三相的，一般做成窗式。其控制电路多数为手动控制。

（2）热泵冷风型空调器　其特点是压缩机排风管上装有电磁器通阀，它可以改变制冷剂流出与吸入的管路连接状态，以实现夏季降温和冬季供暖。其电气设备主要有风机、压缩机和电磁阀；电动机电源有单相和三相的。其控制电路多数为手动控制。

（3）恒温恒湿机组　这种机组能自动调节空气的温度和相对湿度，以满足房间在全年内的恒温恒湿要求，其电气设备除了风机和压缩机之外，还设置有电加热器、电加湿器和自动控制设备等。

二、恒温恒湿机组的电气控制实例

冷风专用空调器和热泵冷风空调器在室温和相对湿度自动调节方面一般没有特殊要求，通常采用开停机组的方法来实现对室温的调节，所以控制电路较简单。而恒温恒湿机组对温度和相对湿度控制要求却较高，种类也很多，此处仅以 KD10/I-L 型空调机组为例，介绍系统中的主要设备及控制方法。

（一）系统组成及主要设备

空调机组控制系统如图9-10所示。主要设备按功能分可由制冷、空气处理和电气控制三部分组成。

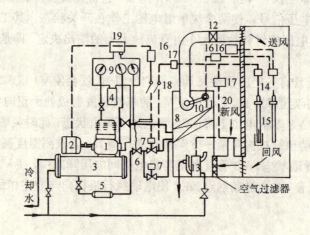

图9-10　空调机组控制系统

1—压缩机；2—电动机；3—冷凝器；4—分油器；5—滤污器；6—膨胀阀；7—电磁阀；8—蒸发器；
9—压力表；10—风机；11—风机电动机；12—电加热器；13—电加湿器；14—调节器；
15—电接点干湿球温度计；16—接触器触点；17—继电器触点；18—选择开关；
19—压力继电器触点；20—开关

1. 制冷部分

制冷部分是机组的冷源，主要由压缩机、冷凝器、膨胀阀和蒸发器等组成（其制冷原理在第六节中介绍）。该系统应用的蒸发器是风冷式表面冷却器，为了调节系统所需的冷负荷，将冷却器制冷剂管路分成两条，利用两个电磁阀分别控制两条管路的通和断，使冷却器的蒸发面积全部或部分使用上，来调节系统所需的冷负荷量。分油器、滤污器为辅助设备。

2. 空气处理部分

空气处理部分主要由新风采集口、自风口、空气过滤器、电加热器、电加湿器和通风机等设备组成。空气处理设备的主要任务是：将新风和回风经过空气过滤器过滤后，处理成所需要的温度和相对湿度，以满足房间空调要求。

（1）电加热器：电加热器是利用电流通过电阻丝会产生热量而制成的加热空气的设备。电加热器具有加热均匀、热量稳定、效率高、结构紧凑且易于实现自动控制等优点，因此在小型空调系统中应用广泛。对于温度控制精度要求较高的大型系统，有时也将电加热器装在各送风支管中以实现温度的分区控制。

电加热器按其构造不同可分为裸线式电加热器和管式电加热器。裸线式电加热器见图9-11，它具有热惰性小、加热迅速、结构简单等优点，但其安全性差。管式电加热器如图9-12，具有加热均匀、热量稳定、耐用和安全等优点，但其加热热惰性大，结构复杂。

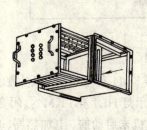 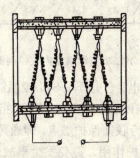 

图 9-11　裸线式电加热器

图 9-12　管式电加热器

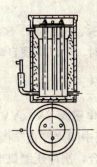

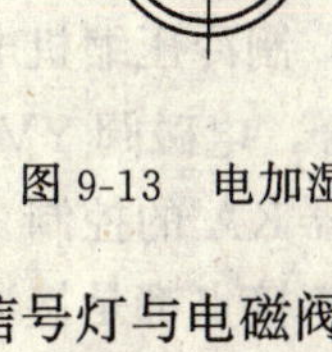

（2）电加湿器：电加湿器是用电能直接加热水以产生蒸汽。用短管将蒸汽喷入空气中或将电加湿装置直接装在风道内，使蒸汽直接混入流过的空气。产生蒸汽所用的加热设备有电极式加湿器（图9-13），也有管状加热元件，相当于将管式电加热器经过防水绝缘处理后直接安放在水中进行加热产生蒸汽。

3. 电气控制部分

电气控制部分的主要作用是实现恒温恒湿的自动调节，主要有电接点式干、湿球温度计及SY-105晶体管调节器、接触器、继电器等。

图 9-13　电加湿器

（二）电气控制电路分析

该空调机组电气控制电路见图9-14。可分成主电路、控制电路和信号灯与电磁阀控制电路三部分。总开关QS将电源接入机组。

当空调机组需要投入运行时，合上电源总开关QS，所有接触器的上接线端子、控制电

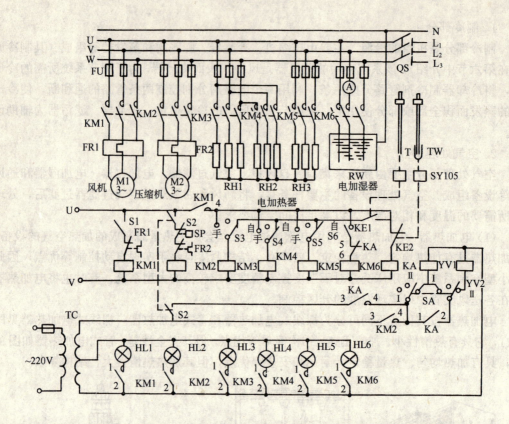

图 9-14　KD10/1-L 型空调机组电气控制图

路 UV 两相电源和控制变压器 TC 均有电。合上开关 S1，接触器 KM1 得电吸合：其主触点闭合，使通风机电动机 M1 启动运行；辅助触点 KM1$_{1,2}$ 闭合，指示灯 HL1 亮；KM1$_{3,4}$ 闭合，为温湿度自动调节作好准备，此触点称为联锁保护触点，即通风机未启动前，电加热器、电加湿器等都不能投入运行，起到安全保护作用，避免发生事故。

机组的冷源是由制冷压缩机供给。压缩机电动机 M2 的启动由开关 S2 控制，其制冷量是利用控制电磁阀 YV1、YV2 来调节蒸发器的蒸发面积实现的，并由转换开关 SA 控制是否全部投入。

机组的热源由电加热器供给。电加热器分成三组，分别由开关 S3、S4、S5 控制。S3、S4、S5 都有"手动"、"停止"、"自动"三个位置。当扳到"自动"位置时，可以实现自动调节。

1. 夏季运行的温湿度调节

夏季运行时需降温和减湿，压缩机需投入运行，设开关 SA 扳在 Ⅱ 挡，电磁阀 YV1、YV2 全部受控。电加热器可有一组投入运行，作为精加热用，设 S3、S4 扳至中间"停止"挡，S5 扳至"自动"挡。合上开关 S2，接触器 KM2 得电吸合，其主触点闭合，制冷压缩机电动机 M2 启动运行，其辅助触点 KM2$_{1,2}$ 闭合，指示灯 HL2 亮；KM2$_{3,4}$ 闭合，电磁阀 YV1 通电打开，蒸发器有 2/3 面积投入运行（另 1/3 面积受电磁阀 YV2 和继电器 KA 的控制）。由于刚开机时，室内的温度较高，敏感元件干球温度计 T 和湿球温度计 TW 接点都是接通的（T 的整定值比 TW 的整定值稍高），与其相联的调节器 SY-105 中的继电器 KE1 和 KE2

均不得电，KE2 的常闭触点使继电器 KA 得电吸合，其触点 KA$_{1,2}$ 闭合，使电磁阀 YV2 得电打开，蒸发器全部面积投入运行，空调机组向室内送入冷风实现对新空气进行降温和冷却减湿。

当室内温度或相对温度下降低到 T 和 TW 的整定值以下，其接点断开使调节器中的继电器 KE1 或 KE2 得电吸合，利用其触点动作可进行自动调节。例如：室温下降到 T 的整定值以下，T 接点断开，调节器中的继电器 KE1 得电吸合，其常开触点闭合使接触器 KW5 得电吸合，其主触点使电加热器 RH3 通电，对风道中被降温和减湿后的冷风进行精加热，其温度相对提高。

如室内温度一定，而且相对湿度低于 T 和 TW 整定的温度差时，TW 上的水分蒸发快而带走热量，使 TW 接点断开，调节器中的继电器 KE2 得电吸合，其常闭触点 KE2 断开，使继电器 KA 失电，其常开触点 KA$_{1,2}$ 恢复，电磁阀 YV2 失电而关闭。蒸发器只有 2/3 面积投入运行，制冷量减少而使相对湿度升高。

从上述分析可知，当房间内干、湿球温度一定时，其相对湿度也就确定了。这里，每一个干、湿球温度差就对应一个湿度差。若干球温度保持不变，则湿球温度的变化就表示了房间内相对湿度的变化，只要能控制住湿球温度不变就能维持房间相对湿度恒定。

如果选择开关 SA 扳到"I"位置时，只有电磁阀 YV1 受控，而电磁阀 YV2 不投入运行。此种状态可在春夏交界和夏秋交界制冷量需要较少时的季节用，其原理与上同。

为防止制冷系统压缩机吸气压力过高运行不安全和压力过低运行不经济，利用高低压力继电器触点 SP 来控制压缩机的运行和停止。当发生高压超压或低压过低时，高低压力继电器触点 SP 断开，接触器 KM2 失电释放，压缩机电动机停止运转。此时，通过继电器 KA 的触头 KA$_{3,4}$ 电磁阀仍继续受控。当蒸发器吸收压力恢复正常时高低压力继电器触点 SP 恢复，压缩机电动机将自动启动运行。

2. 冬季运行的温湿度调节

冬季运行主要是升温和加湿，制冷系统不工作，需将 S2 断开。加热器有三组，根据加热量的不同，可分别选择在手动、停止或自动位置。设 S3 和 S4 扳在手动位置，接触器 KM3、KM4 均得电，RH1、RH2 投入运行而不受控。将 S5 扳至自动位置，RH3 受温度调节环节控制。当室内温度低时，干球温度计 T 接点断开，调节器中的继电器 KE1 吸合，其常开触点闭合，使接触器 KW5 得电吸合，其主触点闭合，RH3 投入运行，使送风温度升高。如室温较高，T 接点闭合，KE1 失电释放而使 KW5 断电，RH3 不投入运行。

室内相对湿度调节是将开关 S6 合上，利用湿球温度计 TW 接点的通断而进行控制。例如：当室内相对湿度较低时，TW 的温包上水分蒸发快而带走热量（室温在整定值时），TW 接点断开，调节器中继电器 KE2 吸合，其常闭触点断开，使继电器 KA 失电释放，其触点 KA$_{5,6}$ 恢复而使接触器 KM6 得电吸合，其主触点闭合，电加湿器 RW 投入运行，产生蒸汽对送风进行加湿。当相对湿度较高时，TW 和 T 的温差小，TW 接点闭合，KE2 释放，继电器 KA 得电，其触点 KA$_{5,6}$ 断开，使 KM6 失电而停止加湿。

该系统的恒温恒湿调节仅是位式调节，只能在制冷压缩机和电加热器的额定负荷以下才能保证温度的调节。另外，系统中还有过载和短路等保护。

第四节 半集中式空调系统的电气控制实例

一、半集中式空调机组种类

集中供给部分或全部新风，也可以集中供给冷、热源，由末端装置进行局部调节的系统称为半集中式空调系统，也可称为混合式空调系统。半集中式空调系统可分为诱导式空调系统和风机盘管空调系统等类型，目前在高层建筑中得到广泛的应用。

（一）诱导式空调系统

诱导式空调系统由一次风系统、诱导器及二次水系统三个主要部分组成。诱导器是诱导式系统的末端装置，是系统的重要组成部分。它由外壳、热交换器（盘管）和诱导空气的部分（包括一次风联接管、静压管、喷嘴等）组成，如图9-15所示。

诱导器是一种利用集中式空调送来的一次风作为诱导动力，就地吸入室内回风并加局部处理的设备，用来代替集中式系统的送风口，所以输送来的一次风风量可以减少很多，加之一般采用较高风速（如15～25m/s）输送空气，可以大大缩小送风管道尺寸，并使回风管道也大大缩小甚至取消。诱导器在要求较高的空调系统中，才有电气控制。

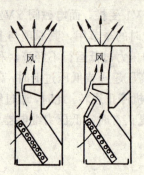

图9-15 诱导式空调

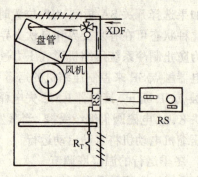

图9-16 风机盘管机组

（二）风机盘管空调系统

风机盘管机组是半集中空调系统的一种末端装置，由风机、盘管（换热器）、电动阀、空气过滤器、室温调节装置和箱体所组成。机组的型式有立式和卧式两种，从安装方式上还可分为暗装型和明装型，图9-16为立式明装。

风机盘管空调系统是将由风机和盘管组成的机组直接放在空调房间内，风机把室内空气吸进机组，经过过滤后再经盘管冷却或加热，就地送入空调房间，以达到空调的目的。

二、风机盘管空调系统电气控制实例

（一）风机盘管空调系统组成

1. 新风供给方式

风机盘管空调系统采用的新鲜空气供给方式主要有就地取风式和集中供风式两类。

（1）就地取风式：由房间的缝隙自然渗入和排出或从机组背面开墙引入新风和缝隙自然排出等。由于受到风向、风压等的影响，供风质量难以保证，仅用于旧建筑改造工程。

（2）集中供风式：单独设新风系统和排风系统（或缝隙排风）。通常是将室外空气经新风处理机组集中处理后由管道送入各房间，广泛地应用于新建高层建筑中。

2. 冷、热媒供给方式

风机盘管空调系统所用的冷媒、热媒是集中供应的。供水系统分为双水管系统、三水管系统和四水管系统。

(1) 双水管系统：双水管系统由一根供水管和一根回水管组成，这种系统冬季供热水、夏季供冷水都在同一管路中运行。优点是系统简单，投资省，缺点是在过渡季节出现朝阳房间需要冷却，而背阳房间则需要加热时不能全部满足要求。一般可采取按房间朝向分区控制。

(2) 三水管系统：三水管系统是将冷水管和热水管分开，公用一根回水管。由于回水管冷热混合，造成能量损失大，故较少采用。

(3) 四水管系统：四水管系统是冷、热水各用一根供水管和回水管，由于一次投资较大，自控元件要求高，仅在较高级的宾馆中采用。

3. 室温调节方式

为了适应空调房间瞬变负荷的变化，风机管道空调系统常用两种调节方式，即调节水量和调节风量。

(1) 水量调节：当室内冷负荷减小时，通过直通或三通调节阀减少进入盘管的水量，盘管中冷水平均温度上升，冷水在盘管内吸收的热量减少。

(2) 风量调节：这种调节方法应用较为广泛，通常分为高、中、低三档调节风机转速以改变通过盘管的风量，也有实行无级调速的。当室内冷负荷减少时，降低风机转速，空气向盘管的放热量减少，盘管内冷水的平均温度下降。当人员离开房间时，还可将风机关掉，以节省冷、热量及电耗。

(二) 风机盘管空调的电气控制

风机盘管空调的电气控制一般比较简单，只有风量调节的系统，其控制电路与电风扇的控制方式基本相同。此处仅以北京空调器厂生产的 FP-5 型机组为例，介绍电气控制的基本内容。电路图见图 9-17。

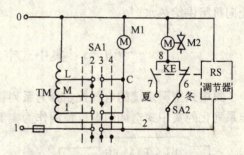

图 9-17　FP-5 型风机盘管空调电路图

1. 风量调节

风机电动机 M1 为单相电容式异步电机，采用自耦变压器调压调速（也有三速电动机产品）。风机电动机的速度选择由转换开关 SA1 实现（也可用按键式机械联锁开关）。SA1 有四档，1 档为停，2 档为低速，3 档中速，4 档为高速。

2. 水量调节

供水调节由电动三通阀实现，M2 为电动三通阀电动机，型号为 XDF。由单相交流 220V 磁滞电动机带动的双位动作的三通阀，外形见图 9-18。其工作原理是：电动机通电后，立即按规定方向转动，经减速齿轮带动输

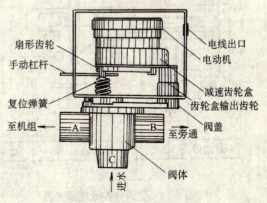

图 9-18　电动三通阀外形图

出轴，轴出轴齿轮带一扇形齿轮，从而带动阀杆、阀芯动作。阀芯由 A 端向 B 端旋转时，使B 端被堵住，而 C 至 A 的水路接通，水路系统向机组供水。此时，电动机处于带电停转状态，只有磁滞电动机才能满足这一要求。

当需要停止供水时，调节器使电动机断电，此时由复位弹簧使扇形齿轮连同阀杆、阀芯及电动机同时反向转动，直至堵住 A 端为止。这时 C 至 B 变成通路，水经旁通管流至回水管，利于整个管路系统的压力平衡。

这种三通阀的开闭水路与电磁阀作用一样，不同点是电磁阀开闭时，阀芯有冲击，机械磨损快，而三通阀的阀芯是靠转动开闭的，故冲击小，机械磨损小，使用寿命长。

该系统应用的调节器是 RS 型、KE 为 RS 型调节器中的灵敏继电器触头，由第二节分析可知，当室内温度高于给定值时，热敏电阻阻值减小，继电器 KE 吸合，其触头动作。当室内温度低于给定值时，继电器 KE 释放，其触头复位。

为了适应季节变化，设置了季节转换开关 SA2，随季节的改变，在机组改变冷、热水的同时，必须相应改变季节转换开关的位置，否则系统将失调。

夏季运行时，SA2 扳至"夏"位置，水系统供冷水。当室内温度超过整定值时，RS 调节器中的继电器 KE 吸合，其常开触头闭合，三通阀电动机 M2 通电转动，打开 A 端，关掉 B 端，向机组供冷水。当室内温度下降低于给定值时，KE 释放，M2 失电，三通阀复位弹簧使 A 端关闭，B 端打开，停止向机组供冷水。

冬季运行时，SA2 扳至"冬"位置，水系统供热水。当室内温度低于给定值时，KE 不得电，其常闭触头使三通阀电动机 M2 通电转动，打开 A 端，关掉 B 端，向机组供热水。当室温上升超过给定值时，KE 吸合，其常闭触头断开而使 M2 失电，A 端关闭，B 端打开，停止向机组供给热水。

第五节　集中式空调系统的电气控制实例

集中式空调系统的电气控制分为系列化设备和非系列化设备两种，本节仅以某单位的非系列化的集中式空调的电气控制作为实例分析。

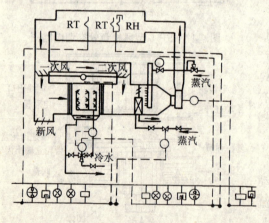

图 9-19　空调自控原理示意图

一、集中式空调系统电气控制特点

该系统能自动地调节温、湿度和自动地进行季节工况的自动转换，做到全年自动化。开机时，只需按一下风机启动按钮，整个空调系统就自动投入正常运行（包括各设备间的程序控制、调节和季节的转换）；停机时，只要按一下风机停止按钮，就可以按一定程序停机。

空调系统自控原理图见图 9-19。系统在室内放有两个敏感元件，其一是温度敏感元件 RT（室内型镍电阻）；其二是相对湿度敏感元件 RH 和 RT 组成的温差发送器。

（一）温度自动控制

RT 接至 P-4A$_1$ 型调节器上，此调节器根据实际温度与给定值的偏差，对执行机构按比例规律进行控制。在夏季是控制一、二次回风风门来维持恒温（当一次风门关小时，二次风门开大，既防止风门振动，又加快调节速度）。在冬季是控制二次加热器（表面式蒸汽加热器）的电动两通阀实现恒温。

（二）温度控制的季节转换

夏转冬：当按室温信号将二次风门开足时，还不能使空调温度升到给定值，则利用风门执行机构的终断开关极限位置送出一个信号，使中间继电器动作，以实现工况转换的目的。但为了避免干扰信号使转换频繁，转换时均通过时间继电器延时。如果在整定的时间内恢复了原工作制（终断开关复原），该转换继电器还未动作，则不进行转换。

冬转夏：由冬季转入夏季是利用加热器的电机两通阀关足时的终断开关送出一个信号，经延时后自动转换。

（三）相对湿度控制

相对湿度控制是通过 RH 和 RT 组成的温差发送器，反映房间内相对湿度的变化，将此信号送至冬、夏共用的 P-4B$_1$ 型温差调节器。此调节器根据实际情况按比例规律控制执行机构。在夏季，是利用控制喷淋水的温度实现降温的，其相对湿度较高，需应用冷却减湿，通过调节电动三通阀而改变冷冻水与循环水的比例，使空气在进行冷却减湿的过程中满足相对湿度的要求（温度用二次风门再调节）。冬季不淋水，是利用表面式蒸汽加热器升温的，相对湿度较低，需采用喷蒸汽加湿。系统是按双位规律，通过高温电磁阀控制蒸汽加湿器达到湿度控制。

（四）湿度控制的季节转换

夏转冬：当相对湿度较低时，利用电动三通阀的冷水端全关足时送出一电信号，经延时使转换继电器动作，以使系统转入到冬季工况。

冬转夏：当相对湿度较高时，利用 P-4B$_1$ 型调节器上限电接点送出一电信号，经延时后，进行转换。

二、集中式空调系统的电气控制

（一）风机、水泵控制电路

空调系统的电气控制电路图见图 9-20 运行前，进行必要的检查后，合上电源开关 QS，并将其它选择开关置于自动位置。

风机的启动：风机电动机 M1 是利用自耦变压器降压启动。按下风机启动按钮 SB1 或 SB2，接触器 KM1 得电吸合：其主触点闭合，将自耦变压器三相绕组的零点接到一起；辅助触点 KM1$_{1,2}$ 闭合，自锁；KM$_{5,6}$ 断开，互锁；KM1$_{3,4}$ 闭合，使接触器 KM2 得电吸合：其主触点闭合，使自耦变压器接通电源，风机电动机 M1 接自耦变压器降压启动，同时，时间继电器 KT1 也得电吸合：其触点 KT1$_{1,2}$ 延时闭合，使中间继电器 KA1 得电吸合：其触点 KA1$_{1,2}$ 闭合，自锁；KA1$_{3,4}$ 断开，使 KM1 失电，KM2、KT1 也失电；KA1$_{5,6}$ 闭合，接触器 KM3 经 KM1$_{5,6}$ 得电吸合：其主触点闭合，风机电动机 M1 全压运动；辅助触点 KM3$_{1,2}$ 闭合，使中间继电器 KA2 得电吸合：其触点 KA2$_{1,2}$ 闭合，为水泵电动机 M2 自动启动作准备；KA2$_{3,4}$ 断开；L32 无电；KA2$_{5,6}$ 闭合，SA1 在运行位置时，L31 有电，为自动调节电路送电。

水泵的启动：喷水泵电动机 M2 是直接启动的，当风机正常运行时，在夏季需淋水的情

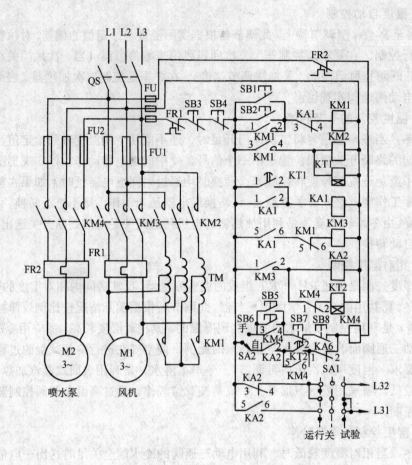

图 9-20　空调系统电气控制电路图

况下，中间继电器 KA6$_{1、2}$ 处于闭合状态。当 KA2 得电时，KT2 也得电吸合；其触点 KT2$_{1、2}$ 延时闭合，接触器 KM4 经 KA2$_{1、2}$、KT2$_{1、2}$、KA6$_{1、2}$ 触点得电吸合，其主触点闭合使水泵电动机 M2 直接启动；辅助触点 KM4$_{1、2}$ 断开，使 KT2 失电；KM4$_{5、6}$ 闭合，自锁；KM4$_{3、4}$ 为按钮起动用自锁触头。

　　转换开关 SA1 转到试验位置时，不启动风机与水泵，也可通过中间继电器 KA2$_{3、4}$ 为自动调节电路送电，在既节省能量又减少噪音的情况下，对自动调节电路进行调试。在正常运行时，SA1 应转到运行位置。

　　空调系统需要停止运行时，可通过停止按钮 SB3 或 SB4 使风机及系统停止运行。并通过 KA2$_{3、4}$ 触头为 L32 送电，整个空调系统处于自动回零状态。

　　（二）温度自动调节及季节自动转换

　　温度自动调节及季节自动转换电路见图 9-21。敏感元件 RT 接在 P-4A$_1$ 调节器端子板 XT1、XT2、XT3 上，P-4A$_1$ 调节器上另三个端子 XT4、XT5、XT6 接位置反馈电位器 RM3 上。KE1、KE2 触点为 P-4A 调节器中继电器的对应触点。

　　1. 夏季温度调节

　　选择开关 SA5 在自控位置。如正处于夏季，二次风门一般不处于开足状态。时间继电器 KT3 线圈不会得电，中间继电器 KA3、KA4 线圈也不会得电，这时，一、二次风门的执行机构电机 M4 通过 KA4$_{9,10}$ 和 KA4$_{11,12}$ 常闭触头处于受控状态。通过敏感元件 RT 检测室温，传递给 P-4A$_1$ 调节器进行自动调节一、二次风门的开度。

例如，当实际温度低于给定值而有负偏差时，经 RT 检测并与给定电阻值比较，使调节器中的继电器 KE1 吸合，其常开触点闭合，发出一个用以开大二次风门和关小一次风门的信号。M4 经 KE1 常开触点和 KA4$_{11,12}$ 触点接电转动，将二次风门开大，一次风门关小。利用二次回风量的增加来提高被冷却后的新风温度，使室温上升到接近于给定值。同时，利用电动执行机构的反馈电阻 RM4 成比例的调节一、二次风门开度。当 RM4、RT 与给定电阻值平衡时，P-4A$_1$ 中的继电器 KE1 失电，一、二次风门调节停止。如室温高于给定值，P-4A$_1$ 中的继电器 KE2 将吸合，发出一个用以关小二次风门的信号，M4 经 KE2 常开触点和 KA4$_{9,10}$ 得到反相序电源，使二次风门关小。

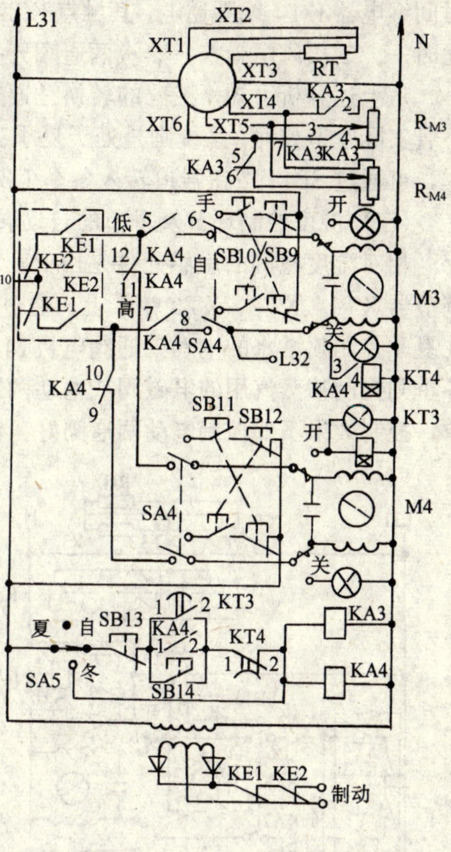

2. 夏季转冬季工况

随着室外气温的降低，空调系统的热负荷也相应地增加，当二次风门开足时，仍不能满足要求时，通过二次风门开足时终断开关的信号，使时间继电器 KT3 线圈通电吸合，其触点 KT3$_{1,2}$ 延时（4 分钟）闭合，使中间继电器 KA3、KA4 得电吸合，其触点：KA4$_{9,10}$、KA4$_{11,12}$ 断开，使一、二次风门不受控；KA3$_{5,6}$、KA3$_{7,8}$ 断开，切除 RM4；KA3$_{1,2}$、KA3$_{3,4}$ 闭合，将 RM3 接入 P-4A$_1$ 回路；KA4$_{5,6}$、KA4$_{7,8}$ 闭合，使加热器电动两通阀电机 M3 受控；KA4$_{1,2}$ 闭合，自锁。系统由夏季工况自动转入冬季工况。

也可选用手动与自动相结合的秋季运行工况。例如，将 SA3 扳到手动位置，按 SB9 按钮，使蒸汽两通阀电动执行机构 M3 得电，将蒸汽两通阀稍打开一定角度（一般开度小于 60° 为好）后，再将 SA3 扳到自动位置，又回到自动调节转换工况。此工况，一、二次风门又处于受控状态，在蒸汽用量少的秋季是有利的，又因避免了二次风门在接近全开情况下进行调节，故增加了调节阀的线性度，改善了调节性能。

3. 冬季温度控制

冬季温度控制仍通过敏感元件 RT 的检测，P-4A$_1$ 调节器中的 KE1 或 KE2 触点的通断，使电动两通阀电机 M3 正转与反转，使电机两通阀开大与关小。并利用反馈电位器 R$_{M3}$ 按比例规律调整蒸汽量的大小。

4. 冬季转夏季工况

随着室外气温升高，蒸汽两通阀逐渐关小。当关足时，通过终断开关送出一电信号，使

图 9-21　温度自动调节与季节转换电路

时间继电器 KT4 线圈通电，其触点 KT4$_{1,2}$ 延时（约 1～1.5h）断开，KA3、KA4 线圈失电，此时一、二次风门受控，蒸汽两通阀开关不受控，由冬季转到夏季工况。

从上述分析可知，工况的转换是通过中间继电器 KA3、KA4 实现的。当系统开机时，不管实际季节如何，系统则是处于夏季工况（KA3、KA4 经延时后才通电）。如当时正是冬季，可通过 SB14 按钮强迫转入冬季工况。

（三）湿度控制环节及季节的自动转换

相对湿度检测的敏感元件是由 RT 和 RH 组成温差发送器，该温差发送器接在 P-4B$_1$ 调节器 XT1、XT2、XT3 端子上，通过 P-4B$_1$ 调节器中的继电器 KE3、KE4 触点的通断，在夏季控制喷淋水的电动三通阀电机 M5，并引入位置反馈 RM5 电位器，构成比例调节；在冬季则控制喷蒸汽用的电磁阀或电动两通阀。控制电磁阀只能构成双位调节，控制线路简单，控制效果不如控制电动两通阀好。湿度自动调节及季节转换电路见图 9-22。

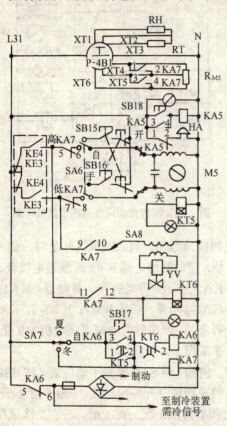

图 9-22　湿度自动调节及季节转换电路

1. 夏季相对湿度控制

夏季相对湿度控制是通过喷淋水用的电动三通阀来改变冷水与循环水的比例，实现增冷减湿的。如室内相对湿度较高时，由敏感元件发送一个温差信号，通过 P-4B$_1$ 调节器放大，使继电器 KE4 吸合，使控制三通阀的电机 M5 得电，将电动三通阀的冷水端开大，循环水关小。喷淋水温度降低，进行冷却减湿，接入反馈电阻 RM5，实现比例调节。室内相对湿度较低时，通过敏感元件检测和 P-4B$_1$ 放大，使 P-4B$_1$ 中的继电器 KE3 吸合，将电动三通阀的冷水端关小，循环水开大，喷淋水温度相对提高，相对湿度也提高。

2. 夏季转冬季工况

当室外气温变冷，相对湿度也较低，则自动调节系统就会使喷淋水的电动三通阀中的冷水端关足。利用电动三通阀关足时终断开关的动作，使时间继电器 KT5 得电吸合，其触点 KT5$_{1,2}$ 延时（4 分钟）闭合，中间继电器 KA6、KA7 线圈得电，其触点 KA6$_{1,2}$ 断开，KM4 失电，水泵电机 M2 停止运行；KA6$_{3,4}$ 闭合，自锁；KA6$_{5,6}$ 断开，向制冷装置发出不需冷源的

信号；KA7$_{1,2}$、KA7$_{3,4}$ 闭合，切除 RM5；KA7$_{5,6}$、KA7$_{7,8}$ 断开，使电动三通阀电机 M5 不受控；KA7$_{9,10}$ 闭合，喷蒸汽加湿用的电磁阀受控；KA7$_{11,12}$ 闭合时间继电器 KT6 受控，进入冬季工况。

3. 冬季相对湿度控制

在冬季，加湿与不加湿的工作是由调节器 P-4B$_1$ 中的继电器 KE3 触点实现的。当室内相对湿度较低时，调节器使 KE3 线圈得电，其常开触点闭合，降压变压器 TC 通电（220/

36V)，使高温电磁阀 YV 通电，打开阀门喷射蒸汽进行加湿。此为双位调节，湿度上升后，调节器 KE3 失电，其触点恢复，停止加湿。

4. 冬季转夏季工况

随着室外空气温度升高，新风与一次回风的混合的空气相对湿度也较高，不加湿也出现加湿信号，调节器中的继电器 KE4 线圈得电吸合，其常开触点闭合，使时间继电器 KT6 线圈得电，其触点 $KT6_{1,2}$ 经延时（1.5h）断开，使中间继电器 KA6、KA7 失电，证明长期存在高湿信号，应使自动调节系统转到夏季工况。如果在延时时间内，$KT6_{1,2}$ 未断开，而 KE4 触点恢复，说明高湿信号消除，则不能转入夏季工况。

通过上述分析可知，工况的转换是通过中间继电器 KA6、KA7 实现的。当系统开机时，不论是什么季节，系统将工作在夏季工况，经延时后才转到冬季工况。按下 SB17 按钮，可强迫系统快速转入冬季工况。

除保证自动运行外，还备有手动控制，需要时可通过手动开关或按钮实现手动控制。

另外还有若干指示、报警、需冷、需热信号指示和温度遥测等，电路简单，此处从略不叙。

第六节　制冷系统的电气控制实例

空调工程所用的冷源可分为天然冷源和人工冷源两种。人工制冷的方法有许多种，目前广泛使用的是利用液体在低压下汽化时要吸收热量这一特性来制冷的。属于这一类的制冷装置有：压缩式制冷、溴化锂吸收式制冷和蒸汽喷射式制冷等。本节主要介绍压缩式制冷的基本原理和与集中式空调配套的制冷系统的电气控制。

一、压缩式制冷的基本原理和主要设备

（一）压缩式制冷的基本原理

在我们日常生活中都有这样的感受，如果皮肤上涂上一点酒精，它就会很快挥发，并给皮肤带来凉快的感觉，这是因为酒精由液态变为气态时，吸收皮肤上热量的缘故。其实，凡是液体汽化都要从周围介质（如水、空气）吸收热量，从而得到制冷效果。

在制冷装置中用来实现制冷的工作物质称为制冷剂或工质。常用的制冷剂有氨和氟利昂等。

图 9-23 所示的是由制冷压缩机、冷凝器、膨胀阀（节流阀或毛细管）和蒸发器四大主件以及管路等构成的最简单的蒸汽压缩式制冷装置，装置内充有一定质量的制冷剂。

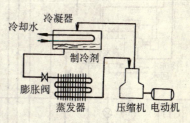

图 9-23　压缩式制冷循环图

工作原理：当压缩机在电动机驱动下运行时，就能从蒸发器中将温度较低的低压制冷剂气体吸入气缸内，经过压缩后成为压力、温度较高的气体被排入冷凝器；在冷凝器内，高压高温的制冷气体与常温条件的水（或空气）进行热交换，把热量传给冷却水（或空气），而使本身由气体凝结为液体；当冷凝后的液态制冷剂流经膨胀阀时，由于该阀的孔径极小，使液态制冷剂在阀中由高压节流至低压进入蒸发器；在蒸发器内，低压低温的制冷剂液体的状态是很不稳定的，立即进行汽化（蒸

发）并吸收蒸发器水箱中水的热量，从而使喷水室回水重新得到冷却，蒸发器所产生的制冷剂气体又被压缩机吸走。这样制冷剂在系统中要经过压缩、冷凝、节流和蒸发等过程才完成一个制冷循环。

由上述制冷剂的流动过程可知，只要制冷装置正常运行，在蒸发器周围就能获得连续和稳定的冷量，而这些冷量的取得必须以消耗能量（例如电动机耗电）作为补偿。

（二）压缩式制冷系统的主要设备

压缩机是制冷系统中的主要设备，是把制冷剂蒸汽从低压提升为高压，使之得以进行制冷循环的动力装置。压缩机有活塞式、离心式等几种形式，常用的是活塞式压缩机。活塞式压缩机主要由以下几个部分组成：

1. 机体

它是压缩机的机身，用来安装和支承其它零部件以及容纳润滑油。

2. 传动机构

压缩机借助该机构传递动力，对气体作功。它包括曲轴、连杆、活塞等。

3. 配气机构

它是保证压缩机实现吸气、压缩、排气过程的配气部件。它包括气缸、吸气阀、排气阀等。气缸的数目有双缸、三缸、四缸、六缸和八缸等。

4. 润滑油系统

它是对压缩机各传动、摩擦、偶合件进行润滑的输油系统。它包括油泵、油过滤器和油压调节部件等。

5. 卸载装置

它是对气缸进行卸载，调节制冷量。使压缩机便于启动的传动机构。它包括卸载油缸、油活塞等零件。

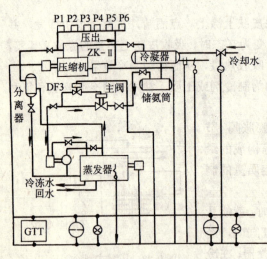

图 9-24 制冷系统组成示意图

制冷系统除具备压缩机、冷凝器、膨胀阀和蒸发器四大主件以外，为保证系统的正常运行，尚需配备一些辅助设备，包括油分离器（分离压缩后的制冷剂蒸汽所夹带的润滑油）、贮液器（存放冷凝后的制冷剂液体，并调节和稳定液体的循环量）、过滤器和自动控制器件等。此外，氨制冷系统还配有集油器和紧急泄氨器等；氟里昂制冷系统还配有热交换器和干燥器等。

二、制冷系统的电气控制

制冷系统的电气控制分为系列化设备和非系列化设备，下面仅以本章第 5 节所述集中式空调系统配套的制冷的系统为例进行分析。

（一）制冷系统组成特点

1. 系统简介

制冷系统的组成如图 9-24 所示。系统中有两台 6AW12.5 型氨制冷压缩机，其中一台为备用。自控部分包括 95kW 电动机及其频敏变阻器启动设备、氨压缩机附带的 ZK-Ⅱ型自控台（具有自动调缸电气控制装置）及新设计的自控柜。这三部分设备组成为一个整体，使整个制冷系统能根据空调自动控制系统发来的需冷信号自动运行，供给温度符合空调要求的冷水。在正常情况下，包括准备过程、开机、停机、能量调节等内容，均可自动重复进行。

2. 能量调节

能量调节是由压力继电器、电磁阀和卸载机构组成。该压缩机有六个气缸，每一对气缸配一个压力继电器和一个电磁阀。每一个压力继电器有高端和低端两对电触点，其动作压力都是预先整定的。如当负荷降低，吸气压力下降到某一压力继电器的低端整定值时，其低端触点即闭合，接通相对应的电磁阀线圈，使这个电磁阀打开，从而使它所控制的卸载机构中的油经过电磁阀回流入曲轴箱，卸载机构的油压下降，气缸组即行卸载。

当系统中吸气压力逐渐升高到压力继电器高端整定值时，其高端触点接通，而低端触点断开，电磁阀失电关闭，此时，卸载机构油压上升，气缸组转入工作状态。

图9-25是氨压缩机的吸气压力与工作缸数的关系图，各压力继电器整定值见图中说明。其中注脚1是压力继电器的低端整定值，注脚2是压力继电器的高端整定值。

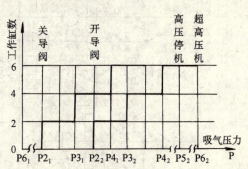

符号压	P6₁	P2₁	P3₁	P2₂	P4₁	P3₂	P4₂	P5₂	P6₂
力 (MPa)	28	30	32	33	34	35	37	120	140

图9-25 氨压缩机吸气压力与工作缸数关系图

3. 系统应用仪表简介

该系统应用了三块 XCT 系列仪表，作为冷冻水水温、压缩机油温和排气温度的指示与保护用仪表。XCT 系列动圈式指示调节仪表是一种简易式调节仪表，它与热电偶、热电阻等相配合，用来指示和调节工业对象的温度和压力等参数。由于该仪表结构简单，使用方便，因此得到了广泛的应用。该仪表主要由测量电路、动圈测量机构、调节电路组成，输出有直流 0~10mA 电流或断续输出两类形式。该系列仪表的型号为 XCT-□□□，其中：XCT 是指显示仪表、磁电式、指示调节仪；第一个方块是指设计序号；第二个方块表示调节规律：0 为双位调节；1 为三位调节（窄中间带）；2 为三位调节（宽中间带）；3 为时间比例调节等。第三个方块表示输入信号：1 为热电偶毫伏数；2 为热电阻阻值；3 为霍尔变换器毫伏数；4 为压力传感器阻值。该系列仪表的工作原理此处从略。

（二）电气控制电路分析

图9-26是与图9-20集中式空调机相配套的制冷系统的电气控制电路图，图中除需冷信号来自空调指令之外，其它都自成体系。因此，各电气元件的文字符号均按制冷系统自行编排。下面以投入前的准备、开机、运行和停机四个阶段进行分析。

1. 投入前的准备

合上电源开关 QS 和控制电路开关 SA1 和 SA2。按下启动按钮 SB1，使失压保护继电器 KA1 线圈通电，其触点 KA1₁,₂闭合，自锁并给控制回路供电；KA1₃,₄闭合，为保护用继电器得电作准备。

XCT-112 作为蒸发器水箱水温指示，其输出有两对触点，一对总—高触点作为当冷水

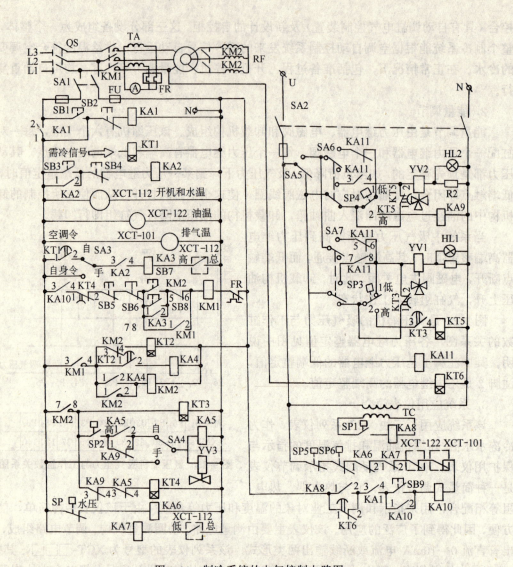

图 9-26　制冷系统的电气控制电路图

温度高于 8℃ 时接通的开机信号；另一对总—低触点作为当冷水温度低于 1℃ 时的低温停机信号。XCT-122 作为压缩机润滑油的油温指示，其输出触点作为油温过高停机信号。XCT-101 作为压缩机排气温度指示，其输出触点作为排气温度过高停机信号。

　　在准备阶段应仔细检查上述仪表及系统的其它仪表工作是否正常，并观查各手动阀门的位置是否符合运行需要等，将 SA3～SA7 均放在自动（图中）位置。检查完毕后，按下自动运行按钮 SB3，继电器 KA2 得电吸合，为 KA3 通电做准备。同时还要按下事故联锁按钮 SB9，事故联锁继电器 KA10 线圈得电（无事故时）吸合，其触点动作，为接触器 KM1 通电作准备。

　　2. 开机阶段

　　当空调系统送来交流 220V 需冷信号后，时间继电器 KT1 得电，其触头 $KT1_{1,2}$ 经延时闭合。如此时蒸发器水箱中冷却水温度高于 8℃ 时，XCT-112 仪表的总　高触点闭合，使继电器 KA3 得电吸合，使 KM1 通电吸合，制冷压缩机转子串频敏变阻器启动，同时时间继

208

电器 KT2 得电，其触点 KT2$_{1,2}$ 经延时闭合，使中间继电器 KA4 得电，其触点 KA4$_{1,2}$ 闭合，使接触器 KM2 得电吸合：其主触点闭合，切除频敏变阻器；其辅助触点 KM2$_{1,2}$ 闭合，自锁；KM2$_{3,4}$ 断开，使时间继电器 KT2 失电，为下次启动作准备；KM2$_{5,6}$ 断开，为下次启动作准备；KM2$_{7,8}$ 闭合使时间继电器 KT3 得电，其触点 KT3$_{1,2}$ 延时 4min 断开，为 YV1 断电作准备；KT3$_{3,4}$ 延时 4 分钟闭合，为 KT5 通电作准备。

从氨压机启动开始时，时间继电器 KT6 线圈得电就开始计时，在整定的 18s 内，其常闭触点 KT6$_{1,2}$ 就断开，如此时润滑系统油压差未能升到油压差继电器整定值 P1 时（润滑油由与压缩机同轴的机械泵供电），则压差继电器触点 SP1 不闭合，中间继电器 KA8 线圈不通电，事故继电器 KA10 失电，氨压机启动失败，处于事故状态，需仔细检查供油系统。如润滑系统正常，则在 18s 内，油压差继电器 SP1 触点闭合，KA8 通电，其触点 KA8$_{1,2}$ 代替 KT6$_{1,2}$，使氨压机正常启动。

氨压机启动后，润滑油油压上升，将 1、2 缸气缸打开，1、2 缸自动投入运行，有利于氨压机启动初始时为空载启动。

3. 运行阶段

氨压机启动结束后，KM2$_{7,8}$ 闭合，使 KT3 得电的同时也使时间继电器 KT4 得电，其触点 KT4$_{1,2}$ 延时 4min 断开，使接触器 KM1 失电，氨压机停止，说明冷负荷较轻，不需氨压机工作，如在 4min 之内，氨压机的吸气压力超过压力继电器 SP2 整定值 P2$_2$ 时，SP2 高端触点接通，使电磁导阀 YV3 线圈得电，打开电磁阀 YV3 及主阀，由储氨筒向膨胀阀供氨液；同时，中间继电器 KA5 得电，其触点 KA5$_{1,2}$ 闭合，自锁，KA5$_{3,4}$ 断开，使时间继电器 KT4 失电，氨压机需正常运行。

当空调冷负荷增加，氨压机吸气压力超过压力继电器 SP3 的整定值 P3$_2$ 时，SP3 低端触点断开，如此时 KT3$_{1,2}$ 已断开，电磁阀 YV1 失电关闭，其卸载机构的 3、4 缸油压上升，使 3、4 缸投入工作状态，氨压机的负载增加。同时 SP3 高端触点闭合，使时间继电器 KT5 得电，其触点 KT5$_{1,2}$ 延时 4min 断开，为 YV2 失电作准备。

当氨压机吸气压力继续上升达到压力继电器 SP4 整定值 P4$_2$ 时，SP4 低端触点断开，限制 5、6 缸投入的电磁阀 YV2 失电，5、6 缸投入运行，氨压机的负载又增加。同时，SP4 高端触点闭合，中间继电器 KA9 得电吸合，其触点 KA9$_{1,2}$、KA9$_{3,4}$ 断开，但不起作用。

当吸气压力减小时，可以自动调缸。例如，吸气压力降到压力继电器 SP4 整定值 P4$_1$ 时，SP4 高端触点断开，而 SP4 低端触点接通，使电磁阀 YV2 线圈得电打开，使它所控制的卸载机构中的油经过电磁阀回流入曲轴箱，卸载机构油压下降，5、6 缸即行卸载。卸载与加载有一定的压差，可避免调缸过于频繁。3、4 缸卸载也基本相同。

4. 停机阶段

停机分长期停机、周期停机和事故停机三种情况。

长期停机：是指因空调停止供冷后引起的停机。当空调停止喷淋水后，蒸发器水箱水温下降，进而使吸气压力下降。当吸气压力下降到等于或小于压力继电器 SP2 整定值 P2$_1$ 时，SP2 高端触点断开，导阀 YV3 失电使主阀关闭，停止向膨胀阀供氨液。与此同时，中间断电器 KA5 失电，其触点 KA5$_{3,4}$ 恢复（KA9$_{3,4}$ 已恢复），使时间继电器 KT4 得电，其触点 KT4$_{1,2}$ 延时 4min 后断开，接触器 KM1 失电，氨压机停止运行。延时的目的是在主阀关闭后使蒸发器的氨液面继续下降到一定高度，以避免下次开车启动产生冲缸现象。

周期停机：是指存在空调需冷信号的情况下为适应负载要求而停机。这种停机与长期停机相似，通过 SP2 触点和 KT3 实现。但由于空调系统仍送来需冷信号，蒸发器压力和冷冻水温度将随冷负荷的增加而上升，一般水温上升较慢，在水温没上升到 8℃ 以上时，XCT-112 仪表中的高—总触点未闭合，继电器 KA3 没得电，氨压机不启动。但吸气压力上升较快，当吸气压力上升到压力继电器 SP4 的整定值 $P4_2$ 时，SP4 高端触点接通，使继电器 KA9 得电，其触点 $KA9_{1,2}$ 断开，使导阀 YV3 不会在氨压机起动结束就打开；$KA9_{3,4}$ 断开，时间继电器 KT4 不会在氨压机起动结束就得电，防止冷负荷较轻而频繁起动氨压机。

当水温上升到 8℃ 时，XCT-112 仪表中的高—总触点闭合，KA4 得电，氨压机重新启动，只要吸气压力高于压力继电器 SP4 整定值 $P4_2$ 时，导阀 YV3 就不会得电打开而供应氨液，只有在吸气压力下降到 $P4_1$ 时，SP4 高端触点断开，使 KA9 失电，导阀 YV3 和继电器 KA5 才得电，并通过 $KA5_{1,2}$ 闭合自锁。氨压机气缸的投入仍按时间原则和压力原则分期投入，以防止氨压机重载启动。

事故停机：是由于运行中的各种事故，通过事故继电器 KA10 的常开触点 $KA10_{3,4}$ 切断接触器 KM1 实现的。例如 SP5 因吸气压力超过 $P5_2$ 时的高压停机，SP6 因吸气压力超过 $P6_2$ 时的超高压停机（两道防线）。KA6 为冷却水压力过低的保护继电器，KA7 为冷冻水温过低的保护继电器，XCT-122 触点为润滑油油温过高保护，XCT-101 触点为压缩机排气温度过高保护，KA1 触点为失压保护等。发生上述事故时，继电器 KA10 失电，其触点 $KA10_{3,4}$ 断开，使接触器 KM1 失电而停机。事故停机时，必须经检查后重新按事故联锁按钮 SB9，KA10 得电后，系统才能再次投入运行。

小　　结

本章首先对空调系统进行了简单的概述，接着讨论了空调系统常用的调节装置，最后阐述了空调与制冷系统的应用实例。

空调技术，主要是对"四度"即室内空气的温度、相对湿度、流动速度、洁净度的调节。空调中常用的敏感元件有：电接点水银温度计、热敏电阻及湿敏电阻，其作用是检测室内空气的温湿度变化。电动执行机构主要有电动两（三）通阀、电磁阀，作用是控制其风路、管路开度大小。调节器有 SY-105 型、RS 型及 P 系列，其作用是当敏感元件检测后，指挥电动执行机构通过调节器对调节对象进行调节，以达到规定的要求。

书中空调系统列举了分散式空调、半集中式空调和集中式空调，可根据不同场所恰当选用。制冷系统较为复杂，在分析中应注意分为不同季节及不同季节的季节转换进行分析，以较清楚地掌握不同季节时，哪些器件投入运行及所起的作用。

复习思考题

1. 良好的热环境是指什么？
2. 空调系统有哪几类？
3. 空调系统主要有哪些设备组成？
4. 什么是敏感元件、执行调节机构和调节器？
5. 用什么方法可确定室内相对湿度？

6. 电动阀与电磁阀的主要驱动器是什么？

7. SY-105 型调节器，当室温低于给定值时通过哪个器件发出动作指令？

8. RS 型调节器，当室温高于给定值时，继电器 KE 是吸合还是释放？

9. P 系列调节器的敏感元件为什么用三线接法？当室温超过给定值时，继电器 KE1 和 KE2 哪个吸合？

10. 恒温恒湿机组中：①应用的敏感元件是什么？②采用哪种调节器？③夏季运行投入哪些电气设备？其相对湿度主要调节哪种设备实现的？④冬季运行投入哪些电气设备？其相对湿度调节哪种设备实现的？

11. 风机盘管空调：① 应用的敏感元件、调节器、执行调节机构各是哪种？②冷、热媒供给方式有哪几种？③风量调节是通过什么控制？④水量调节是怎样控制的？⑤如不改变季节转换开关位置，为什么会出现失调？并举例分析。

12. 集中式空调：①系统中应用的敏感元件、调节器、执行调节机构各是哪种？②冬季恒温调节什么？③夏季恒温调节什么？④冬季恒湿调节什么？⑤夏季恒湿调节什么？⑥冬季，室温超过给定值时，哪个调节器中的什么元件动作，通过哪个执行调节机构调节的？⑦夏季，室内相对湿度超过给定值时，哪个调节器中的什么元件动作，通过哪个执行调节机构调节的？⑧温度控制，怎样实现夏转冬的？⑨湿度控制，怎样实现冬转夏的？

13. 制冷系统：①试述制冷装置四大主件及制冷原理？②制冷压缩机有哪几部分组成？③压缩机开机时，各缸在什么情况下投入，什么情况下卸载？④制冷系统控制电路共有哪几种保护？

第十章　继电—接触控制系统
设计的基本知识

在建筑工程中，除定型产品的电力拖动控制线路外，还经常自制一些专用设备。这些建筑设备广泛用于继电接触式控制电路中。在学习了继电接触式基本控制环节和典型的生产机械电气设备以后，除了应能对一般生产机械的电力设备控制线路进行分析外，更为重要的是能举一反三，对一些生产机械进行电力装备的设计并提供一套完整的技术资料，以适应工作的需要。由于生产机械不同，电气设计也不尽一致。这里仅对一般的设计知识及设计程序进行简单的介绍。关于电气元件的选择已在常用低压电器一章讲过，这里不再重复。

第一节　电气设备设计的基本原则和基本内容

设计工作的首要问题是必须树立正确的设计思想和群众观点，虚心向有实践经验的工人和工程技术人员学习。要树立工程实践的观点，设计的产品要技术先进、安全可靠、经济实用，使用（操作）和维修方便。

在已知的技术条件及工艺要求的前提下，设计的基本内容为：

(1) 确定电力拖动方案和选择拖动电动机容量、结构型式和型号；

(2) 设计电力拖动自动控制线路；

(3) 选择控制电器，制订电气设备一览表；

(4) 绘制电气设备布置总图与绘制个别部分的零件图；

(5) 绘制电气安装图；

(6) 绘制电气原理图；

(7) 设计电气操作台与控制台；

(8) 设计该设备电气化所专用的电器；

(9) 编写电力装备的电气说明书与设计计算说明书。

下面仅对几项设计的主要内容进行介绍。

第二节　电气设计的技术条件

电气设计的技术条件通常是以设计技术任务书的形式表达的。它是整个电气设计的依据。在任务书中，除了简要说明所设计的机械设备的型号、用途、工艺过程、技术性能、传动参数以及现场工作条件外，还必须说明：

(1) 用户供电电网的种类、电压、频率及容量；

(2) 有关电气传动的基本特性，如运动部件的数量和用途、负载特性、调速范围和平滑性、电动机的起动、反向和制动要求等等；

（3）有关电气控制的特性，如电气控制的基本方式、自动工作循环的组成、自动控制的动作程序、电气保护及联锁条件等；

（4）有关操作方面的要求，如操作台的布置、操作按钮的设置和作用、测量仪表的种类以及显示、报警和照明要求等。

（5）主要电气设备（如电动机、执行电器和行程开关等）的布置草图。

电气设计的技术条件，是由参与设计的各方面人员根据所设计机械设备的总体技术要求共同讨论拟定的。

第三节　电力拖动方案的确定和电动机的选择

电气传动形式的选择是电气设计主要内容之一，也是以后各部分设计内容的基础和先决条件。它是由上述技术条件1、2两项来确定的。现分述如下：

一、传动方式

单独拖动：一台设备只有一台电动机，通过机械传动链将动力传送到每个工作机构。

分立拖动：一台设备由多台电动机分别驱动各个工作机构，这种拖动是发展趋势。

二、电力拖动方案确定的原则

从电动机原理可知：交流电动机特别是鼠笼式异步电动机结构简单、运行可靠、价格低廉、维修方便，所以应用广泛。在选择电力拖动方案时，首先应尽量考虑鼠笼式异步电动机，只有那些要求调速范围大和频繁启动制动的生产机械，才考虑采用直流或交流调速系统。所以，应根据生产机械对调速的要求来考虑电力拖动方案。

1. 对于不要求电气调速的生产机械

当不需要电气调速和启动次数不频繁时，应采用鼠笼式异步电动机拖动。在负载静阻矩很大或有飞轮的拖动装置中，若鼠笼式异步电动机的启动转矩或转差率不能满足要求时，才考虑用绕线式异步电动机拖动。当负载很平稳容量大且启动制动次数很少时，可采用同步电动机拖动。

2. 对于要求电气调速的生产机械

应根据生产机械提出的一系列调速技术要求（如调速范围、调速平滑性、转速调节级数、机械特性硬度及工作可靠性等）来选择拖动方案，然后在满足技术指标的前提下，再作经济比较（如设备初投资、调速效率、功率因数及维修费用等），最后确定最优拖动方案。

（1）若调速范围 $D=2\sim3$，调速级数 $\leqslant2\sim4$，一般采用可变极数的双速或多速鼠笼式异步电动机。

（2）若 $D<3$，且不要求平滑调速但要求有较大的启动转矩时，采用绕线式异步电动机较合适，但这种调速只适用于短时负载和重复短时负载，如桥式起重机移行机构的拖动电动机。

（3）$D=3\sim10$，且要求平滑调速时，在容量不大情况下，采用带滑差离合器的异步电动机拖动系统较为合理。若需长期运转在低速，也可考虑采用晶闸管供电的直流拖动系统。

（4）当 $D=10\sim100$ 时，可采用发电机—电动机系统或晶闸管—直流电动机拖动系统。

另外，电动机的调速性质应与生产机械的负载特性相适应，调速性质主要是指电动机在整个调速范围内转矩、功率与转速的关系，是容许恒功率输出还是恒转矩输出，设计任何一个生产机械的电力拖动系统都应对负载性质和系统调速性质进行研究，这是选择拖动和控制方案及确定电动机容量的前题。

三、拖动电动机的选择

1. 根据环境条件选择电动机的结构形式

（1）在正常环境条件下，选择防护式电动机；在安全有保证的条件下，也可采用开启式电动机。

（2）在空气中存在较多粉尘的场所，宜用封闭式电动机。

（3）在潮湿场所，应尽量选用湿热带型电动机。

（4）在露天场所，宜选用户外型电动机，若有防护措施也可采用封闭式或防护式电动机。

（5）在高温场所，应根据环境温度，选用相应绝缘等级的电动机，并加强通风，改善电动机的工作条件，并提高电动机的工作容量。

（6）在有爆炸危险或有腐蚀性气体的场所，应相应地选用防爆安全型或防腐式电动机。

2. 电动机电压、转速的选择

一般情况下电动机的额定线电压选用380V，只有某些大容量的生产机械可考虑用高压电机。

对于不要求调速的高转速或中转速的机械，一般应选用相应转速的异步电动机或同步电动机直接与机械相连接。

对于不调速的低速运转的生产机械，一般是选用适当转速的电动机通过减速机构来传动，但电动机转速不宜过高，以免增加减速器的制造成本和维修费用。

对于需要调速的机械，电动机的最高转速应与生产机械的最高转速相适应，连接方式可以采用直接传动或者通过减速机构传动。

3. 电动机容量的选择

电动机的容量说明它的负载能力，主要与电动机的容许温升和过载能力有关。电动机的容量应按照负载时的温升决定，让电动机在运行过程中尽量达到容许温升。容量选大了，不能充分利用电动机的工作能力，效率低，不经济；容量选小了，会使电动机超过容许温升，缩短其工作年限，甚至烧毁电动机。因此，必须合理地选择电动机容量。

电动机容量选择有两种方法：一种是调查统计类比法；另一种是合理分析计算法。

电动机容量的选择，一般来说，首先要知道生产机械的工作情况，也就是在生产过程中，它的负载转矩对时间的关系，即 $M_{fz}=\phi(t)$，我们称之为生产机械的负载记录图，然后根据负载记录图或经验数据，在产品目录上预选一台容量相当的电动机。再用此电动机数据和生产机械的负载记录图，求出电动机的负载记录图，即电动机在生产过程中的转矩、功率，或电流对时间的关系曲线 $M=f(t)$，$P=\psi(t)$ 或 $I=\psi(t)$。最后按电动机的负载记录图从发热方面进行校验，并检查电动机的过载能力是否满足需要。如果不行，就再选一台电动机重新进行计算，直到适合为止。对于不同工作制的电机容量选择不尽一致，选择方法在《电机原理》中已介绍，这里不再重复。

第四节　控制线路的设计及要求

一、控制线路设计的要求

控制线路设计时应满足如下要求：

(1) 生产机械的工艺要求。

(2) 线路结构简单，安全可靠。

(3) 操作调整和检修方便。

(4) 有故障保护环节和机械之间与电气间的联锁与互锁环节，即使误操作也不会出现大事故。

(5) 具有技术先进性。

(6) 应确定相应的电流种类与电压数值，简单的线路直接用交流 380V 或 220V 电压，当电磁线圈超过 5 个时，控制电路应采用控制电源变压器，将控制电压降到 110V 或 48V、24V。这对维修与操作及电气元件工作可靠均有利。

对于直流传动的控制线路，电压常用 220V 或 110V 直流电源供电，必要时也可以用6V、12V、24V、36V、48V 等直流电压。

(7) 保证线路的可靠性：

1) 电器应符合使用条件，其电气元件动作时间要小（需延时的除外），如线圈的吸引和释放时间应不影响线路的工作。

2) 电器元件要正确连接。电器的线圈或触头连接不正确，会使线路发生误动作，也可能造成严重事故。

①线圈连接：如将两交流接触器线圈串联接于电路中，如图 10-1 所示。由于接触器线圈上的电压是依线圈阻抗大小正比分配的，即使是两个型号相同而且线圈电压各为控制电源电压的 1/2 的交流接触器也不能串联，这是因为当一个接触器先动作后，这个接触器的阻抗要比没吸合的接触器阻抗大，没吸合的接触器因电压小而不吸合，同时线路电流增大，有可能将线圈烧毁。所以，应将线圈并联使用。

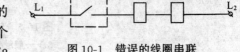

图 10-1　错误的线圈串联

②触头的联接：如图 10-2 所示。这是两种不同的接法，(a) 比 (b) 可靠性高，因

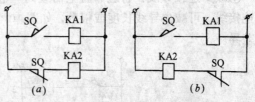

图 10-2　触头的正确联接

(a) 可靠性好；(b) 可靠性差

为同一个电器的触头接到了同一极性或同一相上，避免了在电器触头上引起短路。

③减少触头数量和联接导线：尽量减少被控制的负载或电器在接通时所经过的触头数。以避免任一电器触头发生故障时而影响其它电器，如图 10-3 (a) 不如图 10-3 (b) 合理。

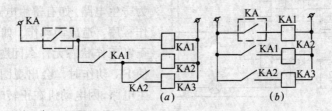

图 10-3　触头的合理布置

(a) 触头故障相互影响；(b) 触头互不影响

合并同类触头、以减少数量，但应注意触头额定电流是否允许，如图 10-4 所示。

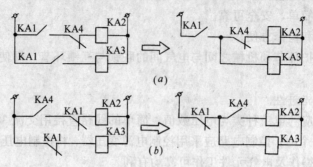

图 10-4　同类触头的合并

(a) 常开触头合并；(b) 常闭触头合并

利用转换触头，仅适用于有转换触头的中间继电器，如图 10-5 所示。

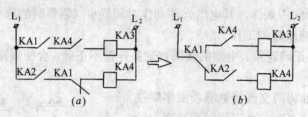

图 10-5　转换触头的应用

(a) 一般触头；(b) 转换触头

④减少连接导线：合理布置电器或同一电器的不同触头在线路中尽可能具有更多的公共连接线，可减少导线长度或根数，如图 10-6 所示。图中 SQ 的连接反应了不同连接方法的差异。

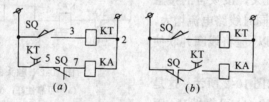

图 10-6　节省连接导线的方法

(a) 用四根板外联线；(b) 用三根板外联线

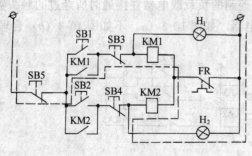

图 10-7　寄生回路

3）防止寄生回路。控制回路在正常工作或事故情况下，发生意外接通的电路称为寄生电路。如有寄生电路，将破坏电路工作程序，造成误动作。如图 10-7 所示，在正常工作状态无什么问题，而当电机过热使 FR 动作时，会出现图中虚线所示的寄生电路，因电动机在正转时 KM 已吸引，故 KM1 不能释放，电动机得不到过载保护，如把 FR 移到 SB5 处与它串联，可防止寄生回路。

二、控制线路的设计方法

设计方法有两种，一种为逻辑设计法，另一种为分析（也称经验）设计法，这里仅介绍分析设计法。它是根据生产机械对电气控制线路的要求，先设计各个独立环节的控制电路，然后根据生产机械的工艺要求拟定各部分控制电路的联锁与联系，最后再考虑减少电器与触头数目，努力取得较好的技术经济效果。在具体设计过程中常有两种作法：

一种是根据生产工艺要求与工作过程，将现有的典型环节集聚起来，加以补充修改，综合成所需要的控制线路。

另一种是在找不到现成的典型环节时，则根据生产机械的工艺要求与工作过程自行设计。边分析边画图，将输入的主令信号经过适当的转换，得到执行元件所需要的工作信号。

这种方法在设计过程中，要随时增加电器元件和触头，以满足所给定的工作条件。这种方法易于掌握，但不易获得最佳方案。设计出来后还要反复审核电路的动作情况，有条件者可进行模拟实验，直至电路动作准确无误，完全满足控制要求为止。这种方法设计有如下缺点：

（1）在发现试画出来的线路达不到要求时。往往用增加电器元件或触头数量的方法加以解决，所以设计的线路不一定是最简单的，最经济的。

（2）设计中可能因为考虑不周发生差错，影响线路的可靠性或工作性能。

（3）设计过程中需要反复修改草图，设计速度慢。

（4）设计程序不固定。

三、分析设计法设计实例

设计题目：龙门刨床横梁升降的控制。

1．横梁升降机构的工艺要求

（1）由于机床加工工件位置高低不同，要求横梁能作上升、下降的调整运动。

（2）为保证正常加工，横梁在立柱上必须有夹紧装置。在移动前首先将横梁放松，然后移到所需位置，随即自动夹紧。

（3）在动作配合上，应按规定的动作顺序，即横梁上升时，应先放松，再上升，后夹紧。横梁下降时，为防止横梁倾斜，保证加工精度，消除横梁的丝杆与螺母的间隙，横梁下降后应有回升装置。为此横梁下降顺序为：放松→下降→回升→夹紧。

（4）横梁上升与下降时应有限位保护。

2．设计过程

（1）拖动方案的确定：根据工艺要求应选两台电动机拖动，一台为升降电机 M1，另一台为夹紧放松电机 M2。由于不要求电气调速，故选鼠笼式异步电动机。两台电机都应双向旋转，可采用四只接触器 KM1、KM2、KM3、KM4，对其实现正反转控制。

（2）控制线路的设计步骤：

1）设计草图：横梁升降为调整运动，故升降电动机采用点动控制。

在发出横梁上升指令后，应使 M2 先工作，将横梁放松，放松后发出信号，使 M2 停止工作。同时使 M1 启动工作，驱使横梁向上移动。放松信号由复合式限位开关 SQ1 完成，夹紧时 SQ1 处于原始状态，当横梁被放松到一定程序时，夹紧装置经杠杆 SQ1 压下，发出已放松信号。

当横梁移动到所需位置时，撤除上升指令，使 M1 停止。同时接通 M2，使 M2 反向工作，通过夹紧装置使横梁夹紧，夹紧后 SQ1 不受压复位，为下次放松作准备，当夹紧到一定程序时发出已夹紧信号，切断 M2。这个已夹紧信号由夹紧放松电动机 M2 的电气回路某一相的过电流继电器 FA 发出。当夹紧横梁时，M2 电流逐渐增大，当超过 FA 整定值时，FA 动作，发出已夹紧信号，切断 M2，于是上升结束。

横梁下降如暂不考虑回升装置的工作过程，其动作过程与上升相同。由以上构思得出图 10-8 所示的电路。

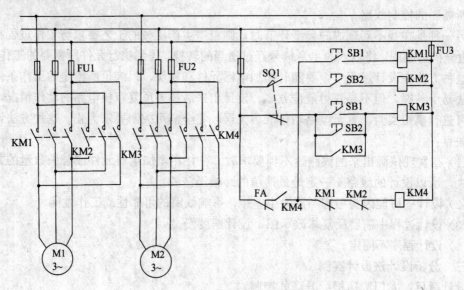

图 10-8　横梁升降机构控制线路草图之一

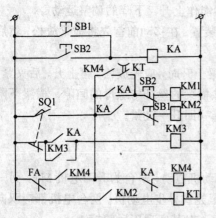

图 10-9　横梁升降机构控制线路草图之二

2）修改线路：如考虑横梁下降时的回升，并考虑到一般不采用两个常开触头的复合式按钮，应加一只中间继电器 KA，用按钮控制 KA，再由 KA 控制横梁上升、下降、放松，并用按钮的常闭触头作上升、下降的互锁。由于回升时间短，故采用断电延时的时间继电器 KT 来控制。将 KT 通电瞬时闭合，断电延时打开的常开触头与夹紧接触器 KM4 常开触头串联，且并联在上升回路中的 KA 常开触头两端，KT 由下降接触器 KM2 常开触头控制，如图 10-9 所示。

3）完善线路：考虑线路的各种保护和联锁关系，应对所作设计进行进一步的加工整理，本例中，应增加下面有关设备：

SQ2——横梁与侧刀架运动的限位保护；

SQ3——横梁上升极限保护；

SQ4——横梁下降极限保护；

横梁升降的互锁；横梁夹紧放松的互锁；

FU1、FU2——短路保护；

得到最后的完整线路如图 10-10 所示。

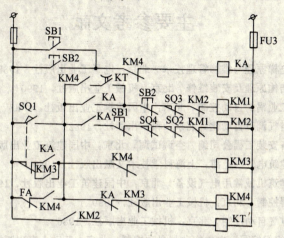

图 10-10 横梁升降机构电路图

4) 线路校核：控制线路设计后，还会有不合理或应简化之处，必须反复认真分析，校核是否满足工艺要求，是否会出现误动作，是否会发生设备事故及危及人身安全，要确保工作的可靠性。

对于不太复杂的线路都采用经验设计法，这种方法是否能运用自如，在于掌握较多的典型环节和具有较丰富的实践经验。只要通过更多的设计实践定会较快掌握设计方法的。

小　结

为了将所学知识运用到工程实践中去，怎样作设计是本章的核心。为了完成这一中心内容，首先介绍了设计规则及内容，接着交待了设计必知的技术条件及电力拖动方案的确定，最后阐述了控制线路的设计方法，并用设计实例对设计过程进行了较详细的阐述。通过本章学习，可掌握设计方法，但是，较好地完成各种设计还需要不断的实践过程。

复习思考题

1. 已知某皮带传输机，分别由 M1、M2、M3 三台电动机拖动三皮带，传动的是物料，试根据实际工作情况设计线路，并画出安装接线图。

2. 已知某锅炉的鼓风机为 7.5kW，引风机为 14kW，启动时引风机先启动，20s 后鼓风机启动，停止时鼓风机先停，而后引风机再停。试：

(1) 设计线路（原理图）；

(2) 画出安装接线图；

(3) 选出设备；

(4) 编写设计说明书。

主要参考文献

1. 史信芳主编，电梯原理与维修管理技术．北京：电子工业出版社，1988
2. 陈家盛．电梯结构原理及安装维修．北京：机械工业出版社，1990
3. 张亮明主编．工业锅炉自动控制．北京：中国建筑工业出版社，1987
4. 张子慧主编．空气调节自动化．北京：科学出版社，1982
5. 陕西省第一设备安装工程公司编．空调试调．北京：中国建筑工业出版社，1977
6. 刘式雍主编．建筑电气．上海：上海科学技术文献出版社，1989
7. 赵连玺主编．建筑机械常用电气设备．北京：中国建筑工业出版社，1985
8. 李仁主编．电器控制．北京：机械工业出版社，1990
9. 沈安俊主编．电气自动控制．北京：机械工业出版社，1986
10. 劳动部培训司组织编写．电力拖动与自动控制．北京：劳动人事出版社，1988
11. 周励志编著．电工识图与典型电路分析．沈阳：辽宁科学技术出版社，1988
12. 赵明主编．工厂电气控制设备．北京：机械工业出版社，1985
13. 丁明往、汤继东．高层建筑电气工程．北京：水力电力出版社，1988
14. 公安部消防局．消防技术规范汇编（四）．北京：中国计划出版社，1988
15. 朱庆元、商文怡编．建筑电气设计的基本知识．北京：中国建筑工业出版社，1990
16. 鞠传贤、姜泓、夏志良、陈达昭、刘思敏、王子其编．工厂常用设备电气控制．重庆：四川人民出版社，1982
17. 北京工业学院，华东工学院，西安工业学院，太原机械学院合编．电气控制技术．北京：北京工业学院出版社，1989
18. 陈一才编著．建筑电工手册．北京：中国建筑工业出版社，1992
19. 核工业第二研究设计院主编。火灾报警与消防控制．北京：中国建筑标准设计研究所，1998
20. 吕大光主编．建筑安装工程图集．北京：中国电力出版社，1996
21. 核工业第二研究设计院主编．交流380伏鼠笼型电动机常用控制原理图．北京：中国建筑标准设计研究所，1990

中等专业学校建筑机电与设备安装专业系列教材

● 机械基础

● 金属结构（第二版）

● 机械化施工技术

● 安装工程施工组织与管理

● 电气安装工程定额与预算

● 建筑弱电系统

● 建筑电气控制系统

ISBN 7-112-03650-X

9 787112 036509 >

（8933） 定价: **14.70** 元

中等专业学校建筑机电与设备安装专业系列教材

建筑电气
控制系统

孙景芝　主编

中国建筑工业出版社